饲料加工关键技术与装备

◎彭 飞 著

中国农业科学技术出版社

图书在版编目（CIP）数据

饲料加工关键技术与装备 / 彭飞著. —北京：中国农业科学技术出版社，2019. 7
ISBN 978-7-5116-4245-5

Ⅰ. ①饲…　Ⅱ. ①彭…　Ⅲ. ①饲料加工②饲料加工设备　Ⅳ. ①S816. 34②S817. 12

中国版本图书馆 CIP 数据核字（2019）第 114483 号

责任编辑　金　迪　崔改泵
责任校对　李向荣

出 版 者　中国农业科学技术出版社
北京市中关村南大街 12 号　邮编：100081
电　　话　(010) 82109194 (编辑室)　(010) 82109702 (发行部)
(010) 82109709 (读者服务部)
传　　真　(010) 82106650
网　　址　http://www.castp.cn
经 销 者　各地新华书店
印 刷 者　北京建宏印刷有限公司
开　　本　787mm×1 092mm　1/16
印　　张　12. 25
字　　数　289 千字
版　　次　2019 年 7 月第 1 版　2019 年 7 月第 1 次印刷
定　　价　86. 00 元

前　　言

饲料工业是跨部门、跨行业、跨学科的综合性行业，是发展畜牧业和水产养殖业、改善提高人类膳食结构、完成植物蛋白向动物蛋白的安全高效转化的农业良性循环的基础产业，是现代农业产业体系的重要组成部分，在国民经济中有着极为重要的地位。

我国饲料工业开始于20世纪70年代，起步晚，但起点高，发展很快，已经建立了包括饲料原料工业、饲料添加剂工业、饲料加工业、饲料机械制造业和饲料教育、科研、标准、检测等较为完备的饲料工业体系，成为全球最重要的饲料生产国。全国饲料工业总产量自2001年起呈持续上升趋势，2010年国内饲料总产量达到1.62亿吨，首次超过美国，成为全球第一大饲料生产国。

2015年全国饲料总产量首次突破2亿吨，同比增长1.4%。其中，配合饲料产量为17 396.2万吨，同比增长2.7%；浓缩饲料产量下降到1 960.5万吨，添加剂预混合饲料产量增长到652.5万吨。各品种饲料方面，2015年中国猪饲料、蛋禽料、肉禽料、水产料、反刍动物饲料和其他饲料产量分别为8 344万吨、3 020万吨、5 515万吨、1 893万吨、884万吨和354万吨。随着庞大的畜牧业和水产养殖业对饲料需求的增加，饲料产量日益增长。饲料工业作为国民经济重要的新兴基础产业，如何提高饲料加工技术及装备是其当前面临的重大问题。饲料加工技术与设备是饲料工业中一部分，掌握先进加工技术以及加工过程中出现的问题，运用现代化的计算机仿真与试验研究方法，解决饲料加工过程中的关键技术与问题，为畜牧业和水产养殖业提供优质的饲料，促进畜牧业和水产养殖业的发展。

本书着重就国内外饲料工业中饲料生产新工艺、新技术和新设备的现状、发展趋势及相关理论进行论述，同时兼顾质量评价、饲料理化特性测定方法、生产过程仿真建模及加工参数优化、设备改进及相关知识产权保护，理论和实际相结合，内容新颖，兼有前瞻性。本书适于从事饲料工作的工程技术人员、生产管理人员、科研人员阅读，书中运用的试验与分析方法、设备改进也可为其他行业提供借鉴与参考。

本书共分为11章，内容包括：饲料加工技术与装备现状；饲料原料摩擦及热物理特性研究；喂料器参数优化与试验研究；调质器CFD-DEM模型研究及设计优化；环模设计及压辊设计与优化；单模孔挤压成型试验研究；小型制粒系统整机试制与性能试验；饲料原料物性的表征与模型的构建示例等。重点阐述了前沿研究方法在饲料加工关键技术与装备的应用及拓展。

本书的出版，得到北京工商大学专著出版资助项目（19008001540）资助，在此表示感谢。感谢北京工商大学各级机关领导及学术著作出版工作委员会委员对本书工作的指导和帮助。在本书编写中，参考了多个学科领域的文献，在此对原文献作者一并致谢。

由于本书涉及内容广泛，加之作者水平的不足和经验的局限，书中难免出现疏漏和不足之处，恳请读者不吝赐教。

彭 飞

2019.1

目　录

第1章　绪　论

1.1　引言

随着我国国民经济快速增长、人民生活质量显著提高，畜产品的需求和消费量也随之增加，由此要生产更多的动物蛋白质，因此必须大力发展饲料工业。我国饲料工业开始于20世纪70年代，起步晚，但起点高，发展很快，已经建立了包括饲料原料工业、饲料添加剂工业、饲料加工业、饲料机械制造工业和饲料教育、科研、标准、检测等较为完备的饲料工业体系，成为全球最重要的饲料生产国。图1-1为2001—2016年全国饲料工业总产量（全国饲料工作办公室等，2016；中国饲料工业协会信息中心，2016），由该图可以看出，自2001年起国内饲料产量呈持续上升趋势，2010年国内饲料总产量达到1.62亿吨，首次超过美国，成为全球第一大饲料生产国（全国饲料工作办公室等，2011）。

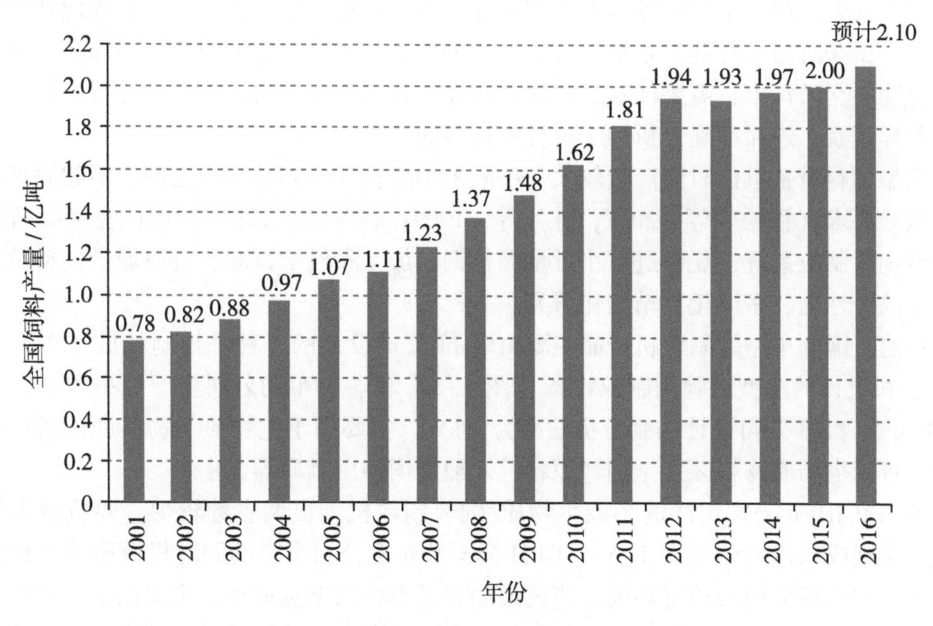

图1-1　2001—2016年全国饲料总产量

2015年全国饲料总产量首次突破2亿吨，同比增长1.4%。其中，配合饲料产量为17 396.2万吨，同比增长2.7%；浓缩饲料产量下降到1 960.5万吨，添加剂预混合饲料产量增长为652.5万吨。各品种饲料方面，2015年中国猪饲料、蛋禽料、肉禽料、水产料、反刍动物饲料和其他饲料产量分别为8 344万吨、3 020万吨、5 515万吨、1 893万吨、884万吨和354万吨。随着庞大的畜牧业和水产养殖业对饲料需求的增加，饲料产量日益增长。饲料工业作为国民经济重要的新兴基础产业，如何提高饲料加工技术及装备是其当前面临的重大问题。

虽然目前我国饲料总产量居于世界第一位，但是饲料加工技术依然落后于美国及欧洲等发达国家，由于国内缺乏专门的饲料用科研平台尤其是饲料制粒系统，限制了对不同配方、加工工艺和参数等条件下颗粒饲料及其有关产品个性化品质的研究。因此，需要研发绿色、智能、高效的饲料制粒系统，该制粒系统应该满足以下要求：

（1）样品用料少

为研究不同配方、加工工艺参数、部件参数等对颗粒饲料质量的影响，需要频繁调整配方、加工工艺、制粒机模板等，为节约试验成本，需要尽可能降低样品用料。

（2）可调参数多

为全面研究制粒系统各个部分（喂料器、调质器、制粒机）和不同环节对颗粒饲料质量的影响，需要能够调节喂料器转速和喂料量、更换喂料螺旋结构，调节调质器蒸汽品质和蒸汽用量、调质器轴转速、更换桨叶结构、调整安装角度、监测调质腔内物料温度，调节制粒机模辊间隙、更换模辊部件等。

（3）配方适应性强，能适应开机停机频繁、残存物料清理、取样和观察方便灵活等要求

由于配方、加工工艺和参数具有多样性，在进行饲料加工研究时，试验设计个数往往较多。试验时需要对制粒系统频繁的开机和停机；每个试验结束下一个试验开始时，为避免物料交叉污染，需要能够及时清理残存的物料；需要对制粒系统过程中每个环节随时取样观察，进而准确分析加工过程中物料的特性。

大型饲料设备单位时间产量较大，一般每小时在数吨到数十吨之间，不能满足以上加工试验要求（穆松牛等，2007；陈竞等，1999；程丽蓉，1985），因此有必要研发一种小型饲料制粒系统，能够进行小批量颗粒饲料加工和科学试验，进而促进饲料及其有关产品的个性化、多样化、精细化研究。

目前，国外小型的制粒机产品主要由Kahl公司设计的一种平模制粒机（图1-2）、CPM公司设计的小型试验用制粒设备（图1-3）和瑞士布勒公司生产的小型制粒平台（图1-4）。Kahl公司设计的制粒机功率为3 kW，主要用于生物质类物料进行制粒成型试验，且因生物质物料区别于饲料原料，未配置饲料用调质器。

英国PelHeat公司生产的小型生物质/饲料制粒机，可调参数较少，调质器为密封结构，清理或取样不便（图1-5）。CPM公司和布勒公司生产的制粒机调质器结构为单轴桨叶、制粒室结构为单辊环模，蒸汽添加方式为径向单点添加，主要用于添加剂、饲料黏结剂试验；研究表明双辊、三辊制粒机有利于提高制粒挤压成型效率、减少环模磨损（曹康等，2014）。

国内制粒机设备开发倾向于大型化（李海兵，2009；史丽娟等，2011），对小型制粒机开发较少。目前国内较为成型的小型制粒机主要由正昌集团和牧羊集团研发。牧羊

图 1-2　Kahl 试验用平模制粒机

图 1-3　CPM 小型试验用制粒试验平台

图 1-4　瑞士布勒公司生产的小型制粒平台

（a）小型生物质/饲料制粒机正面图

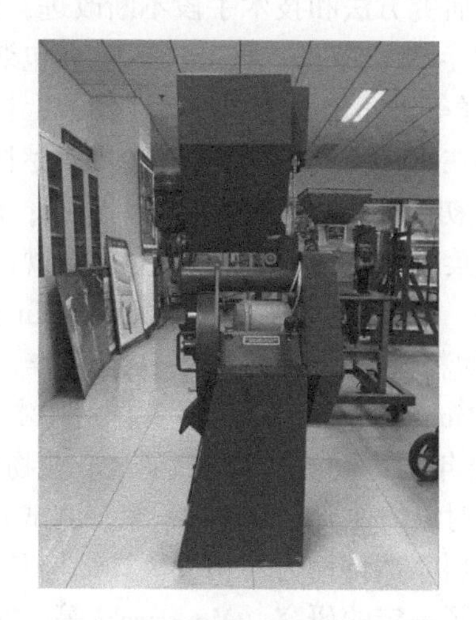

（b）小型生物质/饲料制粒机侧面图

图 1-5　英国 PelHeat 公司生产的小型生物质/饲料制粒机

集团生产的 MUZL180 型号制粒机，如图 1-6 所示，结构特点为双轴差速调质器、单辊环模制粒室，产量为 100～400 kg/h，经试验存在调质器物料残留较大、调质温度难以控制导致制粒室堵机等问题，正昌公司生产的 SZLH25 型号制粒机，如图 1-7 所示，主传动系统采用齿轮传动，产量为 500～1 500 kg/h，产量略大，试验时所用物料较多。国内小型制粒机产量均在 100 kg/h 以上，需要配置蒸汽发生器装置，加工工艺参数可调较少。

图 1-6　牧羊 MUZL180 试验颗粒机

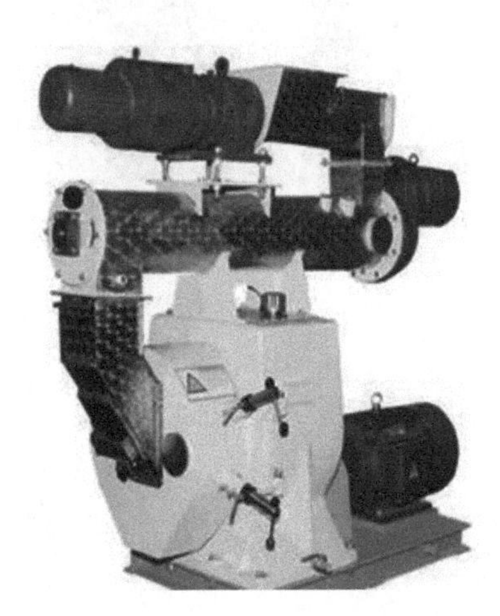

图 1-7　正昌 SZLH25 颗粒机

1.2　饲料原料加工特性

随着农业机械化不断发展，农业物料理化特性的研究领域不断拓展、研究内容不断加深、研究方法和技术手段不断改进，这些研究成果广泛应用并指导相关农业机械及系统（如生产、处理、加工、运输、包装、贮藏）的设计、工艺过程的检测和改进等（王东洋等，2016；姜瑞涉等，2002；崔清亮等，2007）。

早在 20 世纪 40 年代，欧美等发达国家就在相关领域展开了试验研究，到了 20 世纪 60 年代初期，这些研究开始受到重视；研制农机具结构和工艺参数，需要掌握其加工的水果蔬菜等物料的理化性质、数据及规律，进而促进了农业物料特性及其研究方法和技术的发展。美国宾夕法尼亚大学 Mohsenin 教授在总结各方面研究成果基础上，先后撰写了《农业物料及食品特性》等 3 部著作，奠定了物料学学科体系的基础（Mohsenin 等，1986；Mohsenin 等，1980）。我国对于农业物料理化特性研究始于 20 世纪 50 年代，到 20 世纪 80 年代才重新被重视，研究农业物料特性的时间相对较短。与国外同领域研究相比，在研究对象的种类、数据的积累、测试方法等存在较大差距（于恩中，2004）。

物料摩擦特性为其相关机具结构和参数设计提供重要依据，国内外对粮食籽粒摩擦特性做了一定的研究（Markowski 等，2013；Zou 等，2001；尚海波等，2011；黄会明，2006），Tabatabaeefar 等（2003）研究了不同小麦品种在含水率为 0～22%时的物理特性，测得了该条件下小麦的休止角，并分别测定了其与胶合板、玻璃、塑料、镀锌和不锈钢材料表面的摩擦系数，研究了不同品种和水分下小麦籽粒摩擦特性的差异性。程绪铎等（2012）利用直剪仪测量了不同湿基含水率小麦的内摩擦角，分别拟合出内摩擦角、摩擦系数与法向压应力、含水量的关系方程。郭胜等（2010）测定了除芒前、后稻谷种子的滑动摩擦角、休止角和内摩擦角。张桂华等（2004）研究了含水率为13.5%时包衣稻种的休止角、内摩擦角以及与4种材料表面的滑动摩擦系数，但是并未研究在不同含水率时其摩擦特性的变化规律。Moya 等（2002）通过直剪的方法测量了大麦、小麦、黑麦等农业物料的内摩擦角。戴思慧等（2011）研究了不同含水率无籽西瓜的休止角，与木板、涂漆铁板、塑料板和玻璃板的滑动摩擦系数。

物料热物理特性（比热、热导率、热扩散系数）是农产品和食品热物理特性的3个重要参数，是研究物料干燥、调质、冷却等传热过程中数学计算、计算机模拟和试验测定的基础（宗力等，2004；Murakami 等，1989；周祖锷等，1988），饲料原料热物理特性对其加工利用有重要指导作用。国内外在农产品领域尤其是谷物和油料的热物理特性方面做了一定的研究。Razavi 等（2007）研究了在四种水分含量和四种温度下开心果比热的变化；Kempkiewicz 等（1994）测得了含水率 0.96%~34.3%条件下燕麦籽粒（品种为 Mercury）和含水率 0.3%~29.8%时大麦籽粒（品种为 Aramir）的比热特性；Deshpande 等（1996）测定了含水率 8.1%~25%时大豆的比热、热导率、热扩散系数，并分析了其随水分的变化规律；杨洲等（2003）研究了稻谷热特性参数与含水率的关系，并拟合了回归方程；赵学伟等（2009）汇总了小麦及其有关制品热导率的测定结果，并论述了温度、水分及结构特性对其热导率的影响。Kayisoglu 等（2004）分析了不同含水率小麦、玉米和葵花籽粒的热导率随水分的变化规律。王红英等（2012）利用 DSC 测定了不同前处理方式对饲料玉米比热的影响，结果表明比热值与湿基含水率、烘干温度成正相关关系，而与粉碎粒度成负相关关系，并得到湿基含水率、烘干温度和粉碎粒度与比热的回归方程。以上研究表明：含水率和温度是影响农产品物料热物理特性的重要因素，为农产品物料的热物理特性测定及其回归模型的建立提供了参考，国内外文献为探索饲料原料的热物理特性提供了研究方法和模型验证等理论基础。

目前国内外对于物料热特性的研究主要针对单一食品或饲料原料，对于不同原料组分对配合饲料热特性研究缺乏，这与目前饲料加工过程中热加工过程（如调质、膨化、熟化、冷却等）的大量应用不相吻合，且饲料实际生产过程中，往往需进行调质的多为不同原料组分的配合饲料，是不同原料按配方设计配制而成。所以，本研究基于饲料湿热加工过程中的传热传质的特性，以乳猪料中所占比例较多的原料（玉米、豆粕）和对热特性影响显著的原料（乳清粉）配合饲料为对象，对其热特性参数进行3因素5水平正交旋转中心组合试验设计，研究不同原料组分配比的乳猪料配合饲料的热特性（比热、导热率和导温系数），目的是了解配方饲料在调质、膨化及冷却过程中吸热和放热所需要的能量，从而有针对性地提供给物料其需要的能量，以达到既能使物料充分熟化又能有利于节能降耗、节约成本的目的。

粉碎是饲料加工过程中重要的工序，粉碎粒度是指粉碎后物料颗粒的大小，对饲料加工过程、产品质量、饲料消化利用、动物生产性能有重要影响（李忠平，2001；Maxwell 等，1972；王卫国等，2000）。适宜的粉碎粒度有利于饲料的混合、调质、制粒、膨胀、挤压膨化等后续加工环节。研究表明饲料原料摩擦特性和热物理特性受粉碎粒度、含水率因素影响显著。

国内外对原粮摩擦及热物理特性的研究局限于其籽粒，并且侧重于研究其与水分的关系（Gharibzahedi 等，2014；Razavi 等，2007）；对于用于饲料加工的原粮粉体及其加工后副产品的摩擦及热物理特性研究较少，特别是没有给出这两种特性的数据及其随含水率、粒度、温度等因素的变化规律，而这方面的研究对饲料原料利用尤其是饲料加工关键机械部件的设计和改进具有重要的指导意义。

1.3 饲料调质技术与调质器

1.3.1 饲料调质技术介绍

饲料调质的本质是由于蒸汽的作用饲料发生水热反应，同时进行传热和传质的过程，在这个过程中，气相（蒸汽）、液相（细微水分分散的水滴）的热量、水分向固相（粉状物料）传递质量和热量。饲料原料的质量与热量时刻发生变化，饱和蒸汽内的质量与热量经粉状原料的外表面由外及内传递。调质器内的高温与水分双因素使得粉状原料含有的淀粉发生糊化、蛋白质性质改变、部分有害因子灭活和破坏、物料发生软化，进而在制粒过程中效果得到改善。调质过程中，蒸汽压力在调质器内由 2~4 个大气压降为常压，蒸汽温度下降为 100℃，释放出大量热量，使得粉状原料发生熟化反应。热蒸汽和冷的固相粉状物料相遇，粉体物料表面一旦发生液体冷凝，热量和水分开始进入粒子内部（因为粒子表面和内部之间存在温度差和湿度差），依据“陈化扩散原理”（Age-old Prineiple Ofdiffosion），热量和水分由浓度高的区域转向浓度低的区域，饱和蒸汽和粉状原料间发生热量和质量（水分）的传递。饱和蒸汽和粉状原料间存在的焓值差促进了热量与质量的传递。调质对制粒等饲料加工技术的重要性已得到广泛共识（舒根坤，1995），但至今国内外对饲料调质理论的报道较少，对调质效果优劣的定性分析较多，定量分析难以确定（王永昌，2005）。

调质是饲料加工过程中的一个关键工序，能够提高饲料制粒成型质量、降低颗粒粉化率、促进对饲料中蛋白和淀粉等组分的消化吸收；能够提高饲料淀粉的糊化度、增加颗粒黏结性，使得颗粒饲料特别是水产饲料水中稳定性提高，减少饲料浪费和水质污染；增加颗粒饲料的产量（25%~50%）、节省电耗；减少模辊等部件磨损，延长其使用寿命；从动物营养的角度来说，调质可以使蛋白质变性、淀粉糊化、粗纤维软化、水分含量增加，有利于动物对营养物质的消化吸收；从饲料安全卫生的角度来说，调质腔内的湿热环境可以破坏沙门氏菌等霉菌及致病菌、蛋白酶抑制剂等有害因子。研究（曹康等，2014）表明调质能够破坏和杀灭有害因子（有害细菌和抗营养因子）达 20%，甚至 60%以上。调质对饲料物理特性和营养价值的影响主要分为：

（1）对淀粉的影响

调质过程中蒸汽使得淀粉发生糊化反应。李启武（2002）通过研究一级、二级调质后的淀粉糊化程度及规律，得出结论，延长调质时间，可以促进淀粉分子与水热作用程度，提高淀粉糊化程度。胡友军等（2002）研究表明，水分是影响调质后产品糊化的重要因素，随着物料水分和温度的增加，糊化度提高迅速。闫飞（2010）研究了淀粉糊化过程中温度和黏度的关系，结果表明，温度低，则淀粉糊化度低、颗粒间黏结度差、制粒产量减小、颗粒饲料质量降低。温度过高，当超过 95℃时，淀粉黏度下降、颗粒黏结性变差。温度过高时，颗粒表面焦化、外观质量变差。

（2）对蛋白质的影响

蛋白质是多种氨基酸通过肽键构成的高分子化合物，饲料中蛋白质的自由能通常在 60 kJ/mol 以下，因此其稳定性较低，容易在调质过程中受到湿热环境影响而使得理化性质改变。

（3）对维生素的影响

维生素是一种微量营养物质，对于动物正常生理机能、正常生长发育十分重要，可以促进动物机体生化反应和新陈代谢。调质腔内的高温环境和挤压反应，会降低维生素的活性。受到调质腔体温度和水分的影响，加上调质过程时间一般较长，会降低饲料中维生素的活性和保存率，不利于动物的生长和发育。实际生产应用中，为解决维生素的损失难题，可以通过增加维生素的添加量、微胶囊技术等预处理、优化加工过程中的加工参数和工艺条件等来处理。

（4）对饲料中酶制剂活力的影响

国内外部分学者对饲料加工过程中对于酶制剂活力的变化规律进行了研究。饲料加工特别是调质过程中工艺参数的选择、不同种类酶制剂种类及其添加方式，对酶活力损失影响较大。

1.3.2　饲料调质器介绍

喂料器是调质器的前端设备，主要功能是向调质器均匀地供料，同时又可以阻挡蒸汽返流至待制粒仓内。常用喂料器转速可进行无极调速，结构上以螺旋喂料器为主，在进料段又分变径、既变距又变径，来确保料仓均匀供料的目的。动力装备一般为 1.1~4.0 kW，直径为 150~406 mm，转速为 0~180 r/min，典型的有英国 UMT 和 CPM 等公司生产的喂料器，生产能力一般在 10~35 t/h。

饲料调质设备在 20 世纪五六十年代之前，多采用喂料与调质同轴组合式；20 世纪 60—70 年代，喂料与调质分离开来。由于喂料与调质功能独立，提高了原料调质效果，使得调质后的淀粉糊化度在 15%~20%以内。20 世纪 80 年代开始，陆续出现带蒸汽夹套单轴桨叶调质器、单轴加长调质器、等直径水平双筒调质、2~3 级调质、DDC 筒差速调质、釜式调质、长时间灭菌调质器、高压调质等多种类调质工艺与设备。基于不同的生产工艺要求，采用相对应的调质方式，实现调质强度与时间可调（40 s~20 min）、淀粉糊化度高（可达 40%~50%），尤其是高压、高温、高剪切调质工艺与设备（HTST）淀粉糊化度可达 80%。

调质器的设计根据物料原料、饲养动物、加工条件的而异，按照配置形式可以分为单级和多级，按照调质轴数量可以分为单轴和双轴，但无论何种调质器，以桨叶式应用最为广泛。桨叶式调质器的关键部件为主轴、桨叶、壳体，主轴上安装有桨叶，轴向贯穿长度达 2~4 m 的圆柱形壳体，其两端依次设置有入料口和出料口。粉料喂入调质器后，在桨叶搅动下围转轴转动和沿轴向向前推进，在这两种运动的过程中，物料不断地承受桨叶的搅拌和剪切，从而吸收饱和湿蒸汽中的水分和热能，并和液体原料充分混匀。

在实际生产中，公认的评价调质效果的三大关键因素为：调质时间、温度、调质后水分含量。上述的三大关键因素是调质器多个设置参数的共同作用的结果。其中调质时间是物料经过调质器所用的时间，主要取决于桨叶形状、角度、间距，主轴的转速，调质器的长度等设计参数；调质温度主要取决于蒸汽温度和添加量；而调质后水分含量是调质时间、饱和蒸汽添加量的综合作用的结果。所以，调质器几何参数的设计、蒸汽添加参数的设计对调质效果的三大关键起着至关重要的作用。其中几何参数包括桨叶的结构、角度、配置，调质器壳体的形状，主轴的转速，而蒸汽添加参数为蒸汽压力和蒸汽温度。闫飞（2010）以C350型号调质器为试验机型，分别对反向桨叶集中布置和反向桨叶分散布置两种方案，以桨叶布置形式、反向桨叶角度、正向第一圈桨叶角度、主轴转速为试验因素，对主要考察指标（调质时间）、次要考察因素（调质均匀度、物料残留量、吨料电耗、产量）的影响；通过综合评分比较得到了最优方案并进行验证，最终得到该型号调质器最优参数。朱勇（2014）设计了一种新的调质工艺（在喂料器与调质器之前增添溜管运送装置），并据此设计了STZJ型双层单轴桨叶饲料调质器，对关键部件调质轴进行了研究。得到较佳的工艺参数：上层调质器转速250 r/min，桨叶与主轴平面夹角5°，下层调质器转速25 r/min，桨叶与主轴平面夹角45°。李辉等（2016）系统阐述了饲料调质器的最新发展状况，比较全面地归类总结了不同形式调质器的具体结构参数、关键性能参数、功能效率以及应用状况，采用数学模型描述粉料在调质器内螺旋运动形式与时间的关系。

1.4 饲料制粒装备与成型因素介绍

制粒是指通过机械或化学方法，将粉状或液体原料聚合成型。饲料加工过程中，粉状饲料原料或粉状饲料经过水热调质，经由模辊等机械部件挤压作用，使得饲料强制通过模孔并黏结成型。经过制粒加工，颗粒饲料具有以下优点：①可避免动物挑食；②饲料报酬率高；③贮存运输更为经济；④流动性好，便于管理；⑤可避免不同成分分层，降低环境污染；⑥杀灭动物饲料中的沙门氏菌等。制粒是现代饲料加工过程中重要的工序，是饲料成型技术之一。通常影响颗粒饲料生产效率与质量的主要因素包括：饲料原料的粉碎粒度、配方组成及组分比例、调质、模辊、干燥和冷却等。如图1-8所示，Behnke（1994，2001）研究指出，对颗粒饲料生产效率影响的主要因素及比例：配方为40%，粉碎粒度为20%，调质为20%，环模工艺参数为15%，冷却干燥5%；对颗粒饲料质量影响的主要因素及比例：配方为25%，粉碎粒度为20%，调质为15%，环模工艺参数为15%，冷却干燥为5%，生产规模为20%。基于以上影响因素，影响制粒相关的调质，环模和冷却因素占到40%。因此，制粒工艺与设备对于颗粒饲料生产十分重要（彭飞等，2014）。

1.4.1 饲料制粒装备介绍

制粒装备是现在饲料加工中常用的四大装备之一，1910年世界第一台螺旋挤压式

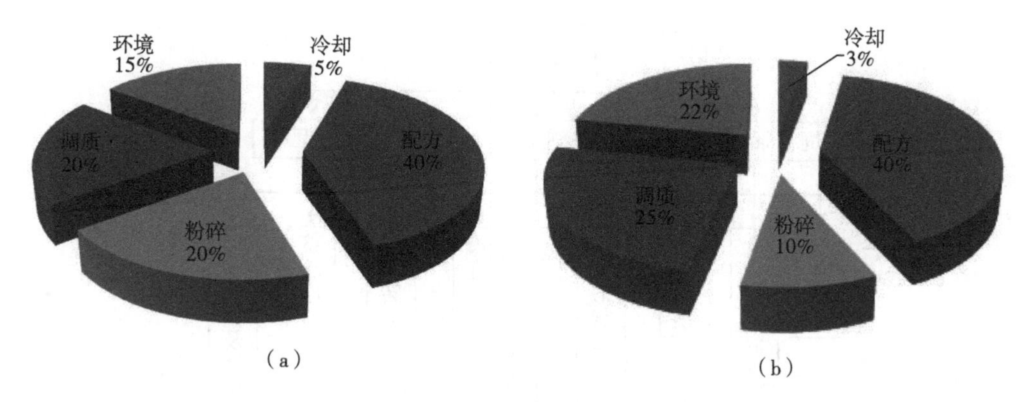

图1-8 颗粒饲料产量与质量的主要影响因素

(a) Behnke颗粒饲料生产质量影响因素；(b) Behnke颗粒饲料生产产量影响因素

制粒机由英国Sizer公司发明，1920年世界第一台压模式制粒机诞生，1931年第一台环模颗粒压制机由美国CPM公司研制成功，自此形成了现代饲料制粒机的基本模型。目前，国际上制粒机机型主要分为卧式环模和立式平模两种基本类型。自1975年正昌集团制造出第一台齿轮传动卧式环模颗粒制粒机至今，国内制粒机的加工制造技术和成型理论得到快速发展，用于生产颗粒饲料的制粒机逐渐普及。特别是以正昌和牧羊系列颗粒机为代表机型，成为我国第四代饲料工业使用最广泛的机型。该阶段的发展特征是：大型化、优质化和国际化。饲料制粒技术源于国外，畜禽较发达的国家对制粒机的机理研究的较为全面和深入。国外对制粒成型机理研究较多，但大部分研究进展和成果都处于不公开状态。国内制粒厂家大都是在国外（如英国、瑞士、意大利等国）基础之上变形设计的，缺乏全面的制粒工艺和完整的配套设备，因此，制粒效果不佳，存在制粒品质偏低、能耗偏高、生产率低、堵机、压辊环模使用寿命短等缺陷，与发达国家饲料企业相比，国内饲料企业整体科研水平低、企业间发展参差不齐（张琳，2004；张利庠，2006），缺乏自主创新和系统性。

1.4.2 成型影响因素总结与分析

对颗粒饲料成型的影响因素较多，主要有：原料组成、粉碎粒度、调质、环模与压辊结构、模辊间隙、后续冷却等（马文智，2005；张晓亮等，2006；齐胜利等，2011），如图1-9所示。

1.4.2.1 原料配方因素

不同配方原料由于营养成分与物料特性不同，因此制粒特性存在差异。配方因素不仅影响饲料的品质（饲料颗粒耐久度、含粉率、硬度等），还不同程度影响制粒机的产量、制粒机能耗及其使用寿命。饲料配方中合适的脂肪含量大，能够使得饲料通过模孔时流动性增强、摩擦阻力减小，减少环模磨损、降低能耗、提高颗粒质量；过高的脂肪含量，会降低饲料颗粒间结合力，降低颗粒饲料质量。通常认为纤维素具有硬度的聚合作用，纤维素含量高时有利于制成硬颗粒，但是当纤维素过多时，通过模孔困难，降低颗粒饲料产量、减少模辊使用寿命。蛋白质具有热塑性和黏结性，制粒过程中受热后可塑性增大，有利于黏结成型，能够提高颗粒饲料产量和质量。淀粉在高温高水分条件下发生糊化，有利于提高黏结性；但若是糊化不佳，易造成颗粒脆而易碎，影响颗粒质量

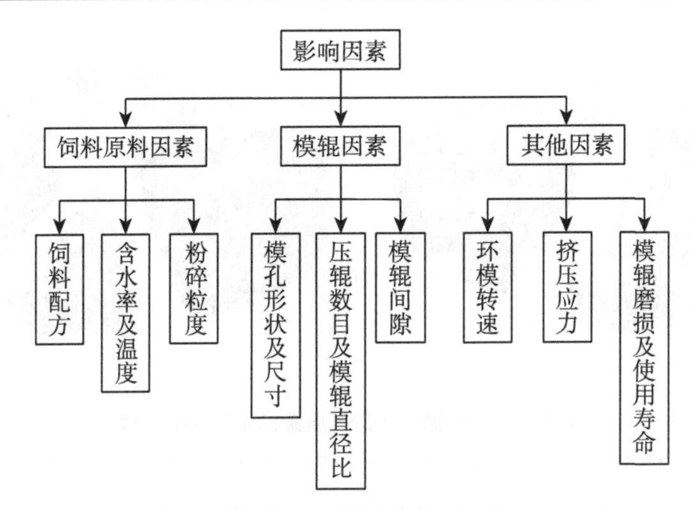

图 1-9 饲料制粒机挤压成型影响因素

(熊先安等，1999；张晓亮等，2006；钟启新等，1999)。应依据原料的制粒特性，采用相对应的制粒工艺和条件来保证颗粒的质量。国外对制粒特性进行了大量的试验研究，指出原料制粒特性可用制粒品质系数、制粒能力系数、摩擦参数来表示，每个参数的变化范围为 0~10，见原料制粒系数参数表及制粒性能表（Payne 等，1994；余汝华，2000）。

1.4.2.2 原料含水率和温度因素

生产高质量的颗粒饲料，需要合适的水分和热量。原料含水率不同，制粒所需要的温度也有差异，蒸汽的添加随原料和温度变化。原料水分包括本身含量和后添加，本身含量在 12%~13%为宜；浓缩料水分含量不应高于 13%~14%，通常物料总水分含量一般在 16%~18%。研究表明调质器中物料水分含量每提高 1%，物料温度对应提高 11℃。假如原料初始水分含量较高，当其达到理想水分含量时物料温度未达到最佳入模温度，使得颗粒饲料质量降低。入模水分较高时，物料通过模孔不能充分被挤压，致密状态难以达到，会导致颗粒含粉多、颗粒松散；由于自由水抵消部分模辊间的挤压力，使得物料挤出速度降低、颗粒硬结、塑性降低、阻塞模孔。如果物料水分太低，若按照正常蒸汽需要量添加，淀粉糊化时水分不够，糊化度不高，颗粒内部黏结力较小，影响颗粒质量；若增加蒸汽量，物料温度就会偏高，冷却时蒸发更多的水分，饲料成品易出现水分低、硬度大、裂纹多、颗粒脆等缺陷。因此，为保证颗粒成型的质量，需要严格控制原料的水分。

1.4.2.3 原料粒度因素

粉碎粒度的大小与粉碎能耗、粉碎生产率、制粒成本、颗粒质量关系密切。Wondra 等（1995）用锤片粉碎机将玉米粉碎至平均粒度分别为 1 000 μm、800 μm、600 μm 和 400 μm，其颗粒 PDI 值分别为 78.8%、79.4%、82.4%和 86.4%；当平均粒度由 1 000 μm 减小到 600 μm 时，每生产 1 吨玉米耗电量由 2.7 kW · h 略增至 3.8 kW · h；若将粒度再减小 200 μm，耗电量剧增到每吨 8.1 kW · h。随着粒度由 1 000 μm 降到 600 μm，生产率略有下降，由 2.7 t/h 降到 2.6 t/h，粒度降至 400 μm 时，生产率的下降则明显得多，由 2.7 t/h 降到 1.3 t/h。宋春风等（2010）研究提出，若从颗粒料的生产效率和颗粒质量角度考虑，物料粉碎的越细，颗粒质量越好，这可能是因为原料粒度越小，相应颗粒表面积就越大，调质时水蒸气更容易穿透颗粒，水分和热量传递和交换速度更快，提高了调质效果。此时的物料吸收了更多的水热，物料特性变黏变软，容易挤压成型，且颗粒表面呈现光滑、无裂纹、硬度和颗粒耐久度高、粉化率低、制粒效率高、对环模压辊磨损小。Healy 等（1994）通过研究谷物不同粉碎粒度对成本的影响，结果表明当粉碎粒度由 900 μm 减小到 300 μm，玉米、硬质高粱和软质高粱的能耗都增加，依次增加 362.26%、1 082.35% 和 705.26%；粉碎效率依次降低 169.23%、704.05%和 282.91%，反而对制粒能耗影响不显著。

1.4.2.4　模孔形状及尺寸

Holm 等（2007）通过生物质颗粒模型试验，建立并验证了挤压力与物料摩擦系数、泊松比、长径比的力学模型。Mani 等（2006）通过控制制粒过程研究，构建了表征颗粒耐久度和能耗的数学模型；Mani 等（2006）通过红外热成像仪，由非接触的方式监测制粒过程中的温度，得到制粒过程温度场的分布。田腾飞（2002）浅析制粒机制粒室料层分布特点，分析了不同料层厚度对生产率的影响。吴劲锋（2008）通过研究苜蓿环模制粒过程中力学特性与挤出力、颗粒密度的关系，建立了挤出力与粒度、密度数学模型。何伟等（2013）分析了鲤鱼颗粒饲料生产过程中常见的堵塞、不出料现象，建立导料锥孔模型并进行有限元分析，认为 45°导料孔结构时模孔堵塞现象较少。董玉平等（2007）通过有限元模拟了生物质挤压成型过程，得到挤压成型过程中载荷和应力应变的分布规律。陈炳伟（2009）通过 ANSYS 研究了四种环模孔倒角（30°、40°、50°、60°）的环模孔倒角节点位移量，结果表明，60°时节点位移最小，即环模孔受力变形最小，认为 60°倒角环模孔结构最好。

1.4.2.5　压辊数目与模辊直径比

模辊挤压过程中，模辊和物料间需要存在一定的摩擦力，才能持续将物料攫取到压制区并压入模孔中挤压成型。正常工作时，压辊与环模线速度基本一致（$V_r \approx V_f$）。当 $V_r > V_f$ 时，攫取能力下降，生产效率降低；当 V_r 远大于 V_f 时，压辊出现打滑现象。压辊个数一般为 2～3 个，Svihus 等（2004）使用 GPDC 900/178 型制粒机（环模直径 900 mm），通过对二辊（直径 440 mm）和三辊（直径 380 mm）压辊的数量、能耗和含水率进行了试验研究，结果表明，二辊方式机比三辊能耗低、颗粒耐久度高、维修和磨损费用也更低。孙旭清（2009）以 MUZL420T 制粒机为例（环模直径 460 mm），对二辊（直径为 216 mm）和三辊（直径为 205 mm）压辊进行计算分析，得出结论：攫取角 30°时，三辊为二辊生产效率的 1.36 倍。改变物料攫取角，三辊生产率与两辊的比值随攫取角增大而增大，三辊结构具有明显优势。进一步采用大小辊组合，无论攫取角如何变化，大小辊组合要比等径压辊生产率高。综上所述，在小型制粒系统模辊优化过程中，要结合环模结构尺寸，分析压辊个数、压辊大小尺寸组合对制粒生产率的影响。

1.4.2.6　模辊间隙

环模和压辊间隙的大小影响两者之间物料层的厚度。物料层过薄，颗粒饲料质量下降，模辊磨损严重、使用寿命降低；物料层过厚，易形成黏附层，能够提高挤压颗粒的质量，同时易打滑，导致生产效率降低、耗能增加。因此，合理的模辊间隙是制粒机效率和质量的保证。模辊间隙一般为 0.1～0.4 mm，其中，环模制粒机模辊间隙一般为 0.1～0.3 mm，平模制粒机一般为 0.05～0.3 mm。王敏（2005）研究表明，适当增大模辊间隙，会降低生产率、增加单位产量能耗、改善颗粒成型质量。正大公司研究表明，环模制粒机物料厚度与产量成正比，与原料密度、环模宽度、环模线速度和压辊数量成反比。它们之间的关系如式 1-1 所示。

$$S=\frac{1\ 000Q}{3\ 600\rho Wvn} \tag{1-1}$$

其中，S 为物料层厚度，mm；Q 为产量，t/h；ρ 为物料密度，t/m^3；W 为环模有效宽度，m；v 为环模线速度，m/s；n 为压辊数目，2 个或 3 个。

1.4.2.7　环模转速

环模转速应由原料特性和成型颗粒尺寸来确定。实际生产中，环模线速度通常为 3～8.5 m/s。生产实践表明，模孔直径小时，环模应选择较高的线速度；模孔直径大时，环模应选择较低的线速度。通常，环模线速度越大，颗粒饲料产量增大、能耗上升。黄传海（1996）研究表明，环模内径相同时，水产饲料制粒机环模应选择较低转速，这样生产的颗粒料更光滑结实、品质更好；当生产虾饲料时，选用的环模转速是生产畜禽饲料转速的 50%～60%。李艳聪等（2011）研究环模开孔率及线速度对生产率影响，试验对象为南美对虾饲料，研究结果表明，颗粒饲料生产率与速度不呈线性关系，生产率环模线速度为 1.4 m/s 时达到最高；用于鱼虾饲料加工的环模，其线速度 1～3 m/s 为宜。大型制粒机生产的小孔径颗粒饲料质量不如小型制粒机，尤其在生产 3 mm 以下畜禽饲料及水产饲料时尤为明显。孙营超（2009）基于正交试验优化方法研究制粒机制粒工艺，并基于优化的工艺参数研发了制粒机的控制系统。

1.5　原粮制粒特性指标的选定依据

颗粒饲料可减少运输及动物采食过程中的饲料浪费现象的发生，并提高适口性，同时调质制粒过程的高温高压过程可以有效地杀灭大量致病菌及抗营养因子，因此对动物生产性能及相应的经济效应能达到显著提高的效果。研究表明，影响饲料颗粒质量的因素包括配方、粉碎、调质、环模、冷却干燥 5 部分，所占比例如图 1-10 所示（谢正军等，1993）。可以看出，仅制粒加工过程（包括，调质、环模制粒和冷却干燥）对颗粒

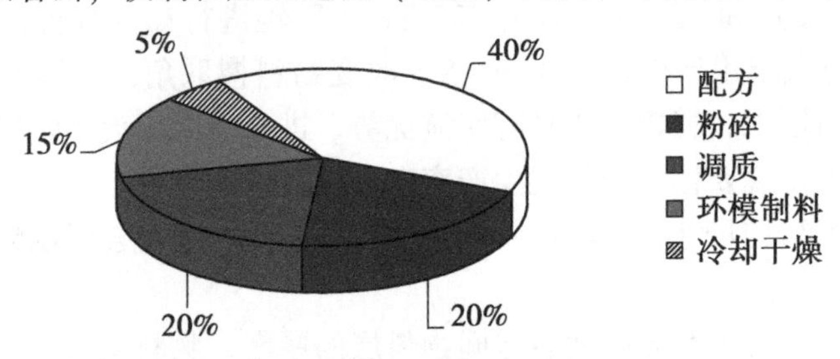

图 1-10　饲料颗粒质量影响因素及比重

饲料质量的影响就占了 40%，可见，制粒过程在整个饲料生产过程中的重要地位。

研究表明，在制粒阶段，影响颗粒饲料成型质量的因素有如下几点：原料物理特性、原料营养成分、功能特性、加工参数及黏结剂的添加（Thomas 等，1996）。其中，作为原料特性指标，对制粒质量有所影响的指标主要有 6 个：粗蛋白、粗脂肪、水分、容重、平均粒径、糊化特性。

1.5.1　指标选择

1.5.1.1　粗蛋白

在饲料制粒工艺中，由于调质、制粒过程中常常伴随着高温、高压、高湿的条件作用，蛋白质三维构象易发生改变，因此可以部分作为黏合剂，在不同物料粒子之间发挥黏合作用。Wood 等（1987）的研究结果指出，制粒加工过程中会导致蛋白质的部分变性，进而提高颗粒饲料的稳定度和硬度。植物蛋白的制粒效能要优于动物蛋白，饲料原料含天然蛋白质越高，其容重往往较大，加工过程中受热可塑性大，同时黏度增加，最终物料的制粒性能越好，从而在冷却后成品颗粒越坚实，粉化率越低。

1.5.1.2　粗脂肪

脂肪对制粒是有益的，在挤压制粒的过程中起到润滑剂的作用，可以减少环模磨损，同时利于物料通过模孔，进而减少能耗，对颗粒质量也起到一定的改善作用（余汝华，2000）。饲料中的脂肪来源分为两类，即原料本身所含脂肪及外加脂肪，为保证饲料颗粒质量，常采取制粒后喷涂的工艺进行添加，以满足动物营养需要，因此谷物等饲料原料的粗脂肪含量对制粒工艺具有重要的作用。

1.5.1.3　水分

原料水分的含量对制粒过程产生的电耗及颗粒产品质量有着直接影响，水分含量过高导致蒸汽需求下降，调质温度不容易升高；水分含量过低导致颗粒不易压出成型，较为理想的水分含量为 9%~13%（余汝华，2000；李奇，2011；殷波等，2001）。原料水分与调质温度电耗及颗粒饲料含粉率的关系如图 1-11 所示。

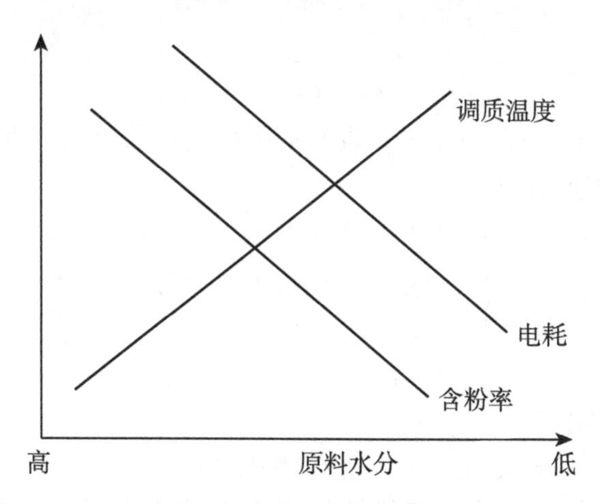

图 1-11　原料水分与调质温度、电耗及颗粒饲料含粉率的关系

1.5.1.4 容重

饲料原料容重越大，制粒过程中的成型特性越好。轻质原料结构松散，制粒过程中产量低，生产电耗高，颗粒硬度低，颗粒饲料含粉率偏高。重质原料的制粒效果则相对较好，生产电耗较低，颗粒硬度较高，颗粒含粉率低（张亮等，2013）。通常，容重大于 550 kg/m^3 的制粒效果较好（李艳聪等，2011）。

1.5.1.5 平均粒径

粉状原料的颗粒大小即为粒度，大量研究表明，饲料原料的粉碎粒度对颗粒饲料产品的质量及动物消化吸收能力有很大的影响（宋春风等，2010；汤芹，1998；王卫国，2000；周庆安等，2002）。常用平均粒径反应分散的粉状饲料原料颗粒群的集合尺寸，表征粉状原料颗粒尺寸的普遍状态。颗粒较大，在调质制粒过程中，水蒸气不容易到达颗粒内部，影响加工过程中的水热传递，因而不能充分发挥淀粉糊化、抗营养因子灭活等作用。若颗粒粒度过细，容易造成先糊化淀粉对未糊化淀粉的包裹，进而影响进一步的淀粉糊化作用，导致熟化度不均匀。同时，对于相同的粉碎设备而言，不同原料的平均粒径往往存在着差异。

1.5.2 主成分聚类分析模型简介

1.5.2.1 主成分分析简介

主成分分析（Principal Component Analysis）是把原来多个变量划为少数几个综合指标的一种统计分析方法。从数学角度来看，这是一种降维（Li 等，2013）处理技术。

一个研究对象，往往是多要素的复杂系统。变量太多无疑会增加分析问题的难度和复杂性，利用原变量之间的相关关系，用较少的新变量代替原来较多的变量，并使这些少数变量尽可能多地保留原来较多的变量所反映的信息，这样问题就简单化了。

原理：假定有 n 个样本，每个样本共有 p 个变量，构成一个 $n \times p$ 阶的数据矩阵，

$$X = \begin{bmatrix} x_{11} & x_{12} & \cdots & x_{1p} \\ x_{21} & x_{22} & \cdots & x_{2p} \\ \vdots & \vdots & & \vdots \\ x_{n1} & x_{n2} & \cdots & x_{np} \end{bmatrix}$$

记原变量指标为 x_1，x_2，…，x_p，设它们降维处理后的综合指标，即新变量为 z_1，z_2，z_3，…，z_m（$m \leqslant p$），则

$$\begin{cases} z_1 = l_{11}x_1 + l_{12}x_2 + \cdots + l_{1p}x_p \\ z_2 = l_{21}x_1 + l_{22}x_2 + \cdots + l_{2p}x_p \\ \qquad \cdots \\ z_m = l_{m1}x_1 + l_{m2}x_2 + \cdots + l_{mp}x_p \end{cases}$$

系数 l_{ij} 的确定原则：

①z_i 与 z_j（$i \neq j$；i，$j=1$，2，…，m）相互无关；

②z_1 是 x_1，x_2，…，x_P 的一切线性组合中方差最大者，z_2 是与 z_1 不相关的 x_1，x_2，…，x_p 的所有线性组合中方差最大者；z_m 是与 z_1，z_2，…，z_{m-1} 都不相关的 x_1，x_2，…，x_p 的所有线性组合中方差最大者。

新变量指标 z_1，z_2，…，z_m分别称为原变量指标 x_1，x_2，…，x_P的第 1，第 2，…，第 m 主成分。

从以上的分析可以看出，主成分分析的实质就是确定原来变量 x_j（$j=1$，2，…，p）在诸主成分 z_i（$i=1$，2，…，m）上的荷载 l_{ij}（$i=1$，2，…，m；$j=1$，2，…，p）。

从数学上可以证明，它们分别是相关矩阵 m 个较大的特征值所对应的特征向量。

1.5.2.2　聚类分析简介

聚类分析（Cluster Analysis），又称群分析，是根据“物以类聚”的道理，对样品或指标进行分类的一种多元统计分析方法，它们讨论的对象是大量的样品，要求能合理地按各自的特性来进行合理的分类，没有任何模式可供参考或依循，即是在没有先验知识的情况下进行的。聚类分析是数据挖掘中的一种重要算法。

在实际应用中，系统聚类法和 K 均值聚类法是聚类分析中最常用的两种方法。其中 K 均值聚类法计算速度快，但需事先根据样本空间分布制定分类的数目，而当样本的变量数超过 3 个时，该方法可行性较差。系统聚类法（Hierarchical Clustering Method，也称层次聚类法），由于类与类间距离计算方法多样，使其适应不同的要求，同时不需事先制定分类数目，有效地避免了 K 均值聚类方法的缺陷。该方法是目前实践中使用最多的聚类方法。系统聚类法的分类统计量一般采用距离系数统计量进行分析计算，由于在分类过程中，类与类间的距离可以有不同的定义，所以系统聚类法又可以细分为常见的八种聚类方法，分别为最短距离法、最长距离法、中间距离法、可变法、重心法、类平均法、可变类平均法、离差平方和法，其中离差平方和法（Ward 法）应用最为广泛，该算法的指导思想来自方差分析，由 Ward 于 1936 年提出，以后经一系列后人发展而成的一种系统聚类方法（胡雷芳，2007）。该方法认为，如果分类正确，同类样本的离差平方和应当较小，类与类之间的离差平方和应当较大。

1.5.2.3　主成分聚类分析操作步骤

本试验研究采用的分析模型是主成分聚类分析模型，首先对原始数据进行主成分分析处理，进而达到降维的目的，之后基于降维处理的主成分数据进行聚类分析。该模型综合利用了主成分分析算法和聚类分析算法的优越性。

具体操作步骤如下：

（1）将原始数据进行主成分分析。

①将数据标准化；

②求属性数据之间的相关系数矩阵；

③求出特征值，解释的总方差，以及累计的贡献率；

④计算出各个主成分。

（2）将得到的主成分数据进行系统聚类分析。

①将每个样品分为一类，计算各个样品之间的距离系数；

②把距离最小的两类合并为一类；

③计算新的类别间的距离；

④重复②、③步一直到合并为一类为止。

1.5.2.4 主成分聚类分析模型应用现状

朱萌萌等（2013）将主成分聚类分析模型应用于恰恰香瓜子的快速鉴别。通过蒸馏萃取与 GC-MS 联用的方法，对恰恰瓜子及其他 6 种不同品牌的瓜子进行挥发性成分的分离分析，同时不同品牌的香瓜子含有特有的挥发性风味物质，利用 SPSS 软件对所得挥发性成分进行主成分分析，在此基础上对提取出的 8 个主成分进行聚类分析。研究结果表明，该分析模型能很好地将目标品牌与其他品牌鉴别区分开。

叶协锋等（2009）利用主成分聚类分析模型建立了烤烟质量评价模型。采用外观质量评价与常规化学成分评价相结合的方法，针对河南平顶山市 42 个烟叶样本的 8 个外观质量指标及 8 个化学成分指标进行分析，采用主成分分析法提取了 6 个主成分，并在此基础上进行聚类分析，同时对比 Fisher 判别函数和聚类分析结果，发现两者具有较好的一致性。

宋江峰等（2010）分析影响不同品种甜糯玉米软罐头品质的主要挥发性风味物质，采用顶空固相微萃取和气—质联用技术，对 6 个不同品种的甜糯玉米软罐头中主要风味成分的相对含量进行测定，用主成分分析法和聚类分析法（平方欧氏距离为度量准则、组间连结法）对甜糯玉米软罐头中的挥发性风味物质进行分析。分析结果显示，不同品种甜糯玉米软罐头均有其特有的挥发性风味物质组合，这些风味物质组合，形成了各自的风味特征，其存在与差异决定了不同品种甜糯玉米软罐头风味的差异。

1.6 饲料干燥与冷却技术

在颗粒饲料的生产过程中，由制粒机刚刚生产出来的颗粒饲料，其温度高达 65～85℃，水分含量最高达到 17%。温度高对包装非常不利，包装袋内部容易产生水蒸气，导致饲料发霉、断裂。当饲料水分超过国家标准时也容易导致微生物生长，饲料发霉，不利于储藏。为了便于包装、运输和贮存，颗粒饲料成品的温度和含水率必须符合行业规定的标准。冷却后的颗粒料温度可以略高于室温，湿基含水率在 12%以下。因此需要在制粒后对饲料颗粒进行冷却处理，降低颗粒的温度和含水率。冷却器利用冷空气做介质除去饲料大部分的热量和水分。当颗粒从制粒机模孔出来时，颗粒具有纤维状结构，使水分在毛细管作用下从颗粒中心向外传递。通常冷却器设计成使周围空气与颗粒的外表面紧密接触，只要大气不呈饱和状态，它就会从颗粒表面带走水分。水分在蒸发作用下脱离，同时使颗粒得到冷却。被空气吸收的热量使空气加热，又提高了空气的载水能力。因此冷却器能同时起干燥作用，一般颗粒温度每降低 11℃，其含水率约降低 1%。

颗粒的冷却过程是一个湿热传递过程。当冷空气通过高温高湿颗粒时，由于颗粒的温度和水分都很高，颗粒与空气进行热量传递，颗粒散发热量，颗粒表面蒸发水分，与此同时颗粒内部水分也相应地从中心部位向表面扩散，散发的热量和蒸发的水分被冷空气带走，从而达到冷却的目的。影响冷却效果的因素很多，其中最主要的是冷却时间、风量、颗粒直径等。

颗粒在冷却过程中，水分由内部扩散到表面汽化需要一定的时间，该时间称之为冷却时间。不同的颗粒，其内部结构、组成不同，水分扩散的难易程度也不同，因此，在冷却不同直径的颗粒料时，应采取不同的冷却时间。颗粒在冷却过程中，颗粒表面首先与冷空气接触而进行湿热交换，颗粒表面的温度和湿度降低，表面与内部产生温度和湿度梯度。由于温度和湿度梯度的存在，其内部的热量和水分向表面扩散。对于小直径颗粒料来说，其内部的热量和水分容易扩散，因此在较短的时间内，颗粒的内部和表面能够充分冷却，而大直径的颗粒料其内部的热量和水分不易扩散，因此需要冷却的时间较长。

冷却空气穿过料层的风速越高，其冷却干燥速度就越快，冷却空气穿过料层的风速越低，其冷却干燥速度就越慢。因此，在保证足够容积的前提下，应使颗粒有适当的受风面积，以确保具有一定的风速。吸风量是影响冷却效果的一个重要参数，它与颗粒的直径有很大关系，随着颗粒直径的增大，吸风量也应相应增大。但风量不能过大，否则，颗粒表面冷却过快，而内部温度和水分过高，颗粒表面容易开裂，包装后容易产生发热结霉现象，从而影响颗粒质量。对于小直径颗粒，因为内部温度和水分容易散发，因此在冷却过程中应采用小风量。但冷却风量也不能过小，风量过小达不到颗粒表面水分汽化的条件，不能顺利进行湿热交换，影响冷却效果。总之，在冷却颗粒时，一般风量不宜过大，但冷却时间要长，即小风量、长时间。这样才能保证颗粒内部和外部充分冷却，得到合格的冷却颗粒料。

1.7 饲料加工技术与装备创新及其专利保护

随着知识经济时代的到来，经济全球化和贸易自由化的进一步发展，我国知识产权法律的日趋完备，知识产权保护力度也日益加强，作为一种无形财产权的知识产权与企业之间的关系也日趋紧密。

1.7.1 知识产权制度和现代农业发展中的知识产权

为更好地保护智力成果、鼓励发明创造、促进国际间的知识产权交流，国际社会在19世纪末就开始了建立知识产权国际保护的努力。1883年签署了《保护工业产权巴黎公约》，1886年签署了《保护文学艺术作品伯尔尼公约》，1891年签署了《商标国际注册马德里协定》等。

20世纪，随着国际间知识产权交流的增多，相关的国际条约和协定不断地增加和完善。签订了诸如《保护原产地名称及其国际注册里斯本协定》《专利合作条约》《建立世界知识产权组织公约》《与贸易有关的知识产权协议》等一系列国际条约。为协调和发展国际间的相关交流提供了有效保障。我国于20世纪80年代开始建立知识产权保护制度。1983年颁布了《中华人民共和国商标法》，1985年颁布了《中华人民共和国专利法》，1990年颁布了《中华人民共和国著作权法》，1997年颁布了《中华人民共和国植物新品种保护条例》，2005年颁布了《地理标志产品保护规定》等法律法规。这些法律法规还有相应的实施条例或实施细则予以配套实施。

改革开放之后，我国政府非常重视知识产权制度的建立发展以及与国际间的接轨。从20世纪80年代开始，加入了多个有关知识产权的国际公约，并不断地根据国际标准和我国的现实情况修订现有的知识产权法律法规，在知识产权制度的建立和发展方面取得了显著的成就。

第一，农业知识产权保护制度能够鼓励农业领域的发明创造，提高农业生产的科技水平，促进农业经营的现代化。人类社会的产生、进步和发展都根源于人的创造，农业领域的发展也离不开科学技术与日益现代化的经营管理。林肯有一句名言："专利制度就是为天才之火添加利益之薪。"对农业领域出现的发明创造、商标、地理标志等给予知识产权的授权与保护，使权利人能够通过排他性地使用这些智力成果、获得经济利益，从而鼓励人们在农业领域做出更多的发明创造、收获更多的智力成果。

第二，农业知识产权保护制度有利于促进农业领域的国内、国际领域的经济和技术协作。在科学技术飞速发展、经济全球化的今天，农业领域的发展也绝不再是孤立的、个体的或者仅仅是小规模的，农业生产者和经营者也同样需要和国内其他地区、其他生产经营者进行协作和经济技术的交流，也需要走出国门加入世界贸易的行列中。那么，在这种协作交流的过程中，就需要有一些共同遵守的规则，知识产权制度就是其中最重要的规则之一。如果没有这种规则，在农业领域引进或输出先进的知识成果并进行有效的合作、交流，就是难以想象的。

第三，加强农业领域的知识产权保护能够更好地保护农业投资者的利益。要促进农业的发展就必须用科学技术来支撑农业，加大农业领域的科技投入，包括科技创造、发明和保护等，如果没有知识产权的保护，对发明创造的侵权就会泛滥，农业领域的投资人在智力成果方面的投入就不能得到有效的保护，就会严重地扼杀投资者的积极性。因此，通过保护知识产权和公平、有序的竞争，制止和惩治农业领域的知识产权侵权行为，能够更好地鼓励资金和智力资源流入农业领域，从根本上保障农业的发展。

现代农业发展中存在着多种形式的知识产权，农业领域的知识产权是包括农民在内的公民、法人和非法人单位对自己在农业领域创造的技术成果、产品或服务的经营性标识所依法享有的排他性权利。其中，专利权：在农林牧副渔各个领域，就各种工具、机器、设备、肥料饲料配方、农药、食品、饮料和调味品及其酿造技术、培育植物新品种的方法等，都可以向国家专利管理部门申请专利权，获得保护。

1.7.2 饲料行业中的知识产权保护

在企业的知识产权战略中，专利战略以其具有的技术性特点在企业的经营发展中起着独到的功能和作用，也显示出技术创新与企业知识产权战略的紧密关系。

在我国，许多饲料企业的技术研发活动基本上都是应用开发性的，基础性研究较少。而且，除小部分大型饲料企业外，绝大多数饲料企业受企业规模、资金实力、技术水平等因素制约，技术创新的重点是放在科研成果的应用和商业开发上。这些科研成果主要是来自企业外部。因此，企业的创新活动大多与外部的合作与联合紧密结合在一起。主要合作对象是一些高等院校，科研院所，大企业和技术类信息、咨询研究机构。然而，在国际竞争日益激烈的现在，企业应拥有自主的专利技术，这就要求企业必须注重自身创新能力的增强，创新以专利和专有技术为基础。成果的技术创新往往会获得自己的专利产品和专有技术。我国的饲料企业可以通过实施专利"包围"工作，对短期内无法拥有核心专利的技术，通过引进、消化、吸收、再创新，开发出一批围绕原核心专利的包围网后，可通过交叉许可，取得发展的空间。对行业中重大关键技术，应鼓励行业内企业进行联合开发，联合招标，形成合力。

专利战略的重心在于，以专利保护企业掌握的核心技术。在产品进入市场前的研发阶段，及时提出专利申请，依靠专利这一武器可以在真正意义上保护企业独享的市场利益。企业商标战略则可以使企业在市场推广阶段借助商标制度的保护来树立企业品牌，放大经营成果，造就市场优势。选题阶段的新思想、新方案，生产经营中独特的制作工艺、技术诀窍、经营诀窍等企业拥有的独到之处的保护问题，皆可纳入企业商业秘密战略之中。作全盘宏观管理的体制考虑，学会用足用好现行各项知识产权制度，充分注意知识产权战略的整体性。在制定和实施企业知识产权战略的过程中，唯有调动企业有关方面群策群力，将知识产权战略作为一个全方位的完整体系，企业才能将知识产权牢牢握在自己手中，使之成为市场竞争的锐器。

对我国大多数饲料企业而言，企业知识产权/专利战略的规划和运用还处于起步阶段，既缺乏这方面的人才，更缺乏这方面的经验。借鉴国内外企业知识产权管理工作的成功经验，将国际有关知识产权的法律归纳入企业组织管理战略之中，使饲料行业在全球经济一体化的进程中，促进技术创新能力的提高和饲料行业经济结构的调整与技术升级。

第2章　饲料原料摩擦及热物理特性研究

原料摩擦特性在饲料加工过程中起到重要作用（彭飞等，2015），休止角和内摩擦角表示物料本身内在的摩擦性质，而滑动摩擦角表示物料与接触的固体表面间的摩擦性质。本章分析饲料原料自身以及在各种工作材料表面的摩擦特性随粒度、含水率的变化规律，能够为研究饲料原料在溜管、料仓、调质器、制粒机等饲料设备中的流动情况以及颗粒加工性能的好坏提供数据基础，为相关机械部件的设计和改进提供相应的参考。

原料热物理特性在饲料加工过程中有重要作用（彭飞等，2016），比热、热导率、热扩散系数是食品和农产品热物理特性的3个重要参数，是研究物料干燥、调质、冷却等传热过程中数学计算、计算机模拟和试验测定的基础（查世彤等，2001；Murakami等，1989；周祖锷等，1988）。热物理特性指标受到化学组成、物理结构、温度、含水率、物质状态等因素影响（李云飞等，2011），分析饲料原料热物理特性随含水率、温度的变化规律，特别是为研究饲料行业内主要原料的干燥、调质、冷却等传热过程提供数据基础和理论依据，为其加工过程中工艺参数优化提供参考。

饲料原料摩擦特性及热物理特性对本书后续章节中数值计算、试验测定、特别是仿真模拟时参数设定影响很大，如第3章喂料器建模与仿真过程中需要设定饲料原料的离散元颗粒模型参数，包括颗粒与颗粒间、颗粒与喂料器结构材料间的摩擦系数；第4章调质器CFD-DEM建模仿真中设定物料颗粒间、颗粒与调质器结构材料间摩擦系数，传热传质计算过程中参数包括饲料原料热导率、热扩散系数；第6章中单孔挤压过程中设定原料颗粒摩擦系数等颗粒参数、模辊挤压部分设定物料摩擦系数等。

因此，本章分别针对六类（小麦粉、玉米粉、大麦粉、豆粕、DDGS、乳清粉）饲料原料（对于以上六类原料而言，以小麦粉为例，由于小麦籽粒品种各异、加工工艺不同，经粉碎工艺后的小麦粉在营养组分、物理性状上会有细微的差别，故其摩擦特性会有一定的差异；因此本章节首先分析了某一品种与产地小麦粉的摩擦特性，进而还研究了不同品种与产地小麦经过不同加工工艺得到的各类小麦粉的摩擦特性）和一种典型配合粉料的摩擦系数及热物理特性进行测定，为饲料原料加工特性提供基础数据和规律，同时对后续章节的研究具有重要的指导作用。

2.1 单一饲料原料摩擦特性试验研究

2.1.1 试验材料与仪器

2.1.1.1 试样制备

为得到饲料加工生产用六类饲料原料，需要对以下五类原料及副产品进行粉碎：小麦、玉米、大麦、豆粕、DDGS；乳清粉和配合饲料原料不需要经过粉碎，可直接进行后续处理与试验。

试样制备：针对每一类饲料原料，试验前，首先依次将这五类饲料原料进行粉碎，并测定饲料原料过对应孔径筛片后的几何平均粒径，有四种不同孔径的筛片型号（1.0 mm、1.5 mm、2.0 mm、2.5 mm）。然后将其烘干，测得其初始含水率，各类原料含水率测定方法分别为：①小麦粉水分测定：GB/T 21305—2007；②玉米粉水分测定：GB/T 10362—2008；③大麦水分测定：GB/T 10362—2008；④豆粕水分测定方法：GB/T 10358—2008；⑤DDGS 水分测定：近红外光谱技术法；⑥乳清粉水分测定：近红外光谱技术法。

含水率的调节方法如下：由公式（2-1）计算出调节到目标水分所需添加蒸馏水的质量，然后将蒸馏水均匀喷洒到原料上，将加过水的原料置于密封袋中一昼夜使水分均匀。

$$Q = \frac{w_i(m_f - m_i)}{(100 - m_f)} \tag{2-1}$$

其中：Q 为所需添加蒸馏水的质量，g；w_i为饲料原料的质量，g；m_i为饲料原料含水量,%；m_f为调节后饲料原料含水量,%。

2.1.1.2 试样前处理设备

DHG-9240A 型电热恒温鼓风干燥箱：上海精宏实验设备有限公司；JFSD-100 型粉碎机：上海嘉定粮油仪器有限公司；PZJ-5A 型拍击式振筛机：河南新乡市同心机械有限责任公司；规格标准为 GB/T 6003.1—1997 的十四层标准筛：河南新乡市同心机械有限责任公司；PL2002 型电子天平：上海梅特勒—托利多仪器有限公司。

2.1.1.3 休止角测定装置设计与实现

测定休止角的方法主要有注入法、排出法和倾斜法。其中注入法是 GB/T 5262—85 中规定的方法，应用最多最广。传统注入法的操作过程为：从一定高度的漏斗加物料直到形成的圆锥堆积体顶部与漏斗刚好接触；测量记录圆锥体的高度 H 和底面半径 R，休止角即为 arctan（H/R）。此方法的缺点在于：①不容易形成规则的圆锥体。经常发生由冲击造成的削峰和由下滑过程的惯性引起的斜面非斜直现象，因此所得数据也受偶然的外部因素影响。②测量不方便。圆形底面的圆心处难以定位，故底面半径 R 难以测定；且锥体存在秃顶，锥顶高度 H 的测定也有困难。一些科研人员在实验工作中，曾有一些改进方法。如田晓红等提到用图像分析方法处理注入法形成的堆积体，由此得出休止角，但是存在操作复杂、仪器携带不方便等缺点。其他的一些改进方法大都存在精确度较低、操作复杂、样品用量较多、休止角读取不直观等缺点。

本设计目的是为了解决散粒体物料休止角的测量问题，将传统注入法进行改良，提供一种注入截取法测量散粒体物料休止角，即截选散粒体物料用注入法形成的圆锥堆积体的中心面作为观测对象，然后测量其休止角。注入截取法是指，首先将散粒体物料缓慢添加至底面狭长的长方体容器内形成截面为接近三角形的堆积体，待堆积体形状稳定后停止添加；然后在截面的轮廓线上找到斜率最大的点，以该点为切点做直线与轮廓线相切，此切线与水平线的夹角即为物料的休止角。装置由固定与支撑机构，定位机构组成。其中固定与支撑机构用于固定和支撑上梁、前有机玻璃板、后有机玻璃板板和漏斗；定位机构用于调节散粒体物料下落的高度。装置上设有参照线，用于测量散粒体物料的休止角。

该休止角测定装置特点：

（1）使用方便。将物料在一个狭长的封闭空间堆积成形，物料斜面线紧靠透明板，来读取休止角。避免了传统休止角测量方法物料下落时溅出的现象。

（2）测量方便。直接测量物料与透明板参照线形成的角度，快速得出物料的休止角。使用半圆形量角器量取休止角时，操作人员在透明板上绘制切线，取所绘切线与参照线作为所测休止角的两边，将交点置于量角的中心，即可读取休止角。

（3）节省物料。相比传统的注入法，狭长空间堆积所用物料明显要比圆锥体物料节省很多，样品物料有限时本装置优越性更加突出。

（4）便于重复测量。透明板上水笔的痕迹可以被轻松擦去，以便进行下一次的测量。

设计并制作该休止角测定装置如图 2-1 所示（彭飞等，2015；王红英等，2013）。

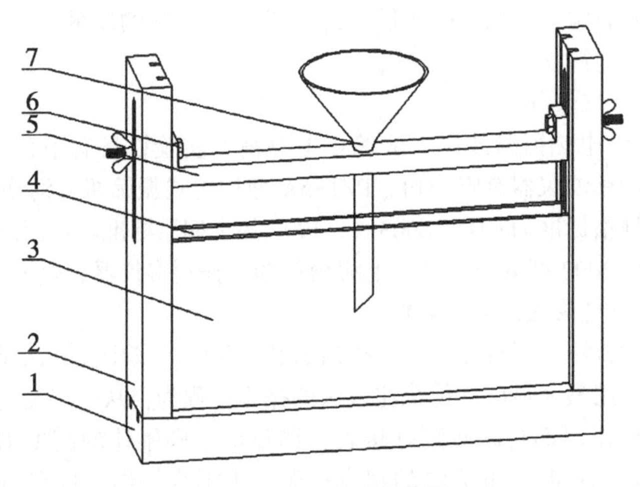

图 2-1 休止角测定装置

1. 底梁 2. 侧梁 3. 前有机玻璃 4. 后有机玻璃 5. 上梁 6. 调节螺栓 7. 漏斗

2.1.1.4 滑动摩擦角测定装置

基于斜面仪法，自主研制用于测定滑动摩擦角的斜面仪装置，如图 2-2 所示（彭飞等，2015）。

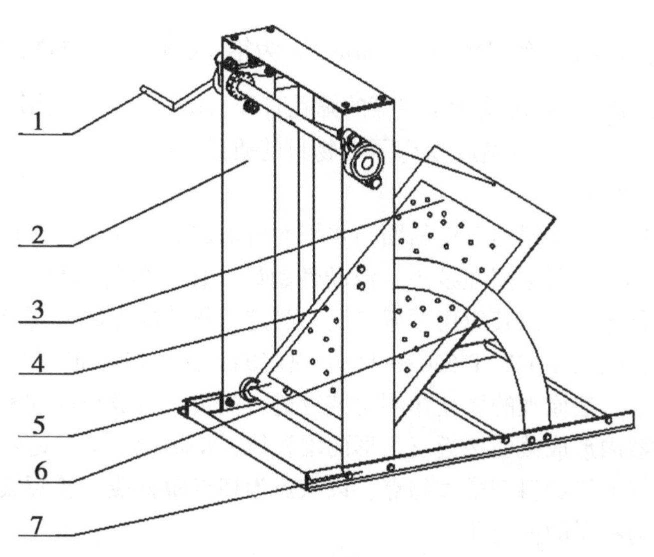

图 2-2　斜面仪装置

1. 摇杆 2. 侧板 3. 被测板件 4. 物料 5. 可调斜板 6. 圆弧尺 7. 侧梁

2.1.1.5　内摩擦角测定装置

内摩擦角测定装置采用南京土壤仪器有限公司的 ZJ 型应变控制直剪仪，如图 2-3 所示。

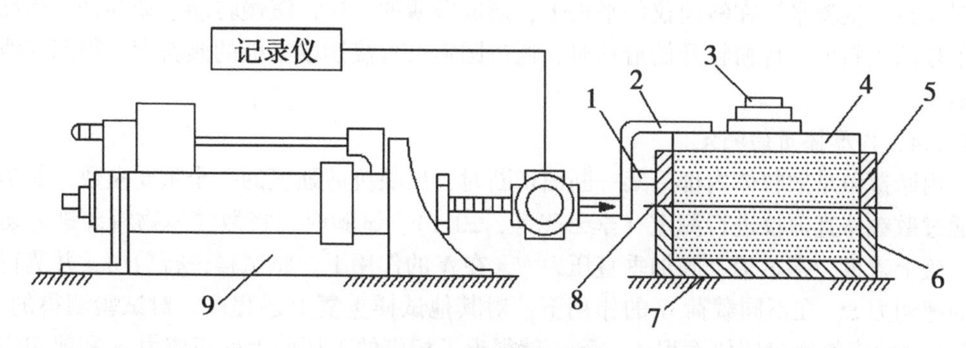

图 2-3　直剪仪示意图

1. 加载杆 2. 悬架 3. 静载荷 4. 盖板 5. 剪切环 6. 框架 7. 基座 8. 剪切面 9. 加载装置

2.1.2　试验方法

2.1.2.1　粉碎粒度的测定方法

采用十四层筛法（3 350 μm、2 360 μm、1 700 μm、1 180 μm、850 μm、710 μm、600 μm、500 μm、425 μm、355 μm、300 μm、250 μm、212 μm、180 μm）对粉碎后物料的对数几何平均粒径进行测定。具体的操作方法是：将 100 g 样品放在筛组的最上层，然后使用拍击式振筛机使其振动 10 min，分别称量并记录各层筛上物料的质量。并按下式计算物料的对数几何平均粒径：

$$d_{gw}=\log^{-1}\left[\frac{\sum(W_i\log\overline{d_i})}{\sum W_i}\right] \tag{2-2}$$

上式中：d_{gw}为质量几何平均直径，μm；$\overline{d_i}$为第 i 层筛子上物料颗粒的几何平均直径，μm，$\overline{d_i}=(d_i\times d_{i+1})^{\frac{1}{2}}$；$d_i$ 为第 i 层筛的筛孔直径，μm；d_{i+1}为比第 i 层筛孔大的相邻筛子的筛孔直径，μm；W_i 为第 i 层筛子上物料的质量，g。

2.1.2.2　休止角的测定

休止角是指物料堆积层的自由斜面与水平面所形成的最大角，又称堆积角。散粒体物料的休止角越小，说明摩擦力越小，流动性越好。休止角与散粒粒子的形状、尺寸、含水率、堆放条件等有关，其应用领域广泛。测定休止角的方法主要有注入法、排出法和倾斜法。其中注入法是 GB/T 5262—85 中规定的方法，应用最多最广。本试验采用自主研发的基于注入法原理的休止角测定装置进行测量，将散粒体物料缓慢添加至空间狭长的长方体容器内形成截面接近三角形的堆积体，待堆积体形状稳定后停止添加；然后在截面的轮廓线上找到斜率最大的点，以该点为切点做直线与轮廓线相切，此切线与水平线的夹角即为物料的休止角。

2.1.2.3　滑动摩擦角的测定

滑动摩擦角是衡量散粒体物料散落性能的重要指标，表示每个散粒体颗粒与斜面材料间的摩擦特性，与物料含水率、粒径、颗粒外壳特性、接触材料表面特性有关（Zou 等，2001）。测定摩擦角时，将单层散粒体颗粒平铺在斜面仪的平板上，再将平板轻轻倾斜，待散粒体颗粒开始滑动时，平板角度即为物料的滑动摩擦角。测定小麦粉的摩擦角时，将小麦粉平铺在斜面仪的平板上，形成薄薄的一层，缓慢转动手动摇杆，逐渐增加平板的倾斜度，待粉粒开始滑动时，通过圆弧尺直接读取平板的倾斜度，得到其滑动摩擦角。

2.1.2.4　内摩擦角的测定

内摩擦角是散粒体内部沿某一断面切断时，反映抗剪强度的一个重要参数，其值可以通过散粒体直剪仪进行测定（李云飞等，2011）。试验时，将散粒体物料装进剪切环内，盖上盖板，在盖板上施加垂直压力 N，在 N 的作用下，将试样进行剪切，并测得所需的剪切力 S。在不同载荷 N 的作用下，对其他试样重复上述程序。对试验测得的 N，S 两个力的诸值用剪切仪面积 A 去除，就得出了相应的破坏面上的正应力 σ 和剪切应力 τ，把成对的相应值表示在 τ 和 σ 的坐标上，可得到 $\tau-\sigma$ 线，这就是莫尔包络线，即：$\tau s=f\sigma+C$。该直线与水平线的夹角即为内摩擦角 φ，$f=\tan\varphi$；截距 C（kPa）为小麦粉的内聚力，即发生在单位剪切面积上的粒子间的引力。

2.1.3　试验结果与分析

2.1.3.1　单一小麦粉试验结果与分析

小麦：衡 0628，产自河北沧州（2013 年），硬度指数为 72.05，原始水分 11.64%，容重 760.50 g/L，几何尺寸参数是：长为 6.45~7.36 mm，宽为 3.58~3.87 mm，厚为 2.81~3.32 mm。收获后将小麦进行筛选去除杂质，在自然晾干条件下，待小麦的含水率降到 12%左右时放入到自封袋中，在 4℃的环境下进行贮藏。

基于十四层筛法，求得粉碎时分别过 3 种筛片（1.0 mm、1.5 mm、2.0 mm）后小麦粉的几何平均粒径，得到了筛片孔径与小麦粉平均粒径的对应关系，如表 2-1 所示。

表 2-1　物料粉碎的过筛孔径和平均粒径

粒度编号	筛片孔径/mm	平均粒径/μm
1	1.0	187
2	1.5	328
3	2.0	412

（1）湿基含水率、粒度对小麦粉休止角的影响

通过休止角测定装置，分别测得 5 种湿基含水率、3 种粒度小麦粉的休止角，重复 3 次试验后得到小麦粉休止角的平均值，如表 2-2 所示。

表 2-2　小麦粉的休止角（°）

湿基含水率 /%	粒度/mm		
	1.0	1.5	2.0
8.76	43.4	41.6	40.3
11.41	44.6	42.4	41.3
13.87	45.2	42.9	42.1
16.43	46.0	44.0	42.7
18.82	47.6	45.2	44.2

用 SPSS 软件进行方差分析，结果如表 2-3 所示。分析可知，粒度的 $F=696.39$，$P<0.01$，差异极显著；湿基含水率的 $F=327.33$，$P<0.01$，差异极显著。检验结果表明，湿基含水率、粒度对小麦粉的休止角都有极显著性影响。小麦粉含水率为 8.76%时，3 种粒度小麦粉的休止角分别为 43.43°、41.60°、40.30°，随着粒度增大呈递减趋势。湿基含水率 11.41%、13.87%、16.43%、18.28%随粒度的变化规律与湿基含水率 8.76%情况下的规律相似，表明小麦粉粒度越大，其休止角越小，这是因为：在相同条件下，小麦粉平均粒径越大，则单位面积内接触的粉粒数越小，粉体内部的摩擦力越小，流动性越好，故休止角就越小。对于同一粒度下的小麦粉，含水率越高，其休止角就越大，这是因为：含水率越高，粉粒之间的黏附力就越大，流动性变差，故休止角也就越大。

表 2-3　小麦粉休止角方差分析

变异来源	平方和	自由度	均方	F 值	P 值
修正模型	52.89[a]	6	8.82	450.35	0.00
截距	28 467.33	1	28 467.33	1 454 393.64	0.00
粒度	27.26	2	13.63	696.39	0.00
湿基含水率	25.63	4	6.41	327.33	0.00

（续表）

变异来源	平方和	自由度	均方	*F* 值	*P* 值
误差	0.16	8	0.02		
总计	28 520.38	15			
总修正值	53.05	14			

注：$R^2=0.997$（调整 $R^2=0.995$）

（2）湿基含水率、粒度对小麦粉滑动摩擦角的影响

试验研究发现，5 种不同湿基含水率的小麦粉的滑动摩擦角——粒径关系曲线相似，曲线形状如图 2-4 所示。

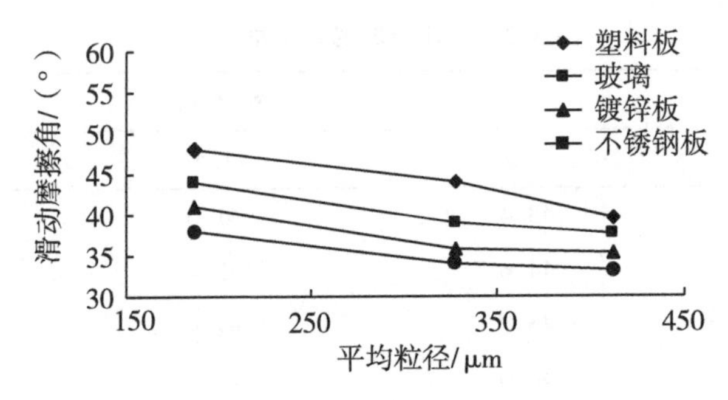

（a）湿基含水率为 8.76%

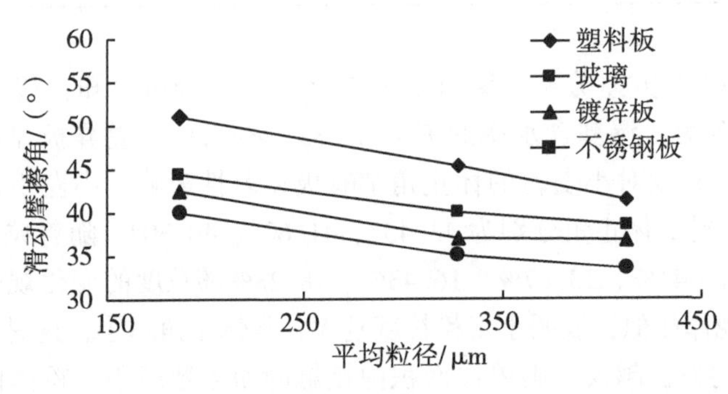

（b）湿基含水率为 11.41%

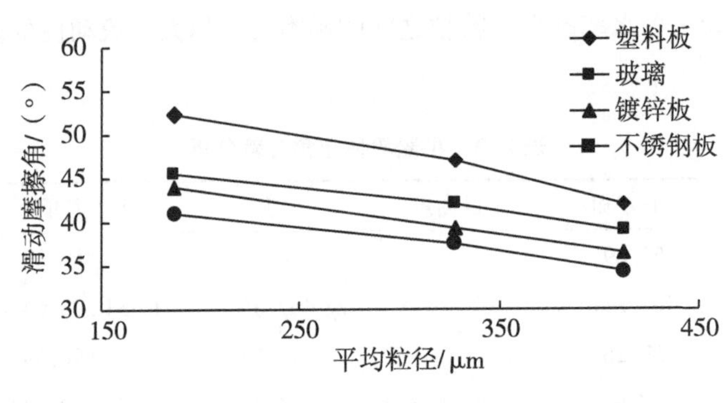

（c）湿基含水率为 13.87%

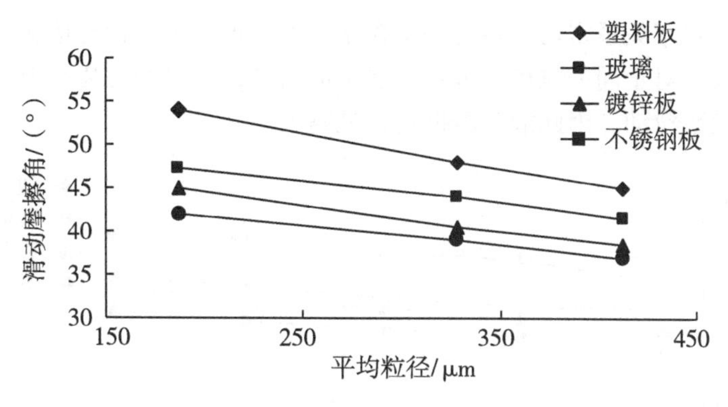

(d) 湿基含水率为 16.43%

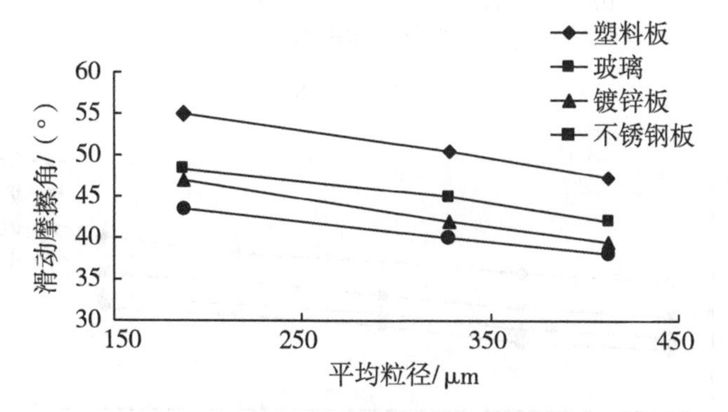

(e) 湿基含水率为 18.28%

图 2-4　不同湿基含水率小麦粉粒度与滑动摩擦角的关系

表 2-4　小麦粉滑动摩擦角方差分析

方差来源	材料表面	平方和	自由度	均方	*F* 值	*P* 值
粒度	塑料板	203.7	2	101.85	253.57	0.00
	玻璃	97.11	2	48.55	218.05	0.00
	镀锌板	117.76	2	58.88	149.44	0.00
	不锈钢板	83.73	2	41.86	127.89	0.00
湿基含水率	塑料板	89.58	4	22.40	55.76	0.00
	玻璃	52.41	4	13.10	58.84	0.00
	镀锌板	54.76	4	13.69	34.75	0.00
	不锈钢板	59.61	4	14.90	45.53	0.00

用 SPSS 软件进行方差分析，如表 2-4 所示。检验结果表明，湿基含水率、粒度对小麦粉在四种材料表面上的滑动摩擦角都有极显著性影响。由图 2-4 进一步分析可知，小麦粉的滑动摩擦角随着平均粒径的增大而减小，这是因为：湿基含水率相同时，小麦粉平均粒径越大，表面粗糙度越均匀，越容易滚落滑动，滑动摩擦角也就越小。3 种粒度小麦粉的滑动摩擦角——湿基含水率曲线相似，曲线如图 2-5 所示。小麦粉的滑动

摩擦角与湿基含水率关系密切，随着湿基含水率的增加，小麦粉与接触材料表面的滑动摩擦角逐渐增大。对于同一粒径，随着含水率的增高，小麦粉与滑动斜面之间的黏附性增强，更不易滚落滑动，因此滑动摩擦角也就越大。

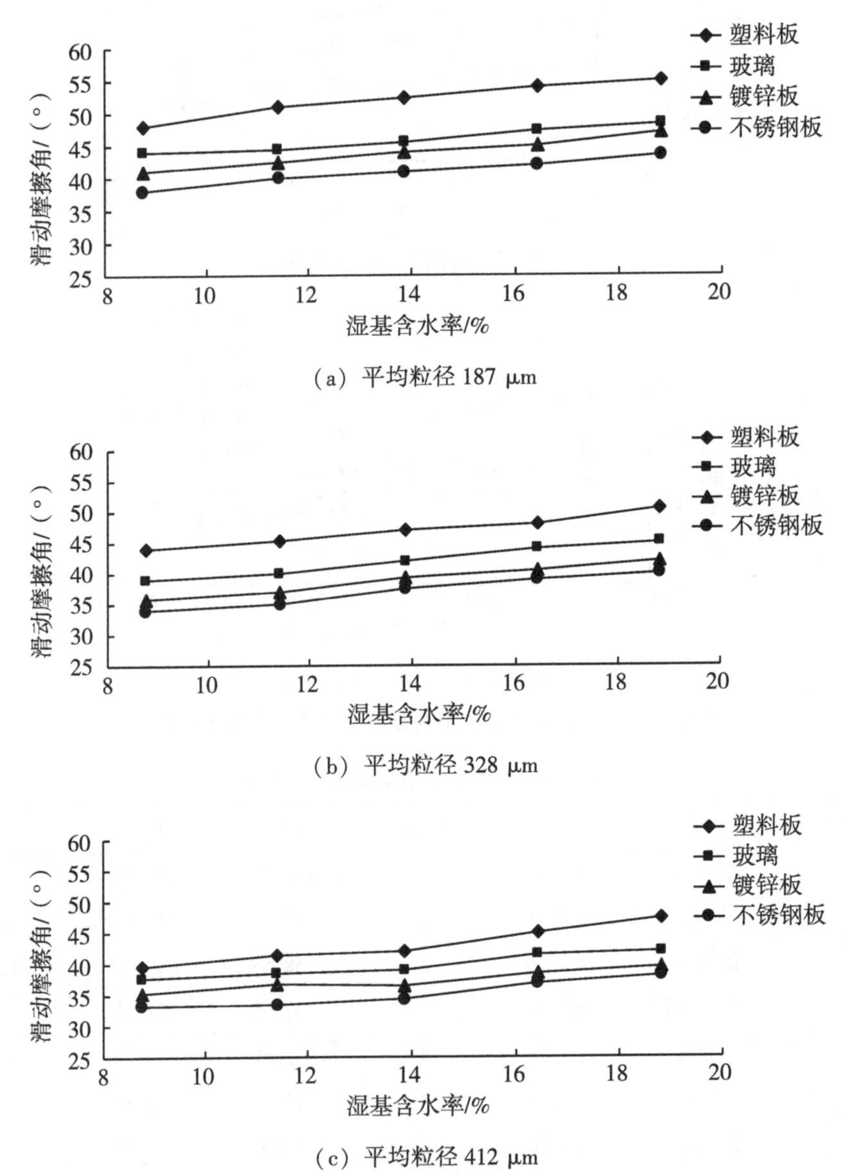

（a）平均粒径 187 μm

（b）平均粒径 328 μm

（c）平均粒径 412 μm

图 2–5　不同粒度小麦粉湿基含水率与滑动摩擦角的关系

（3）湿基含水率、粒度对小麦粉内摩擦角的影响

根据试验测得小麦粉在不同载荷下的剪切应力值，通过一元线性回归得出小麦粉的回归直线，直线与 X 轴所成的夹角即为内摩擦角，3 种粒度、5 种湿基含水率小麦粉的内摩擦角如图 2–6 所示。

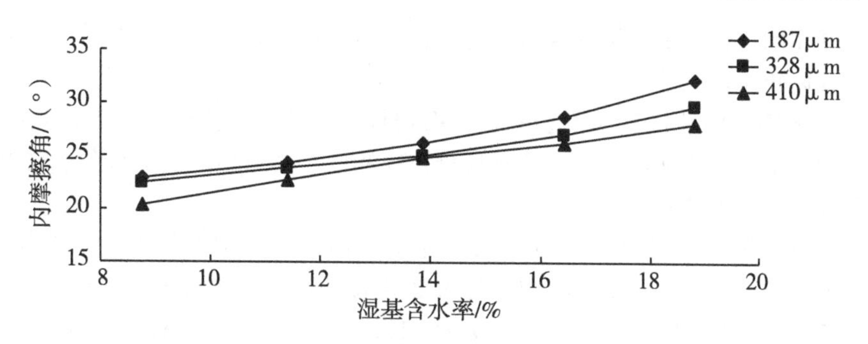

图 2-6　内摩擦角与含水率关系

表 2-5　小麦粉内摩擦角方差分析

变异来源	平方和	自由度	均方	F 值	P 值
修正模型	127.74[a]	6	21.29	48.29	0.00
截距	9 820.16	1	9 820.16	22 275.69	0.00
粒度	12.40	2	6.20	14.06	0.00
湿基含水率	115.34	4	28.83	65.41	0.00
误差	3.53	8	0.44		
总计	9 951.43	15			
总修正值	131.26	14			

注：R^2 = 0.973（调整 R^2 = 0.953）

用 SPSS 软件进行方差分析，结果如表 2-5 所示。分析可知，粒度的 F = 14.06，P<0.01，差异极显著；湿基含水率的 F = 65.41，P<0.01，差异极显著。检验结果表明，湿基含水率、粒度对小麦粉的内摩擦角都有极显著性影响。湿基含水率 8.76%，粒度分别为 187 μm、328 μm、412 μm 的小麦粉，内摩擦角分别为 22.92°、22.47°、20.37°，随着粒度的增大逐渐减小。这是因为，小麦粉粒径越大，单位面积内接触的粉粒数越少，粉粒间的嵌合作用越小，产生的阻力越小，内摩擦角也就越小。湿基含水率 8.76%、11.41%、16.43%、18.28%的小麦粉的规律也都是如此。对比 5 种湿基含水率的小麦粉分析可知，粒度相同时，含水率越高，内摩擦角就越大。主要是因为随着含水率增加，小麦粉之间的黏附性增强，粉粒间的内摩擦力增大，内摩擦角相应增大。

（4）结论

试验测量了 5 种湿基含水率、3 种粒度小麦粉的休止角、滑动摩擦角、内摩擦角等摩擦参数，分析了小麦粉自身摩擦特性及其与不同表面接触材料的摩擦特性随湿基含水率、粒度的变化规律，并对本质原因进行了探讨，主要结论如下：

（a）5 种湿基含水率的小麦粉，粒度为 187 μm 时，其休止角分别为 43.4°、44.6°、45.2°、46.0°、47.6°；粒度为 328 μm 时，休止角分别为 41.6°、42.4°、42.9°、44.0°、45.2°；粒度为 412 μm 时，休止角分别为 40.3°、41.3°、42.1°、42.7°、44.2°。经分析可知，湿基含水率、粒度对小麦粉的休止角都有极显著性影响。进一步分析，粒度相同时，小麦粉湿基含水率越高，其休止角越大；含水率相同时，小麦粉粒度越小，其休止角也就越大。

（b）小麦粉在四种材料（不锈钢板、镀锌板、玻璃板、塑料板）上，其滑动摩擦角随着自身含水率的增加而增大，随着自身粒度的增大而减小。小麦粉在塑料板上的滑动摩擦角最大，在不锈钢板上最小。

（c）5 种湿基含水率的小麦粉，粒度为 187 μm 时，其内摩擦角分别为 22.92°、24.33°、26.22°、27.73°、32.20°；粒度为 328 μm 时，其内摩擦角分别为 22.47°、23.89°、25.03°、27.07°、29.67°；粒度为 412 μm 时，其内摩擦角分别为 20.40°、22.74°、24.85°、26.22°、28.06°。经分析可知：粒度相同时，湿基含水率越高，小麦粉的内摩擦角越大；湿基含水率相同时，粒度越小，小麦粉的内摩擦角也就越大。

2.1.3.2　不同产地不同品种小麦粉试验结果与分析

通过对采集的 42 份小麦样品（河南省 20 份、河北省 12 份、山东省 10 份）经筛分除杂后，用透气编织袋包装并加注标签，保存在通风干燥处以备后续试验。粉碎时分别过 1.5 mm 和 2.0 mm 两种孔径的筛片，试验结果如表 2-6 所示。

表 2-6　不同产地不同品种小麦粉摩擦特性分析（1.5 mm 和 2.0 mm）

粒度	物理特性	最小值	最大值	均值	变异系数/%
1.5 mm	休止角（°）	39.00	46.00	43.67±1.23	2.82
	摩擦系数	0.70	0.92	0.78±0.53	6.78
2.0 mm	休止角（°）	38.50	44.50	41.75±1.04	2.49
	摩擦系数	0.55	0.74	0.75±0.05	7.88

试验研究了小麦粉粉碎粒度分别为 1.5 mm 和粉碎粒度为 2.0 mm 时的摩擦系数和休止角。研究表明，不同品种、不同采样地点的小麦经粉碎后，休止角和摩擦系数差异较显著。粉碎粒度为 1.5 mm 时，摩擦系数范围在 0.70～0.92，平均值为 0.78±0.53，变异系数为 6.78%，表明不同小麦粉样品间摩擦系数存在一定差异；休止角范围在 39°～46°，平均值为（43.67±1.23）°，变异系数为 2.82%，表明不同小麦粉样品间休止角差异不明显。粉碎粒度为 2.0 mm 时，摩擦系数范围在 0.55～0.74，平均值为 0.75±0.05，变异系数为 7.88%，表明不同小麦粉样品间摩擦系数存在一定差异；休止角范围在 38.5°～44.5°，平均值为（41.75±1.04）°；变异系数为 2.49%，同样休止角差异不明显。试验数据为小麦粉饲料原料提供了基础数据。对比 1.5 mm 和 2.0 mm 小麦粉，由 SPSS 20.0 单因素方差分析可知，不同粉碎粒度下，小麦粉摩擦系数（$P<0.01$）、休止角（$P<0.01$）差异极显著，进一步分析规律可知，粉碎的粒度越小的小麦粉，其休止角与摩擦系数越大。

2.1.3.3　单一玉米粉试验结果与分析

玉米：克单 14，产自黑龙江省克山市（2013 年），硬度指数为 68.07，原始水分 15.39%，容重 721.50 g/L，几何尺寸参数是：长为 11.58～13.21 mm，宽为 8.74～9.92 mm，厚为 4.21～5.08 mm。样品处理及粉碎方式同小麦。试验测得 3 种粒度、5

种湿基含水率下的玉米粉的休止角、摩擦系数（分别与铝板、玻璃板、塑料板、不锈钢板）、内摩擦系数。

表2-7为该品种玉米分别过1.0 mm、1.5 mm、2.0 mm孔径筛片后的几何平均粒径。表2-8和表2-9分别为不同含水量玉米粉的休止角和内摩擦角，可以看出3种粒径的玉米粉，随着含水量增加，其休止角和内摩擦角均呈现增大趋势，且休止角（$P<0.05$）和内摩擦角（$P<0.05$）差异显著。表2-10为不同含水量玉米粉与不同材料表面接触，滑动摩擦角的变化规律，说明随着含水率增加，玉米粉在不同材料表面的摩擦角均呈现增大趋势。

表2-7 物料粉碎的过筛孔径和平均粒径

粒度编号	筛片孔径/mm	平均粒径/μm
1	1.0	217
2	1.5	363
3	2.0	486

表2-8 玉米粉的休止角（°）

湿基含水率/%	粒度/mm		
	1.0	1.5	2.0
7	42.5±0.3[d]	41.7±0.3[d]	40.4±0.1[d]
10	43.0±0.2[d]	42.5±0.5[c]	42.4±0.3[c]
13	44.5±0.5[c]	42.7±0.3[c]	43.7±0.8[b]
16	47.5±0.5[b]	45.0±0.0[b]	44.1±0.3[b]
19	48.7±0.3[a]	46.5±0.5[a]	45.5±0.5[a]

注：结果表示为平均数±标准差，同列肩标不包含相同字母表示差异显著（$P<0.05$）

表2-9 不同湿基含水率玉米粉粒度与滑动摩擦角的关系

样品含水率/%	铝板			玻璃板			塑料板			不锈钢板		
	2.0	1.5	1.0	2.0	1.5	1.0	2.0	1.5	1.0	2.0	1.5	1.0
7	25.7	31.5	42.7	34.3	37.5	40.5	34.2	37.5	41.3	22.8	31.5	36.5
10	28.5	34.7	44.3	37.2	39.3	43.7	35.5	41.2	46.3	28.6	33.7	38.3
13	33.5	36.0	45.5	39.5	42.5	46.3	38.7	44.6	50.5	34.5	37.5	42.7
16	35.7	38.5	48.7	41.5	45.3	50.0	44.1	47.1	52.1	37.7	42.3	46.5
19	38.5	42.2	51.6	45.7	49.3	54.7	46.8	50.5	54.7	40.5	45.7	49.8

表 2-10　玉米粉的内摩擦角（°）

湿基含水率/%	粒度/mm		
	1.0	1.5	2.0
7	27.2±0.2[d]	26.5±0.1[d]	25.1±0.2[d]
10	28.3±0.1[c]	27.9±0.5[c]	27.4±0.1[c]
13	31.4±0.6[b]	29.6±0.2[b]	28.2±0.2[b]
16	32.3±0.3[b]	31.1±0.3[a]	28.8±0.4[b]
19	34.5±0.4[a]	32.7±0.3[a]	29.3±0.2[a]

注：结果表示为平均数±标准差，同列肩标不包含相同字母表示差异显著（$P<0.05$）

2.1.3.4　不同产地不同品种玉米粉试验结果与分析

玉米样品处理及试验方法：按照第 2.1.1 节样品处理方法对采集的 78 个饲用玉米进行处理，分别得到 1.5 mm 和 2.0 mm 两种粒度的玉米粉样品。按照第 2.1.1 节摩擦特性测定方法，对得到的玉米粉进行摩擦特性试验测定，试验结果见表 2-11。

表 2-11　不同产地不同品种玉米粉摩擦特性分析（1.5 mm 和 2.0 mm）

粒度	物理特性	最小值	最大值	均值	变异系数/%
1.5 mm	休止角（°）	41.25	47.50	44.69±1.38	3.08
	摩擦系数	0.69	1.40	1.08±0.11	10.53
2.0 mm	休止角（°）	38.50	45.75	42.30±1.78	4.21
	摩擦系数	0.64	1.04	0.89±0.09	9.84

研究了粉碎粒度分别为 1.5 mm 和粉碎粒度为 2.0 mm 时玉米粉的摩擦系数和休止角。结果如表 2-11 所示，研究表明，不同品种、不同采样地点的玉米经粉碎后，休止角和摩擦系数有一定差异。粉碎粒度为 1.5 mm 时，摩擦系数范围在 0.69～1.40，平均值为 1.08±0.11，变异系数为 10.53%，表明不同玉米粉样品间摩擦系数存在一定差异；休止角范围在 41.25°～47.50°，平均值为（44.69±1.38）°，变异系数为 3.08%，表明不同玉米粉样品间休止角差异不明显。粉碎粒度为 2.0 mm 时，摩擦系数范围在 0.64～1.04，平均值为 0.89±0.09，变异系数为 9.84%，表明不同玉米粉样品间摩擦系数存在一定差异；休止角范围在 38.50°～45.75°，平均值为（42.30±1.78）°；变异系数为 4.21%，休止角差异不明显。试验结果为玉米粉饲料原料提供了基础数据。对比 1.5 mm 和 2.0 mm 玉米粉，由 SPSS 20.0 单因素方差分析可知，不同粉碎粒度下，玉米粉摩擦系数（$P<0.01$）、休止角（$P<0.01$）差异极显著，进一步分析规律可知，玉米粉粉碎粒度越小，其休止角与摩擦系数越大。

2.1.3.5　不同产地不同品种大麦粉试验结果与分析

大麦样品处理方案：按照第 2.1.1 节样品处理方法对全国主要大麦种植地区采集的 13 个大麦样品进行处理，分别得到 1.5 mm 和 2.0 mm 两种粒度的大麦粉样品。

研究了粉碎粒度分别为 1.5 mm 和粉碎粒度为 2.0 mm 时大麦粉的摩擦系数和休止角。结果如表 2-12 所示，研究表明，不同品种、不同采样地点的大麦经粉碎后，休止角和摩擦系数有一定差异。粉碎粒度为 1.5 mm 时，摩擦系数范围在 0.85~1.05，平均值为 0.94±0.06，变异系数为 6.32%，表明不同大麦粉样品间摩擦系数存在一定差异；休止角范围在 37.00°~43.00°，平均值为（40.58±1.85）°，变异系数为 4.55%。粉碎粒度为 2.0 mm 时，摩擦系数范围在 0.67~0.92，平均值为 0.78±0.07，变异系数为 9.41%，表明不同大麦粉样品间摩擦系数存在一定差异；休止角范围在 37.50°~41.00°，平均值为（39.04±0.92）°；变异系数为 2.37%，同样休止角差异不明显。试验数据为大麦粉饲料原料提供了基础数据。通过对比 1.5 mm 和 2.0 mm 大麦粉，由 SPSS 20.0 单因素方差分析可知，不同粉碎粒度下，大麦粉摩擦系数（$P=0.013$）差异较显著、休止角（$P<0.01$）差异极显著，进一步分析变化规律可知，粉碎粒度越小的大麦粉，其休止角与摩擦系数越大。

表 2-12　不同产地不同品种大麦粉摩擦特性分析（1.5 mm 和 2.0 mm）

粒度	物理特性	最小值	最大值	均值	变异系数/%
1.5 mm	休止角（°）	37.00	43.00	40.58±1.85	4.55
	摩擦系数	0.85	1.05	0.94±0.06	6.32
2.0 mm	休止角（°）	37.50	41.00	39.04±0.92	2.37
	摩擦系数	0.67	0.92	0.78±0.07	9.41

2.1.3.6　不同产地不同品种豆粕试验结果与分析

豆粕样品处理方案：样品来自全国大型饲料生产饲料生产企业（通威饲料、中粮饲料、骆驼饲料、文登六和、大北农科技集团等）及 4 个相关畜产品质检中心、饲料监察所。针对这几个地方采集的 51 个不同的豆粕样品，按照第 2.1.1 节样品处理方法对豆粕样品进行处理，得到 1.5 mm 和 2.0 mm 两种粒度的豆粕粉样品。

研究了粉碎粒度分别为 1.5 mm 和粉碎粒度为 2.0 mm 时豆粕粉的摩擦系数和休止角。结果如表 2-13 所示，研究表明，不同品种、不同采样地点的豆粕经粉碎后，休止角和摩擦系数有一定差异。粉碎粒度为 1.5 mm 时，摩擦系数范围在 0.66~1.07，平均值为 0.85±0.12，变异系数为 14.00%，表明不同豆粕粉样品间摩擦系数差异较显著；休止角范围在 32.50°~49.50°，平均值为（40.02±4.62）°，变异系数为 11.53%，表明不同豆粕粉样品间休止角差异较显著，说明不同品种的豆粕粉碎后的粉料流动性差；摩擦系数是原料与加工设备特别是环模压辊摩擦程度、使用寿命、制粒能耗的重要影响因素。粉碎粒度为 2.0 mm 时，摩擦系数范围在 0.58~1.05，平均值为 0.81±0.15，变异系数为 18.81%，表明不同豆粕粉样品间摩擦系数存在很大差异；休止角范围在 33.00°~48.50°，平均值为（39.81±4.39）°；变异系数为 11.04%，同样休止角差异较明显。试验数据为豆粕粉饲料原料提供了基础数据。通过对比 1.5 mm 和 2.0 mm 豆粕粉，由 SPSS 20.0 单因素方差分析可知，1.5 mm 粉料和 2.0 mm 粉料之间，摩擦系数

（$P>0.05$）、休止角（$P>0.05$）差异均不显著。

表 2-13　不同产地不同品种豆粕粉摩擦特性分析（1.5 mm 和 2.0 mm）

粒度	物理特性	最小值	最大值	均值	变异系数/%
1.5 mm	休止角（°）	32.50	49.50	40.02±4.62	11.53
	摩擦系数	0.66	1.07	0.85±0.12	14.00
2.0 mm	休止角（°）	33.00	48.50	39.81±4.39	11.04
	摩擦系数	0.58	1.05	0.81±0.15	18.81

2.1.3.7　不同产地和不同品种玉米 DDGS 试验结果与分析

玉米 DDGS 样品处理方案：针对采集的 37 个玉米 DDGS 样品（全国 5 个省区及美国：美国进口 9 个、河南省 7 个、河北省 6 个、吉林省 6 个、黑龙江省 6 个、安徽省 1 个）。样品处理及保存方式同第 2.1.1 节，得到 1.5 mm 和 2.5 mm 两种粒度的玉米 DDGS 样品。

研究了粉碎粒度分别为 1.5 mm 和 2.5 mm 时玉米 DDGS 的摩擦系数和休止角。结果如表 2-14 所示，研究表明粉碎粒度为 1.5 mm 的玉米 DDGS 摩擦系数范围为 0.69~2.84，平均值为 1.43±0.84，Rosentrater 等（2006）研究指出，未经粉碎条件下 DDGS 样品摩擦系数在 0.47~1.26，研究结论比本研究略低，这是因为本文中玉米 DDGS 经过粉碎后，粒度减小，导致与物体表面黏附力增大，故本文中 DDGS 摩擦系数偏高），变异系数为 58.74%，表明不同 DDGS 样品间摩擦系数差异极显著；休止角变化范围为 32.50°~44.50°，平均值为（39.10±3.13）°，变异系数为 8.01%，表明不同 DDGS 样品间摩擦系数差异不显著。粉碎粒度为 2.5 mm 的玉米 DDGS 摩擦系数范围为 0.62~2.64，平均值为 1.36±0.73，变异系数为 53.68%，表明不同 DDGS 样品间摩擦系数差异极显著；休止角变化范围为 34.00°~45.00°，平均值为（39.47±2.35）°，变异系数为 5.95%，表明不同 DDGS 样品间摩擦系数差异不显著。对比 1.5 mm 和 2.5 mm 玉米 DDGS，由 SPSS 20.0 单因素方差分析可知，不同粉碎粒度下，摩擦系数（$P>0.05$）、休止角（$P>0.05$）差异不显著。

表 2-14　不同产地不同品种玉米 DDGS 摩擦特性分析（1.5 mm 和 2.5 mm）

粒度	物理特性	最小值	最大值	均值	变异系数/%
1.5 mm	休止角（°）	32.50	44.50	39.10±3.13	8.01
	摩擦系数	0.69	2.84	1.43±0.84	58.74
2.0 mm	休止角（°）	34.00	45.00	39.47±2.35	5.95
	摩擦系数	0.62	2.64	1.36±0.73	53.68

2.1.3.8　不同产地不同品种乳清粉试验结果与分析

乳清粉样品处理方案：对全国 17 个饲料企业共采集的保质期内的 21 个乳清粉样

品，分别装袋贮存。不需经过粉碎，取样后直接进行摩擦系数和休止角的测定，结果如表 2-15 所示。

表 2-15　不同产地不同品种乳清粉摩擦特性分析

物理特性	最小值	最大值	均值	变异系数/%
休止角（°）	30. 50	41. 00	34. 38±2. 30	6. 69
摩擦系数	0. 60	1. 20	0. 84±0. 14	16. 48

由表 2-15 可知，乳清粉摩擦系数范围为 0. 60～1. 20，平均值为 0. 84±0. 14，变异系数为 16. 48%，表明不同乳清粉样品间摩擦系数差异显著；休止角变化范围为 30. 50°～41. 00°，平均值为（34. 38±2. 30）°，变异系数为 6. 69%，表明不同乳清粉样品间休止角差异不显著。

2.2　单一饲料原料热物理特性试验研究

2.2.1　试验材料与方法

2.2.1.1　试验材料与试验制备

杨洁等（2016）和 Kaletunç（2007）已经分别对小麦粉、玉米粉、大麦粉进行了热物理特性进行了试验研究，因此本章节只对豆粕和 DDGS 的热物理特性进行试验研究，豆粕和 DDGS 的试验制备及赋水方法同第 2. 1. 1 节。

2.2.1.2　试验仪器

DSC-60 型差示扫描量热仪、密封铝制坩埚：日本岛津公司；KD2 Pro 热特性分析仪：美国 Decagon 公司；AL204 型电子精密天平：梅特勒—托利多仪器有限公司；DHG-9240A 型电热恒温鼓风干燥箱：上海精宏实验设备有限公司；JFSD-100 型粉碎机：上海嘉定粮油仪器有限公司；规格标准为 GB/T 6003. 1—1997 的十四层标准筛：河南新乡市同心机械有限责任公司。

2.2.1.3　试验原理和试验方法

（1）比热测定原理与测定方法

比热是指单位质量物质温度每升高（或降低）1℃所增加（或减少）的能量，其原理计算方法如公式 2-3 所示。

$$C_P = \frac{Q}{m\Delta T} \tag{2-3}$$

式中：C_P 为比热，J/(g · K)；Q 为热量，J；m 为质量，g；ΔT 为温差，℃。

试验采用差示扫描量热法间接测定样品的比热（郭健，2007），该原理是利用程序调控，使得样品和参比物温度保持一致，测定输送给被测样品和参比物之间的能量差值与温度之间的关系，进而求得样品比热。具体方法为：首先，DSC 仪器的左右 2 个样品池中均放入空白坩埚，计算机程序同时加热并控制两者升温速度一致，设定其实温度为 25℃，以 10℃/min 的速度升温到 125℃，保持 10 min，然后将仪器冷却，得到第 1 条基线；接着，换用一种比热容已知的标准样品（蓝宝石），以相同条件获得第 2 条基线；最后，将样品池左侧放入空坩埚，右侧放入称有 5~10 mg 试验样品的坩埚，重复上述步骤，得出该样品的 DSC 曲线，试验过程原理如图 2-7 所示。每个样品试验 3 次，取 3 次试验平均值作为最后结果。

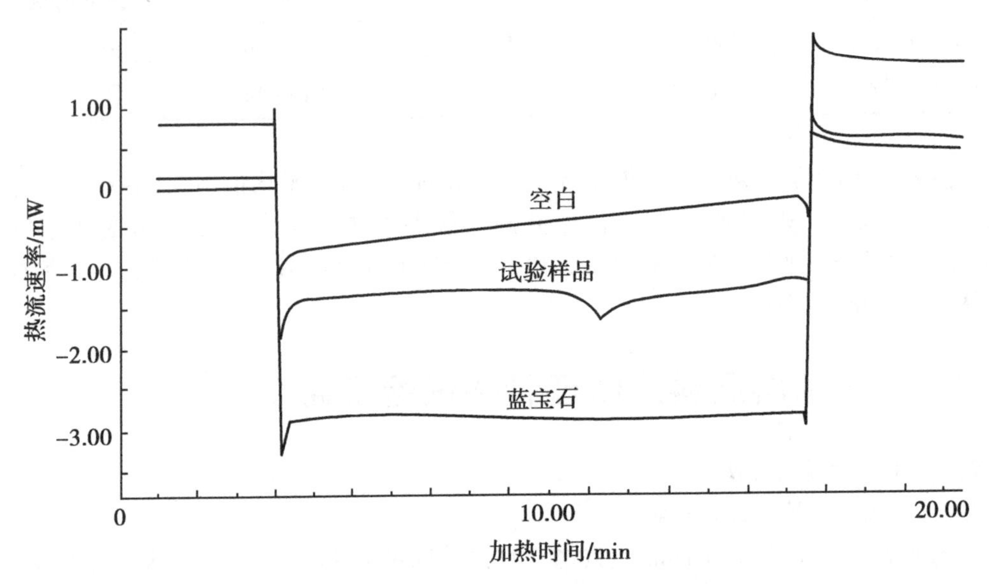

图 2-7　标准样品与试验样品的 DSC 曲线

由空白、标准样品和试验样品的 DSC 曲线，由式 3-4 可计算样品的比热：

$$C_p = \frac{m_{std}}{m_s} \times \frac{DSC_s - DSC_{b1}}{DSC_{std} - DSC_{b1}} \times C_{p.std} \tag{2-4}$$

式中：C_p、$C_{p..std}$分别为试验样品和标准样品在温度 T 时的比热，J/(g · K)；m_s、m_{std}分别为试验样品和标准样品的质量，mg；DSC_s、DSC_{std}、DSC_{b1} 分别为试验样品曲线、标准样品曲线和基线在温度 T 时的 DSC 信号值，mW。

(2) 热导率测定原理与测定方法

热导率是材料传递能量的能力，单位为 W/(m · K)。对于固态金属材料，热量传递主要通过自由电子的流动和晶格的振动，而对于气体和液体，热量的传递主要通过分子碰撞（周祖锷，1994）。

热导率测定采用美国 Decagon 公司的 KD2 pro 热特性分析仪，基于探针法原理，通过检测某一给定电压下线性热源的热消散和温度来计算试样的热导率，一个测量周期包括平衡、加热和冷却时间，在加热和冷却阶段进行温度测量，基于非线性最小二乘程序对测量结果进行函数拟合和线性校正，使得测量精度达到最优化。具体操作为：将被测物料置于某一恒温环境中，当探针插进物料后，加热丝提供一定的热量，热电偶不断测量温度的变化。经一段时间后，温度 T 和时间的对数 ln$t$ 出现线性关系。根据此直线的斜率可以求出材料的热导率 k。

$$k = \frac{Q}{4\pi} \cdot \frac{\text{In}(t/t_0)}{(\Delta T - \Delta T_0)} \tag{2-5}$$

式中：Q 为探针单位长度上输入的能量，W/m；ΔT 为样品任意时刻温度与环境温度之差,℃；ΔT_0为开始时刻样品温度与环境温度之差,℃；t_0为开始时间，即系统稳定后的时间，s。

（3）热扩散系数测定原理与测定方法

热扩散系数又称导温系数，单位为 m^2/s，它反映导热过程中物料导热能力和储热能力之间的关系，是衡量物料受热后温度传导能力的一个重要参数。热扩散系数越大表明介质内热量的渗透作用越快，热量迁移所需要的时间越少（Dincer 等，1995），即周围温度环境发生改变时，介质热扩散系数越大，越能更快地到达新的热平衡，该系数由 KD2 pro 热特性分析仪测得。

2.2.2 试验结果与分析

2.2.2.1 单一豆粕热物理特性试验结果与分析

豆粕：产自武汉中海粮油工业有限公司（2014 年），粗蛋白 43.62%，粗脂肪 0.65%，粗灰分 5.56%，酸性纤维 6.21%和中性纤维 10.11%。取样后放入自封袋中，在 4℃的环境下进行贮藏。

试验前，按照饲料厂豆粕加工生产的粒度要求将豆粕粉碎到合适粒径，粉碎时过 2.0 mm 孔径的筛片；基于十四层筛法，测得豆粕过该筛片后的几何平均粒径为 356.82 μm。接着将粉碎后的豆粕烘干，测得其含水率为 11.69%。豆粕作为饲料的重要原料，在饲料生产加工过程中其含水率变化范围通常为 10%~18%，将豆粕含水率处理为 4.85%、8.94%、12.81%、16.72%和 20.87%。

（1）温度和含水率对豆粕热导率的影响

通过 KD2 pro 热特性分析仪，分别测得 5 种湿基含水率、5 种温度下豆粕的热导率，重复 3 次试验后得到豆粕热导率的平均值，通过软件 OriginPro 8.5 绘图，结果如图 2-8 所示。

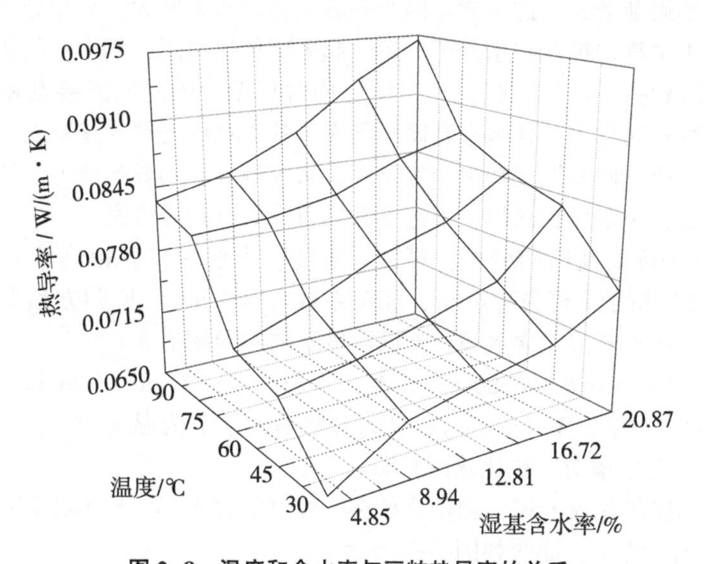

图 2-8　温度和含水率与豆粕热导率的关系

表 2-16　豆粕热导率方差分析

变异来源	平方和	自由度	均方	F 值	P 值
校正模型	0.001[a]	8	0.000	88.062	0.000
截距	0.160	1	0.160	85 890.070	0.000
湿基含水率	0.000	4	9.325×10^{-5}	50.075	0.000
温度	0.001	4	0.000	126.049	0.000
误差	2.980×10^{-5}	16	1.862×10^{-6}		
总计	0.161	25			
总校正值	0.001	24			

注：R^2= 0.978（调整 R^2= 0.967）

通过 SPSS 软件对试验结果进行方差分析，如表 2-16 所示。由分析可知，湿基含水率 F=50.06，P<0.01，差异极显著；温度 F=126.05，P<0.01，差异极显著。检验结果表明，湿基含水率、温度对豆粕的热导率都有极显著性影响。如图 2-8 所示，豆粕湿基含水率为 12.81%时，豆粕在不同温度下的热导率分别为 0.072、0.075、0.079、0.083、0.088 W/(m · K)，热导率随着温度增大呈递减趋势。湿基含水率为 4.85%、8.94%、16.72%、20.87%时，热导率随温度的变化规律与湿基含水率 12.81%情况下的规律相似，表明温度越高，豆粕热导率越大。这一现象与大量农产品热导率随温度变化的规律相似（Gharibzahedi 等，2014；Magerramov 等，2006；Bitra 等，2010），这可能是因为温度升高，豆粕分子的热运动增强，同时豆粕空隙中空气的导热和孔隙壁间的辐射作用也随之加强，故热导率升高。如图 2-8 所示，同一温度下，随着含水率的升高，豆粕热导率逐渐增大，这可能是因为随着豆粕含水率增大，豆粕分子空隙中水分增加，豆粕空隙中蒸汽的扩散和水分子的运动起主要传热作用，其中水的热导系数比空气热导系数大 20 倍左右（李云飞等，2011），同时豆粕分子间的连接点和接触面积大幅度上升，因此豆粕热导率随含水率升高而增大。基于豆粕的热导率特点，在其热加工利用过程中，可以通过调节温度和水分等条件，来控制豆粕的导热能力，即单位时间内其传导热量的多少，对于豆粕的加工工艺参数等研究具有指导意义。

基于 SPSS 进行线性回归分析，可建立温度、含水率与豆粕热导率之间的关联方程，如式（2-6）所示。经方差分析，相关系数 R^2=0.965，回归方程拟合度较高，可以用来预测豆粕在不同湿基含水率、不同温度下的热导率值。

$$k = 0.058 + 6.80 \times 10^{-4}M + 4.31 \times 10^{-4}T \ (R^2=0.965) \tag{2-6}$$

式中：k 为热导率，W/(m · K)；M 为含水率，%；T 为温度，℃。

（2）温度和含水率对豆粕比热的影响

通过差式扫描量热仪 DSC，测得豆粕在 5 种湿基含水率、5 种温度下的比热值，由软件 OriginPro 8.5 绘图，曲线如图 2-9 所示。

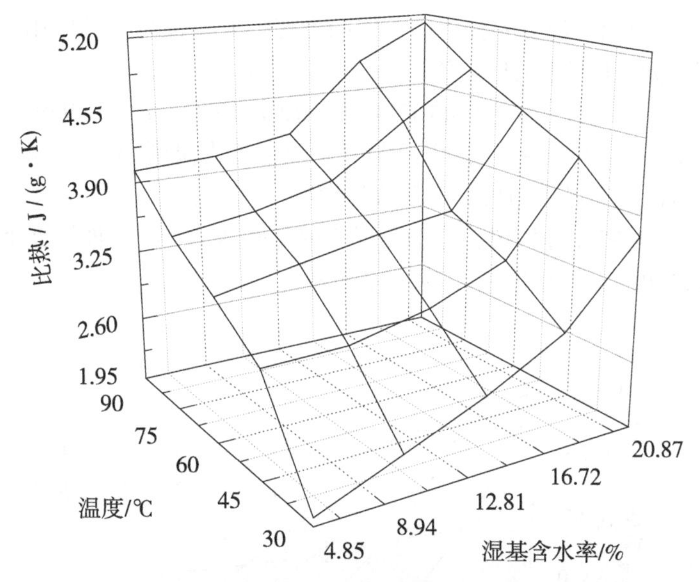

图 2-9　温度和含水率与豆粕比热的关系

表 2-17　豆粕比热方差分析

变异来源	平方和	自由度	均方	*F* 值	*P* 值
校正模型	13.953[a]	8	1.744	118.699	0.000
截距	335.491	1	335.491	22 832.457	0.000
湿基含水率	5.517	4	1.379	93.859	0.000
温度	8.436	4	2.109	143.538	0.000
误差	0.235	16	0.015		
总计	349.678	25			
总校正值	14.188	24			

注：R^2 = 0.983（调整 R^2 = 0.975）

利用 SPSS 软件对试验结果进行方差分析，如表 2-17 所示。由分析可知，湿基含水率 F=93.86，P<0.01，差异极显著；温度的 F=143.54，P<0.01，差异极显著。检验结果表明，湿基含水率、温度对豆粕的比热都有极显著性影响。如图 2-9 所示，同一含水率条件下，豆粕比热均随着温度的升高而增大，且不同含水率条件下曲线均呈升高趋势。如图 2-9 所示，同一温度下，随着湿基含水率的升高，豆粕比热值逐渐增大，五种温度下比热均呈升高趋势。这是因为农业物料的比热主要取决于组成成分和含量，水的比热值最大，常温下约为 4.2 J/(g · K)，是其他组成成分（蛋白质、碳水化合物、灰分等）的 2~3 倍（李云飞等，2011）。因此随着含水量的增加，豆粕的比热值增大。基于豆粕的比热特点，在实际加工生产时，如在干燥、调质、冷却等传热过程中，需要对比热值高的豆粕提供更多的能量，对于豆粕的热加工具有指导意义。

基于 SPSS 进行线性回归分析，可建立豆粕含水率、温度与比热值之间的关联方程，如式（2-7）所示。经方差分析，该回归方程拟合度较高，可以用来预测在不同湿基含水率、不同温度下豆粕的比热值。

$$C_p = 1.01 + 7.92 \times 10^{-2}M + 2.72 \times 10^{-2}T\ (R^2 = 0.939) \tag{2-7}$$

式中：C_p为比热，J/(g·K)；M 为含水率,%；T 为温度,℃。

（3）温度和含水率对豆粕热扩散系数的影响

通过 KD2 pro 热特性分析仪，分别测得 5 种湿基含水率、5 种温度下豆粕的热扩散系数，通过 OriginPro 8.5 绘图，如图 2-10 所示。

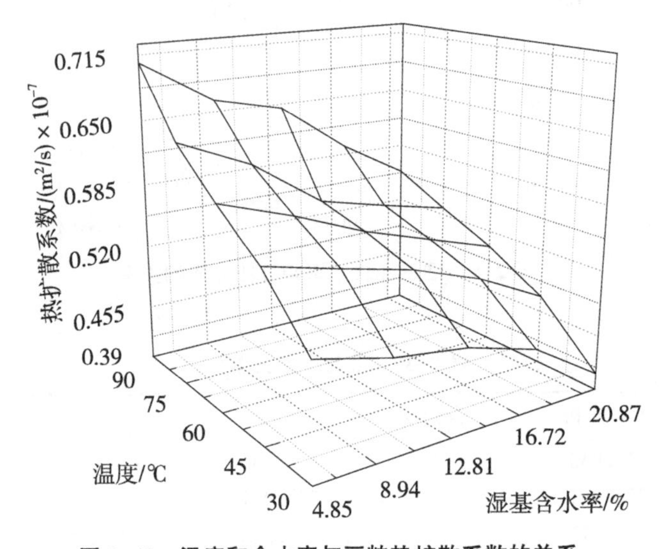

图 2-10　温度和含水率与豆粕热扩散系数的关系

表 2-18　豆粕热扩散系数方差分析

变异来源	平方和	自由度	均方	*F* 值	*P* 值
校正模型	0.108[a]	8	0.014	79.661	0.000
截距	7.603	1	7.603	44 735.554	0.000
湿基含水率	0.037	4	0.009	54.493	0.000
温度	0.071	4	0.018	104.829	0.000
误差	0.003	16	0.000		
总计	7.714	25			
总校正值	0.111	24			

注：R^2 = 0.976（调整 R^2 = 0.963）

用 SPSS 软件进行方差分析，结果如表 2-18 所示。分析可知，湿基含水率的

$F=54.49$，$P<0.01$，差异极显著；温度的 $F=104.83$，$P<0.01$，差异极显著。检验结果表明，湿基含水率、温度对豆粕的热扩散系数都有极显著性影响。如图 2-10 所示，湿基含水率 12.81%时，在 5 种温度梯度下，豆粕的热扩散系数分别为 0.482、0.531、0.548、0.561、$0.646\times10^{-7}m^2/s$，热扩散率随着温度的升高而增大。其他四种含水率的豆粕，热扩散率随温度的变化规律与含水率 12.81%时相似。如图 2-10 所示，在同一温度下，豆粕含水率越高，其热扩散系数就越小。通过线性回归分析，建立豆粕含水率、温度与热扩散系数值之间的关联方程，如式（2-8）所示。经方差分析，该回归方程拟合度较高，可以用来预测在不同湿基含水率、不同温度下豆粕的热扩散系数值。

$$\alpha = (0.484 - 0.008M + 0.03T) \times 10^{-7}\ (R^2=0.898) \tag{2-8}$$

式中：α 为热扩散系数，m^2/s；M 为含水率,%；T 为温度,℃。

（4）结论

试验研究了不同湿基含水率（分别为 4.85%、8.94%、12.81%、16.72%、20.87%）和不同温度（分别为 30℃、45℃、60℃、75℃、90℃）下豆粕的比热、热导率、热扩散系数等热物理特性参数，分析了该热物理参数随含水率和温度的变化规律，拟合了回归方程，并对本质原因进行了探讨，主要结论如下：

（a）在 5 种湿基含水率、5 种温度梯度下，豆粕的比热值变化范围为 2.073～5.170 J/(g·K)。具体是：5 种湿基含水率的豆粕，在温度为 30℃时，其比热值分别为 2.073、2.374、2.656、3.005、3.714 J/(g·K)；温度为 45℃时，其比热值分别为 2.952、2.977、3.133、3.405、4.239 J/(g·K)；温度为 60℃时，其比热值为 3.290、3.441、3.575、3.663、4.526 J/(g·K)；温度为 75℃时，其比热值为 3.595、3.709、3.884、4.346、4.804 J/(g·K)；温度为 90℃时，其比热值为 4.009、4.054、4.181、5.170 J/(g·K)；湿基含水率、温度均对豆粕的比热值具有极显著性影响。进一步分析，湿基含水率相同时，温度越高，豆粕比热值越大；同一温度条件下，豆粕湿基含水率越高，其比热值也就越大。

（b）在上述条件下，豆粕的热导率变化范围在 0.066～0.097 W/(m·K)。经显著性分析可知，湿基含水率、温度均对豆粕的热导率有极显著性影响。分析可知，湿基含水率相同时，温度越高，豆粕热导率越大；同一温度条件下，豆粕湿基含水率越高，其热导率也就越大。

（c）在上述条件下，豆粕的热扩散系数变化范围是 $0.416\times10^{-7}\sim0.787\times10^{-7}m^2/s$。湿基含水率、温度对豆粕的热扩散系数都有极显著性影响。进一步分析可知，湿基含水率相同时，温度越高，豆粕热扩散系数越大；同一温度条件下，豆粕湿基含水率，其热扩散系数越小。

2.2.2.2 单一 DDGS 热物理特性试验结果与分析

试验所用 DDGS，取自辽源市巨峰生化科技有限责任公司，本研究取过 2.0 mm 孔径筛片粉碎后的 DDGS 为研究对象。

（1）温度和含水率对 DDGS 比热的影响

由差示扫描量热仪 DSC 分别测得 5 种湿基含水率、5 种温度下 DDGS 的比热值，为减少试验误差，每个试验重复 3 次，求出比热的平均值，如表 2-19 所示。

表 2-19 温度和水分对 DDGS 比热值的影响

含水率/%w. b	比热值/[J/(g·K)]									
	温度 30℃		温度 45℃		温度 60℃		温度 75℃		温度 90℃	
	均值	标准差	均值	标准差	均值	标准差	均值	标准差	均值	标准差
4. 22	2. 63	0. 04	2. 71	0. 01	2. 86	0. 01	3. 01	0. 05	3. 38	0. 07
7. 83	2. 89	0. 06	2. 94	0. 04	3. 04	0. 06	3. 37	0. 01	3. 55	0. 02
12. 15	3. 15	0. 05	3. 29	0. 07	3. 28	0. 03	3. 62	0. 04	3. 88	0. 05
16. 37	3. 37	0. 09	3. 52	0. 03	3. 56	0. 04	3. 83	0. 07	4. 32	0. 04
20. 43	3. 69	0. 04	3. 86	0. 06	4. 42	0. 05	4. 71	0. 03	5. 16	0. 06

表 2-20 DDGS 比热方差分析表

变异来源	平方和	自由度	均方	*F* 值	*P* 值
校正模型	8. 98[a]	8	1. 12	47. 68	0. 00
截距	310. 04	1	310. 04	13 168. 61	0. 00
湿基含水率	2. 69	4	0. 67	28. 56	0. 00
温度	6. 29	4	1. 57	66. 81	0. 00
误差	0. 38	16	0. 02		
总计	319. 40	25			
总校正值	9. 36	24			

注：R^2 = 0. 96（调整 R^2 = 0. 94）

由表 2-19 分析可知，当含水率为 4. 22%~20. 43%，温度为 30~90℃时，DDGS 比热变化为 2. 63~5. 16 J/(g·K)。由表 2-20 分析可知，含水率 F=28. 56，P<0. 01，差异极显著；温度的 F=66. 81，P<0. 01，差异极显著。检验结果表明，含水率和温度对 DDGS 的比热值都有极显著性影响。含水率一定时，温度越高，DDGS 比热越大；温度一定时，DDGS 含水率越高，其比热值也越大，这是因为农业物料的比热主要取决于组成成分和含量，水的比热值最大，常温下约为 4. 2 J/(g·K)，是其他干物质组分的 2~3 倍，水分含量越高，实际配方中所用的 DDGS 的比热越高。

通过 SPSS 进行回归分析，建立 DDGS 含水率、温度与比热值之间的关联方程，如式（2-9）所示。方差分析显示，回归方程的拟合度较高，可以用来预测在不同含水率和温度下 DDGS 的比热值。

$$C_p = 1.46 + 5.60 \times 10^{-2}M + 2.31 \times 10^{-2}T \ (R^2=0.917) \qquad (2-9)$$

（2）温度和含水率对 DDGS 热导率的影响

基于 KD2 pro 热特性分析仪，分别测得 5 种含水率、5 种温度下 DDGS 的热导率值，重复 3 次试验后得到 DDGS 热导率的平均值，如表 2-21 所示。

表 2-21　温度和水分对 DDGS 热导率的影响

含水率/%w.b	热导率/［W/(m·K)］									
	温度 30℃		温度 45℃		温度 60℃		温度 75℃		温度 90℃	
	均值	标准差	均值	标准差	均值	标准差	均值	标准差	均值	标准差
4.22	0.059	0.004	0.063	0.003	0.067	0.004	0.071	0.003	0.075	0.006
7.83	0.061	0.003	0.066	0.002	0.069	0.002	0.081	0.002	0.083	0.006
12.15	0.063	0.003	0.067	0.005	0.073	0.006	0.082	0.003	0.085	0.005
16.37	0.067	0.004	0.071	0.002	0.077	0.003	0.085	0.004	0.088	0.005
20.43	0.072	0.002	0.078	0.006	0.084	0.005	0.093	0.002	0.113	0.004

表 2-22　DDGS 热导率方差分析

变异来源	平方和	自由度	均方	*F* 值	*P* 值
校正模型	0.003[a]	8	0.000	24.086	0.00
截距	0.143	1	0.143	8 642.626	0.00
湿基含水率	0.002	4	0.000	29.542	0.00
温度	0.001	4	0.000	18.629	0.00
误差	0.000	16	0.000		
总计	0.147	25			
总校正值	0.003	24			

注：R^2= 0.923（调整 R^2= 0.885）

由表 2-21 分析可知，当含水率为 4.22%~20.43%，温度为 30~90℃时，DDGS 热导率变化范围为 0.059~0.113 W/(m·K)。由表 2-22 分析可知，湿基含水率 F=29.54，P<0.01，差异极显著；温度的 F=18.63，P<0.01，差异极显著。检验结果表明，湿基含水率和温度对 DDGS 的热导率值都有极显著性影响。含水率一定时，温度越高，DDGS 热导率越大；温度一定时，DDGS 含水率越高，其热导率也越大。这一现象与大量农产品热导率随含水率和温度变化的规律相似，这是因为当温度升高时，分子热运动增强，DDGS 空隙中空气的导热和孔隙壁间的辐射作用也随之加强，因此热导率升高；当含水率升高时，DDGS 分子空隙中水分增加，其空隙中蒸汽的扩散和水分子的运动起主要传热作用，由于水的热导系数比空气热导系数大 20 倍左右，故热导率随含水率升高而增大。

通过 SPSS 进行回归分析，建立 DDGS 含水率、温度与热导率值之间的关联方程，如式（2-10）所示。经方差分析，该回归方程拟合度较高，可以用来预测在不同湿基含水率、不同温度下 DDGS 的热导率值。

$$k = 38.13 \times 10^{-3} + 1.52 \times 10^{-3}M + 0.32 \times 10^{-3}T \ (R^2=0.878) \qquad (2-10)$$

(3) 结论

试验测定了不同湿基含水率(分别为 4.22%、7.83%、12.15%、16.37%、20.43%)和不同温度(分别为 30℃、45℃、60℃、75℃、90℃)条件下 DDGS 的比热和热导率等热物理特性参数,分析了该热物理参数随含水率和温度的变化规律,拟合了回归方程,并对本质原因进行了探讨,主要结论如下:

(a) 在 5 种湿基含水率、5 种温度梯度下,DDGS 的比热值变化范围为 2.63~5.16 J/(g·K)。经 SPSS 显著性分析可知,湿基含水率、温度均对 DDGS 的比热值有极显著性影响。含水率相同时,温度越高,DDGS 比热值越大;同一温度条件下,湿基含水率越高,其比热值也就越大。

(b) 在上述条件下,DDGS 的热导率变化范围在 0.059~0.113 W/(m·K)。经显著性分析可知,湿基含水率、温度均对 DDGS 的热导率有极显著性影响。含水率相同时,温度越高,DDGS 热导率越大;同一温度条件下,含水率越高,其热导率也就越大。

(c) 鉴于玉米品种各异、加工工艺不同,进而加工生产的 DDGS 在色泽、营养组分、物理性状上会有一定的差别,因此不同 DDGS 的比热和热导率值会有一定差异。

下节对典型配方混料的比热、热导率和热扩散系数等热物理特性进行研究,为精确计算、测定和模拟饲料加工环节特别是调质、干燥、冷却等热传递过程提供数据基础,进而达到高效节能的生产效果。

2.3 配合粉料理化特性的试验研究

饲料加工生产中,涉及饲料原料调质、膨化,以及后续挤压制粒、颗粒冷却等诸多传热传质加工过程;其中调质是热蒸汽中的温度和水分由原料颗粒表面向其内部转移的一个过程,是饲料加工中十分关键的工序。就颗粒饲料而言,原料调质后的温度一般要达到 80~90℃,水分增加到 16%~18%。因此,掌握该过程中原料理化特性的数据和规律,可以保证热量的高效供给,确定调质器加工参数,控制物料的调质温度和时间,进而达到高效率、低能耗的生产效果。摩擦特性及热物理特性是饲料原料加工特性(王红英等,2015)指标中的两个重要部分,是研究干燥、调质、冷却等传热过程中数学计算、计算机模拟和试验测定的基础。由于配合饲料种类较多(按营养成分和用途分类:配合饲料、添加剂预混料、精料混合料、浓缩饲料、超级浓缩料、混合饲料、人工乳或代乳料;按饲料形状分类:粉料、颗粒料、破碎料、块状饲料、扁状饲料、膨化饲料、液体饲料、漂浮饲料;按饲喂对象分类:猪用配合饲料,鸡用、鸭用、牛用饲料等),且配方成分及比例多变,本节以仔猪配合粉料为例,研究该配合粉料的摩擦及热物理特性。

2.3.1 试验材料

试验对象为饲料厂正常生产的仔猪料,饲料配方选用北京市某饲料厂生产的仔猪料配方,配方的组成成分及比例如表 2-23 所示。仔猪料预混料的原料及含量见表 2-24。

表 2-23　仔猪料配方组成成分及比例

序号	组成成分	比例/%
1	膨化玉米	52
2	膨化豆粕	32
3	啤酒酵母	2
4	进口鱼粉	2
5	乳清粉	5
6	红糖	2
7	预混料	4
8	豆油	1

表 2-24　预混料原料及比例

序号	组成成分	比例/%
1	植酸酶	0.2
2	碳酸氢钙	8
3	氯化钠	1.5
4	生长猪微量	5
5	华罗 117	0.5
6	氯化胆碱	1.5
7	赖氨酸	2
8	蛋氨酸	2
9	幼添宝	7
10	氧化锌	2
11	梅源清	0.1
12	猪纯生态	0.1
13	转移肽	0.5
14	乐达香	0.6
15	小麦麸	9

2.3.2　试验方法与仪器

配合粉料理化特性测定指标为：堆积密度、摩擦特性及热物理特性。配合粉料赋水处理与第 2.1.1.1 节相同；容重测定方法采用 ASAE S269.4 DEC1991（R2007）标准；摩擦特性测定方法与仪器与第 2.1.1 节相同；热物理特性测定方法与仪器与第 2.2.1 节相同。

2.3.3　结果与讨论

基于十四层筛法，测得仔猪料配合粉料的粒度分布，结果如图 2-11 所示，由粒度计算公式（2-2）求得乳仔猪料的平均粒径为 332 μm，由此可见该原料粒度较细。

饲料原料制粒特性预测模型评分表和饲料原料加工特性数据查询系统（王红英等，2015），统计了 78 种饲料原料的品质系数（用于评价颗粒质量，数值高表明颗粒质量

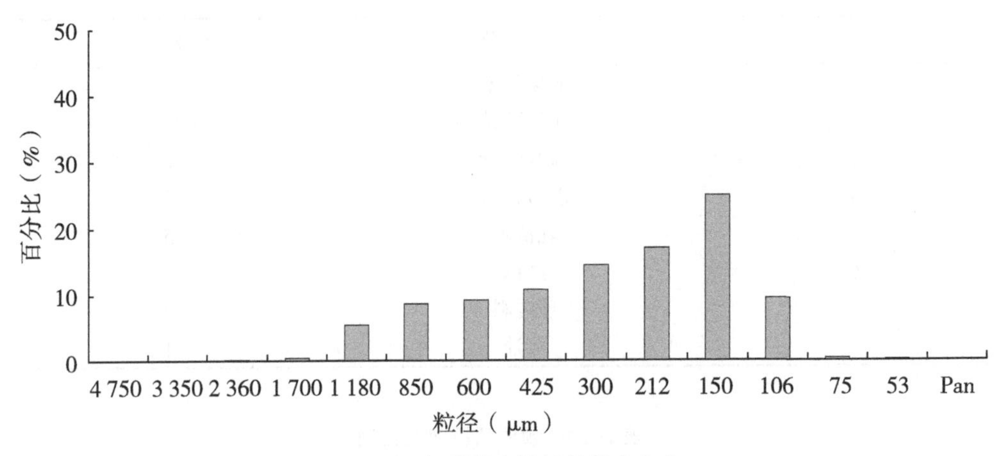

图 2-11　仔猪配合粉料的粒度分布

好)、产能系数（用于评价产量高低，数值高表明产量大)、摩擦系数（用于评价物料对压辊压模的磨损程度，数值高表明磨损程度大)，据此对本配方进行制粒特性预测。计算公式为：某配方系数=Σ（原料配方比例×原料对应系数评分)。由计算结果可知，该配方生产的颗粒饲料品质系数为 4. 60，产能系数为 6. 18，摩擦系数为 5. 5。

为研究该配合粉料理化特性及其在调质过程中随水分的变化规律，通过赋水法处理，分别对含水率 10%、12%、14%、16%、18%、20%的配合粉料进行理化特性（容重、摩擦系数、休止角、比热、热导率、热扩散系数）的测定，结果如表 2-25 和表 2-27 所示。

表 2-25　不同含水率下仔猪配合粉料的比热/[kJ/(kg · K)]

温度/℃	含水率				
	12%	14%	16%	18%	20%
25	1. 556±0. 032	1. 658±0. 029	1. 736±0. 012	1. 779±0. 016	1. 921±0. 005
35	1. 664±0. 04	1. 747±0. 019	1. 812±0. 022	1. 847±0. 027	1. 991±0. 009
45	1. 799±0. 038	1. 863±0. 001	1. 921±0. 032	1. 956±0. 037	2. 098±0. 007
55	1. 938±0. 04	2. 011±0. 007	2. 068±0. 004	2. 154±0. 037	2. 259±0. 014
65	2. 01±0. 024	2. 075±0. 008	2. 142±0. 04	2. 194±0. 036	2. 287±0. 021
75	2. 097±0	2. 273±0. 019	2. 286±0. 048	2. 272±0. 036	2. 353±0. 004
85	2. 211±0. 009	2. 276±0. 012	2. 273±0. 036	2. 312±0. 062	2. 394±0. 014
95	2. 279±0. 015	2. 37±0. 017	2. 362±0. 014	2. 444±0. 055	2. 498±0. 015
105	2. 492±0. 011	2. 575±0. 029	2. 529±0. 042	2. 666±0. 077	2. 676±0. 009
115	2. 688±0. 061	2. 743±0. 088	2. 718±0. 067	2. 861±0. 051	2. 927±0. 023

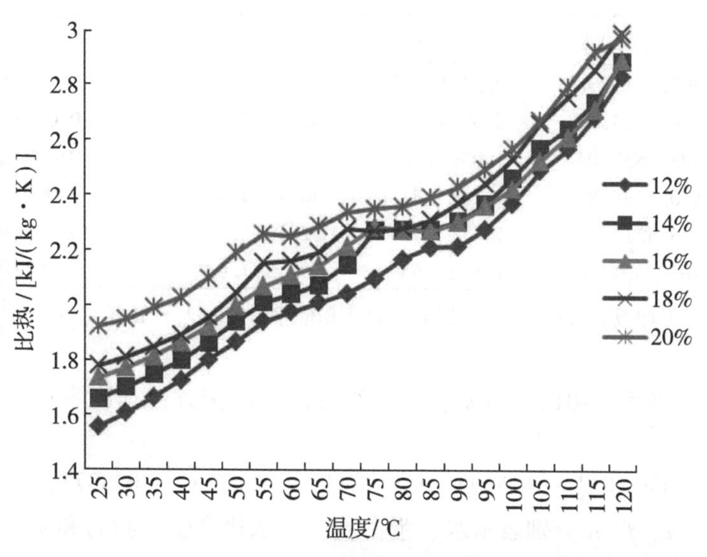

图 2-12　不同含水率下仔猪配合粉料的比热随温度变化的曲线

表 2-26　仔猪配合粉料比热方差分析

变异来源	平方和	自由度	均方	*F* 值	*P* 值
校正模型	11.651[a]	23	0.507	463.151	0.00
截距	497.989	1	497.989	455 301.270	0.00
湿基含水率	0.759	4	0.190	173.486	0.00
温度	10.892	19	0.573	524.113	0.00
误差	0.083	76	0.001		
总计	509.723	100			
总校正值	11.734	99			

注：R^2 = 0.993（调整 R^2 = 0.991）

图 2-12 为在 5 种含水率条件下，仔猪配合粉料的比热随温度的变化曲线。由表 2-26 分析可知，配合粉料含水率和温度对其比热特性有极显著影响（$P<0.01$），进一步分析可知，含水率相同时，粉料的比热均随着温度的升高而增大；温度相同时，粉料的比热均随着含水率的增加而增大。5 种含水率条件下，粉料比热变化范围分别为 1.556~2.688 kJ/(kg·K)，1.658~2.743 kJ/(kg·K)，1.736~2.718 kJ/(kg·K)，1.779~2.861kJ/(kg·K)，1.921~2.927 kJ/(kg·K)；当含水率为 12%时，温度每升高 1 度，粉料比热值升高 0.012 kJ/(kg·K)；当含水率为 20%时，温度每升高 1 度，粉料比热值升高 0.012 kJ/(kg·K)。当温度为 25℃时，含水率每增加 1%，粉料比热值升高 0.046 kJ/(kg·K)；当温度为 115℃时，含水率每增加 1%，粉料比热值升高 0.030 kJ/(kg·K)。

表 2-27 仔猪配合粉料的物理特性（不同含水率、容重、摩擦系数、休止角）

含水率/%	堆积密度/（kg/m³）	摩擦系数	休止角/(°)	热导率/[w/(m·k)]
10	507.87±4.38[a]	0.93±0.05[c]	41.25±1.06[e]	0.052±0.001[d]
12	419.56±1.06[b]	0.99±0.01[c]	43.40±1.27[de]	0.056±0.002[cd]
14	428.85±3.04[b]	1.05±1.05[bc]	45.75±0.35[cd]	0.059±0.001[bcd]
16	440.18±5.86[b]	1.18±1.81[b]	48.15±1.63[c]	0.062±0.003[abc]
18	445.52±3.39[ab]	1.47±1.46[a]	52.50±0.71[b]	0.065±0.002[ab]
20	463.38±2.76[ab]	1.65±1.65[a]	59.75±1.06[a]	0.067±0.001[a]

注：结果表示为平均数±标准差，同列肩标不包含相同字母表示差异显著（$P<0.05$）

由文献（李云飞等，2011）可知，对于组分已知的配方，其比热容可以由式（2-11）计算

$$C_p = 4.18X_w^w + 1.549X_p^w + 1.424X_c^w + 1.675X_f^w + 0.837X_a^w \quad (2-11)$$

式中，w，p，c，f，a 分别表示水、蛋白质、碳水化合物、脂肪和灰分。X^w 表示质量分数。由于公式中水分含量系数最大，所以随着水分含量的提高，比热容增加。由比热公式 $Q=cm\Delta t$ 可知，随着调质过程中物料水分含量的提高，单位质量的物料提高相同的温度所需的热量不断增加，因此随着含水率增加，其比热值不断增大。由表 2-27 可知，随着水分含量的增加，原料的摩擦系数呈增大趋势，最大摩擦系数达到 1.65，不同水分含量的原料摩擦特性差异显著（$P<0.05$）。调质过程中，原料水分增加，与制粒机机体内壁黏附性增强。随着水分含量增加，原料休止角亦呈增大趋势，差异显著（$P<0.05$）。调质过程中，原料水分增加，物料颗粒间黏度性增大，宏观上呈现结团等现象。为保证正常出料，适当增大了本小型制粒系统调质器出料口、制粒机进料口设计尺寸，减少了物料黏附拥堵现象。

2.4 本章小结

本章主要分析了六类饲料原料（小麦粉、玉米粉、大麦粉、豆粕、DDGS、乳清粉）和一种典型配合粉料的摩擦特性及热物理特性。探讨了原料粒径、含水率对其摩擦特性（摩擦系数、休止角）和热物理特性（比热、导热率、导热系数）的影响。主要结论如下：

（1）粒度和湿基含水率对小麦粉的休止角有极显著影响。小麦粉平均粒径越大，则单位面积内接触的粉粒数越小，粉体内部的摩擦力越小，流动性越好，故休止角就越小；小麦粉含水率越高，粉粒之间的黏附力就越大，流动性变差，故休止角也就越大。玉米粉、大麦粉、豆粕、DDGS 休止角随粒度和湿基含水变化规律与小麦粉相同。不同品种、不同采样地点对其粉碎后粉料的休止角影响较显著。

（2）粒度和湿基含水率对小麦粉的摩擦系数有极显著影响。小麦粉平均粒径越大，表面粗糙度越均匀，越容易滚落滑动，滑动摩擦角也就越小；粒径相同时，随着含水率的增高，小麦粉与滑动斜面之间的黏附性增强，更不易滚落滑动，故滑动摩擦角越大。

玉米粉、大麦粉、豆粕、DDGS 有相同的规律。不同品种、不同采样地点对其粉碎后粉料的摩擦系数影响较显著。

（3）湿基含水率、温度对豆粕的比热都有极显著性影响。温度越高，豆粕比热值越大；湿基含水率越高，其比热值也越大。湿基含水率、温度均对豆粕的热导率有极显著性影响：温度越高，豆粕热导率越大；豆粕湿基含水率越高，其热导率也越大。湿基含水率、温度对豆粕的热扩散系数都有极显著性影响：温度越高，豆粕热扩散系数越大；豆粕湿基含水率，其热扩散系数越小。DDGS 的比热、热导率、热扩散系数随湿基含水率、温度变化规律与豆粕相同。

（4）得到了仔猪配合粉料不同湿基含水率（分别为 10%、12%、14%、16%、18%、20%）条件下的摩擦特性和热物理特性参数，研究为后续加工试验研究和仿真模拟提供基础数据。

第3章　喂料器参数优化与试验研究

喂料器的合理分析与设计，是保证制粒机正常高效工作的前提。大型制粒机喂料器多采用变螺距输送，国内外小型喂料装置多采用等螺距输送，以英国 PelHeat 公司生产的小型生物质/饲料制粒机为例，如图 1-5 所示，该喂料器即为等螺距结构设计。螺旋喂料器是饲料厂设备中使用最广泛的喂料器，主要由机壳体、进料口、螺旋叶片、传动轴和出料口组成。结构有变径、变螺旋结构（单螺旋、双螺旋和多螺旋），变螺距不变径结构，外形上分 U 形和圆筒形两大类（曹康等，2003），考虑到小型制粒系统喂料器结构尺寸较小、喂料量少，兼顾设计统一、加工制造方便的原则，同时借鉴国外小型喂料器设备等螺距结构特点，本研究小型制粒系统喂料器也采用等螺距结构输送。小型制粒机的螺旋喂料器工作原理是利用旋转叶片旋转推动物料沿着料槽运动并进入到制粒系统的调质器内，与大型制粒设备相比，小型制粒系统作业要求更高，不仅要保证喂料量，更要保证喂料过程中的稳定性。

目前螺旋喂料器作业过程中喂料量脉动现象严重（李振亮等，2010；Fernandez 等，2011；Artoni 等，2011），这一现象在低速旋转情况下尤为明显，无法满足精确喂料的技术要求，且国内针对饲料精确喂料器研究较少。因此，本章旨在分析喂料器作业过程中物料受力和运动情况，建立喂料器仿真模型，并通过虚拟正交试验，对喂料量及喂料稳定性进行了试验研究，为提高喂料器工作性能提供理论和试验支撑。

3.1　螺旋喂料器分析

3.1.1　螺旋喂料器的结构和原理

螺旋喂料器是小型制粒系统的关键装置之一，与大型制粒设备中连续喂料计量投料的机械功能不同，本章研究的螺旋喂料器为不连续加料装置，且转速较低，能够实现精确喂料。在变频调速器和驱动电机的带动下，饲料原料经料斗，由喂料器连续均匀地输送至调质器中。原料在调质器中经过水热处理，充分吸收热量、水分及液体，达到或接近制粒工艺的需求，进而进入制粒室中挤压成型。喂料器工作时，叶片在槽内旋转，使加入料槽的物料由于本身重力及料槽的摩擦力的作用，沿着料槽向前移动，完成喂料作业，图 3-1 为小型环模制粒系统喂料作业结构图。

3.1.2　喂料器中物料力学及运动学机理分析

为研究喂料器内物料的运动规律和运动状态，对喂料器内的物料进行力学和运动学分析。按单质点法，当螺旋面的升角 α 展开时，螺旋线可以用一条直线表示。螺旋面对

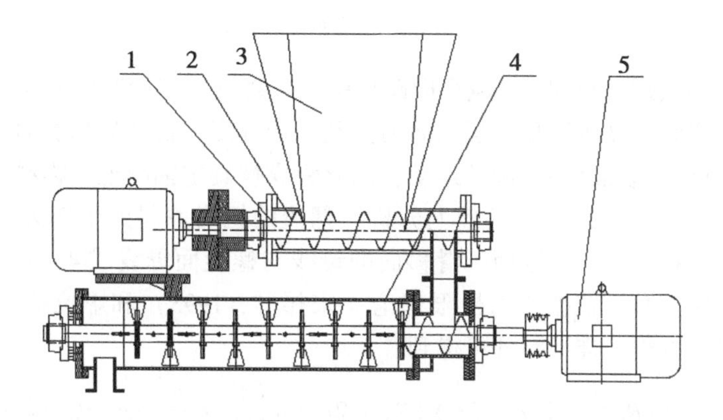

图 3-1　喂料器及调质器结构

1. 喂料器主轴 2. 螺旋叶片 3. 料斗 4. 调质器 5. 电机

距离螺旋轴线 R 位置处的颗粒物料的作用力为 F，由于摩擦的影响，F 方向与螺旋线的法向偏离了 β 角，F 力可以分解为轴向力 F_n 和径向力 F_t，如图 3-2 所示，

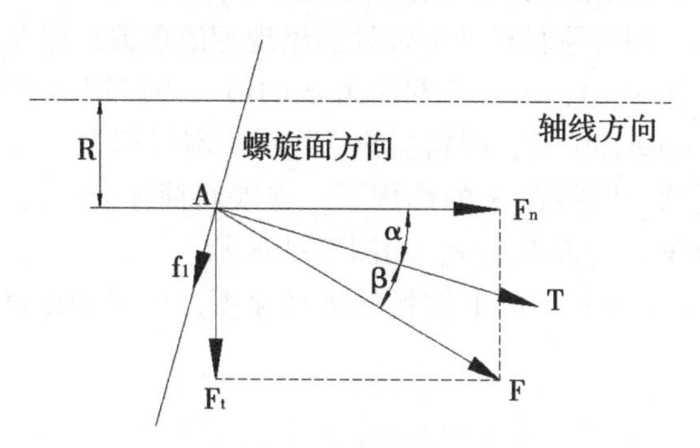

图 3-2　饲料原料的力学分析

$$F_t = F\sin(\beta + \alpha) \tag{3-1}$$

$$F_n = F\cos(\beta + \alpha) \tag{3-2}$$

式中　$\alpha = \arctan\dfrac{H}{2\pi R}$

$\beta = \arctan\mu$

μ——颗粒物料与螺旋面的摩擦系数；

H——螺距，m。

切向摩擦力阻碍饲料原料沿轴向运动，由图 3-2 分析可知，要使饲料原料轴向移动则应保证法向力的轴向分力大于轴向阻力，即满足

$$T\cos\alpha > f_1\sin\alpha \tag{3-3}$$

式中 $f_1 = \mu T = T\tan\beta$，得到

$$T\cos\alpha > T\tan\beta\sin\alpha \tag{3-4}$$

整理后可得

$$\alpha < \frac{\pi}{2} - \beta \tag{3-5}$$

螺旋面上的各点螺距相同，R 越小即距离螺旋轴越近，螺旋升角 α 越大，故切向力越大，对物料的扭转程度越明显。当切向力大到一定程度，物料的摩擦力、重力无法达到平衡时，物料就会随螺旋轴做旋转运动，因此距离螺旋主轴越近，物料旋转运动越明显。在文献（尹忠俊等，2010）⁻基础上分析，翻滚的饲料原料处于应力极限状态，翻滚与输送物料的滑移面为一圆锥面，滑移面的母线与螺旋面母线成 $45°+\rho/2$ 的夹角，ρ 为饲料原料的内摩擦角。依据应力极限理论（宋祁群，1993）和虚位移（虚功）原理建立力和功率平衡方程，推导整理可得到：

$$\frac{1}{9}(R_0 - r)(R_0{}^2 + R_0 r - 2r^2)(R_0 + 2r)\tan\left(\frac{\pi}{4} + \frac{\rho}{2}\right) g\cos\theta_0 \sin\varphi = 0 \tag{3-6}$$

式中 R_0——饲料翻滚态与输送态分界面处的半径，m；

ρ——饲料原料内摩擦角，(°)；

θ_0——物料原料的堆积角，(°)；

φ——饲料原料沿圆周方向倾斜的角度，(°)。

由上述分析可知，饲料原料靠近主轴处易出现翻滚现象，即 R_0 值越接近 r 时，翻滚角 φ 越大。对于给定的 R_0 值，可计算翻滚角 φ 的值。为使饲料原料可靠的输送，应使 $2\theta_0+\varphi<180°$；当 $2\theta_0+\varphi \geq 180°$ 时，喂料器输送饲料原料过程中，有一部分饲料原料将随主轴的旋转作翻滚运动。原料在 F 的作用下，在喂料筒体内进行复杂的运动，具有轴向速度 V_z 和径向速度 V_t，合速度为 V，如图 3-3 所示。

设螺旋转速为 n，研究螺旋面上物料的运动速度，可运动速度三角形的方法求解，可得

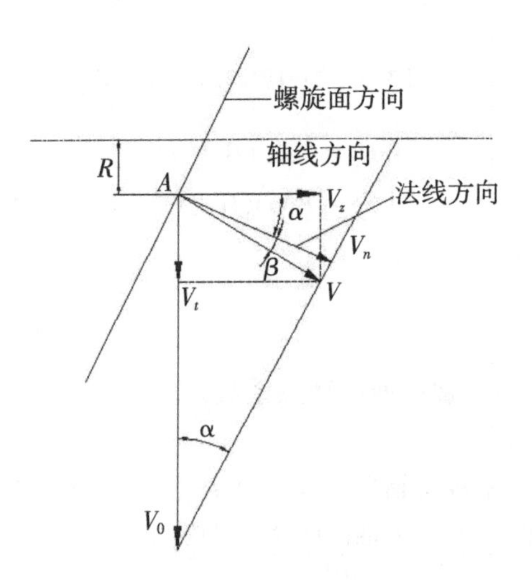

图 3-3 饲料原料的运动速度分解

$$V_t = V\sin(\beta + \alpha) \tag{3-7}$$

$$V_z = V\cos(\beta + \alpha) \tag{3-8}$$

$$V = \frac{V_n}{\cos\beta} = \frac{V_0 \sin\alpha}{\cos\beta} \tag{3-9}$$

进一步推导可得

$$V_0 = wR = \frac{2\pi n}{60}R = \frac{2\pi n}{60}\frac{H}{2\pi\tan\alpha} = \frac{nH}{60\tan\alpha} \tag{3-10}$$

$$\cos\alpha = \frac{1}{\sqrt{1 + \left(\frac{H}{2\pi R}\right)^2}} \tag{3-11}$$

$$\sin\alpha = \frac{H/2\pi R}{\sqrt{1 + \left(\frac{H}{2\pi R}\right)^2}} \tag{3-12}$$

整理可得

$$V_z = \frac{nH}{60}\frac{1 - \mu_1 \frac{H}{2\pi R}}{1 + \left(\frac{H}{2\pi R}\right)^2} \tag{3-13}$$

$$V_t = \frac{nH}{60}\frac{\mu_1 + \frac{H}{2\pi R}}{1 + \left(\frac{H}{2\pi R}\right)^2} \tag{3-14}$$

式中 V_z——轴向速度，mm/s；

V_t——径向速度，mm/s；

μ_1——饲料原料与螺旋面间的摩擦系数；

n——主轴的转速，r/min；

H——螺旋面的螺距，mm；

R——饲料原料质点所在位置的半径，mm。

查阅文献（Artoni 等，2011）可知，螺旋喂料装置喂料量可由体积生产率 Q_v（m^3/s）表示，该值由垂直轴线的物料截面积 A（m^2）和绝对的速度 V 的轴向分量 V_z（m/s）乘积求得。

$$A = \frac{\pi(D^2 - d^2)}{4} - \frac{eH}{\overline{\sin\alpha}} \tag{3-15}$$

$$Q_g = VA_z = V_z = \frac{nH}{60}\frac{1 - \mu_1 \frac{H}{2\pi R}}{1 + \left(\frac{H}{2\pi R}\right)^2}\left[\frac{\pi(D^2 - d^2)}{4} - \frac{eH}{\overline{\sin\alpha}}\right] \tag{3-16}$$

式中 D——螺旋叶片外边缘处直径，m；

d——中心轴的直径，m；

e——螺旋叶片厚度，m；

$\bar{\alpha}$——平均值螺旋升角，(°)。

由于饲料原料结构松散、密度较小，在螺旋喂料过程中密度会发生变化，计算出来的体积生产率 Q_v 会有一定误差，因此用质量生产率来表示。螺旋喂料器质量生产率 Q_g 为：

$$Q_g = \rho VA_z = \rho V_z = \frac{nH}{60}\rho \frac{1 - \mu_1 \dfrac{H}{2\pi R}}{1 + \left(\dfrac{H}{2\pi R}\right)^2}\left[\frac{\pi(D^2 - d^2)}{4} - \frac{eH}{\sin\bar{\alpha}}\right] \quad (3-17)$$

3.2 模型构建

3.2.1 几何模型和颗粒物料接触模型

喂料器在 Pro/E 软件中建立几何模型，然后保存为 igs 格式并导入到 EDEM 仿真软件（Yu 等，1997；Rozbroj 等，2015；Xiong 等，2015；Zareiforoush 等，2010；李恒等，2013)，为减少计算量同时重点研究旋转过程中物料运动情况，简化了喂料器的几何模型（于建群等，2005)，几何模型由喂料器主轴、螺旋叶片、料斗、出料口组成，如图 3-4 所示。通过查阅文献及试验检测（冯俊小等，2015；Su 等，2011；胡建平等，2014；Jerier 等，2011；Lim 等，2014；王国强等，2010；Shimizu 等，2001；顾平灿，2012)，确定模型的材料参数。

图 3-4　仿真模型

常用的接触模型有以下 6 种：Hertz-Mindlin 无滑动接触模型、Hertz-Mindlin 黏结接触模型、线性黏附接触模型、运动表面接触模型、线弹性接触模型和摩擦电荷接触模型（孙其诚等，2009)。根据原料颗粒近似球形和颗粒间无明显黏附的物性特点，本章采用 Hertz-Mindlin 无滑动接触模型作为颗粒与颗粒之间及颗粒与喂料器之间的接触模型。饲料原料颗粒与颗粒以及颗粒与喂料器的恢复系数、静摩擦因数、动摩擦因数分别为 0.3、0.4、0.1 和 0.5、0.6、0.1。

3.2.2 仿真参数

参照真实物料，粒径大小呈正态分布。将颗粒级别在一定程度放大，保留颗粒离散型同时，使颗粒的数目在可模拟的范围内。其密度 β 为 585 kg/m^3，半径为 3 mm。仿真物料所选相关物理参数尽量接近实际情况，部分参数参考相关研究，如表 3-1 所示。

表 3-1　仿真物料和仿真装置主要物理参数

参数属性	参数	数值
原料颗粒属性	密度 β/(kg/m^3)	800
	剪切模量 G/Pa	3×10^6
	泊松比	0. 5
	颗粒半径 r/mm	3
	密度 β/(kg/m^3)	585
喂料器材料属性	剪切模量 G/Pa	10^{10}
	泊松比	0. 3
	颗粒与颗粒 碰撞恢复系数	0. 01
	颗粒与颗粒静摩擦系数	0. 4

3. 2. 3　模型验证

基于所建模型，进行仿真试验的预试验，由图 3-5 及仿真结果所示，随着螺旋轴的旋转，颗粒受到螺旋叶片法向推力和切向摩擦力，同时受到主轴轴向和周向摩擦力的作用。在综合作用下，颗粒在筒体内呈现类螺旋运动，该模型可以很好地模拟喂料器运行作业时颗粒的运动情况。

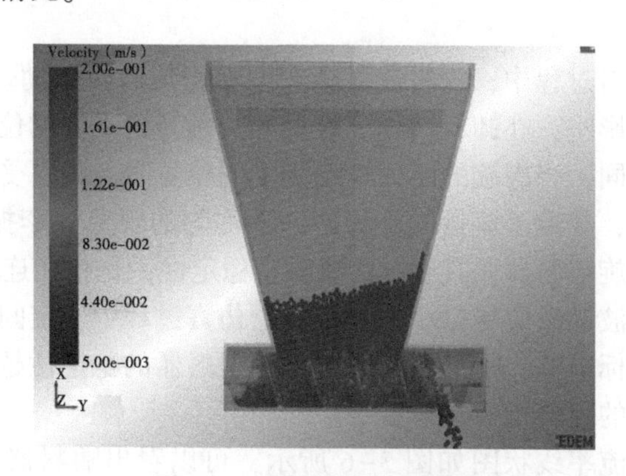

图 3-5　喂料输送过程仿真

按照小型环模制粒机第一代样机设计制造的工艺参数和设计参数调整模型，进行仿真模拟，对比仿真试验的模拟值和实体样机运行工作时测得的数据。喂料器工作稳定后出料口物料的质量流率模拟值为 11. 95 g/s，测得值为 11. 67 g/s；出料速度模拟值为 0. 71 m/s，计算值为 0. 78 m/s。模型的仿真值与测得和计算值接近，该模型可以用于模拟喂料器作业时颗粒的运动情况。

3.2.4 试验设计与指标测定方法

3.2.4.1 试验设计

小型环模制粒机喂料器工作时，主要影响评价指标的技术参数为主轴直径、螺距、螺旋转速。根据螺旋输送理论，以旋转轴轴径 X_1，螺旋叶片螺距 X_2，旋转轴转速 X_3为试验变量，基于二次正交旋转组合试验原理，建立因素水平表如表3-2。仿真试验选用落料稳定后一段时间内出料口落料的质量流率 Y_1，落料的稳定性 Y_2，出料口落料速度 Y_3为评价指标。

表3-2 二次回归正交试验设计因子水平

水平	因素		
	旋转轴轴径 x_1/mm	螺旋叶片螺距 x_2/mm	旋转轴转速 x_3/(°/s)
2	35	70	150
1	30	60	130
0	25	50	110
-1	20	40	90
-2	15	30	70

3.2.4.2 指标测定

物料在螺旋输送过程中的输送行为可以通过检测物料输送时的质量流率来检测。质量流率是指单位时间内通过某截面的物质的质量，其数值可以直接反应喂料器传输能力的大小。

在一个螺距的喂料过程中，物料流量会产生不均匀的“脉动现象”，这是因为受到螺旋叶片终止断面的影响，在卸料口处，螺旋叶片旋转到不同的位置时，螺旋叶片与筒体形成的存料空间不同，当螺旋的断面运动到不同位置时，物料受阻挡的情况不同，因此产生了落料的差异，导致了流量的不稳定、不均匀的现象（李振亮等，2010），此现象对于转速较低的螺旋喂料器尤其明显。喂料量稳定性，是指在连续喂料过程中，随着时间的变化喂料量的波动量应尽量小。在喂料器仿真过程中，定间隔记录喂料量，分析一段时间内喂料量的标准差。标准差越小，说明喂料器的稳定性越好，本章将落料标准差作为喂料器稳定性的评价指标。

喂料器落料质量流率线状图如图3-6所示，可以看出喂料器工作过程中，在单位螺距内落料量呈现周期性的脉动现象，这与李振亮等（2010）研究一致。待喂料器正常出料后，间隔0.1 s，共选取160组出料口处的质量流率和落料速度，分别取其平均值作为平均质量流率 Y_1和平均落料速率 Y_3，将质量流率的标准差作为落料稳定性 Y_2。

3.3 试验结果与分析

3.3.1 回归模型的建立

以各影响因素水平编码值为自变量，以出料口平均质量流率 Y_1、落料的稳定性 Y_2、

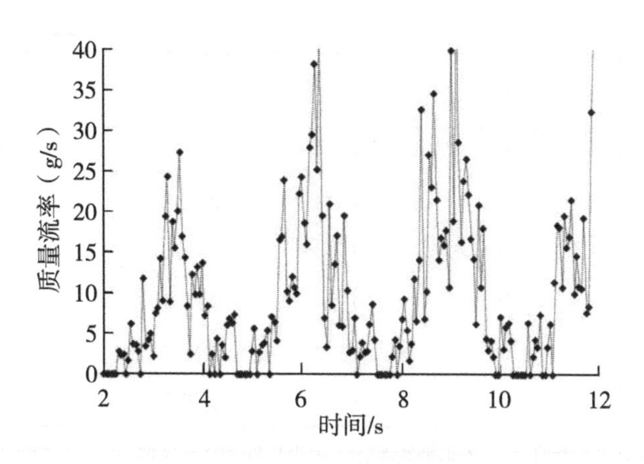

图 3-6　喂料质量流率线状

平均落料速度 Y_3为评价指标，构建不同试验组的几何体并导入到 EDEM 中进行仿真试验，结果如表 3-3 所示。

表 3-3　二次回归正交旋转组合设计及试验结果

试验序号	X_1	X_2	X_3	Y_1/(g/s)	Y_2/(g/s)	Y_3/(m/s)
1	1	1	1	13. 652	10. 44	0. 757
2	1	1	−1	10. 478	9. 75	0. 687
3	1	−1	1	8. 102	8. 36	0. 589
4	1	−1	−1	4. 844	5. 28	0. 522
5	−1	1	1	10. 382	5. 87	0. 778
6	−1	1	−1	13. 218	12. 68	0. 707
7	−1	−1	1	11. 100	10. 85	0. 656
8	−1	−1	−1	6. 725	7. 61	0. 542
9	2	0	0	8. 392	6. 99	0. 677
10	−2	0	0	12. 011	12. 42	0. 685
11	0	2	0	21. 652	14. 01	0. 845
12	0	−2	0	7. 116	6. 85	0. 341
13	0	0	2	15. 255	12. 68	0. 716
14	0	0	−2	7. 593	7. 03	0. 626
15	0	0	0	9. 993	9. 56	0. 689
16	0	0	0	10. 116	10. 05	0. 700
17	0	0	0	10. 089	10. 49	0. 644

（续表）

试验序号	X_1	X_2	X_3	Y_1/(g/s)	Y_2/(g/s)	Y_3/(m/s)
18	0	0	0	10.223	9.86	0.689
19	0	0	0	9.834	9.61	0.669
20	0	0	0	9.880	9.49	0.672
21	0	0	0	10.018	10.37	0.687
22	0	0	0	9.917	10.12	0.65
23	0	0	0	10.079	9.68	0.69

注：X_1为主轴直径，X_2为螺距，X_3为主轴转速，Y_1为出口处物料质量流率，Y_2为喂料稳定性，Y_3为出口处落料速度。

对Y_1的方差分析结果显示，$F=6.22$，$P<0.01$，回归是较为显著的，回归系数$R^2=0.81$，对回归系数进行显著性检验结果如表3-4所示。由回归方程中P值可知各因素对Y_1影响大小依次为X_2、X_3、X_1。

表3-4 喂料器质量流率回归方程系数显著性检验结果

变异来源	平方和	自由度	均方	F值	P值
常数项	198.92	9	22.10	6.22	0.0017
X_1	7.84	1	7.84	2.21	0.1613
X_2	125.01	1	125.01	35.17	<0.0001
X_3	32.01	1	32.01	9.01	0.0102
X_1X_2	2.75	1	2.75	0.77	0.3949
X_1X_3	17.94	1	17.94	5.05	0.0427
X_2X_3	4.15×10^{-3}	1	4.150×10^{-3}	1.168×10^{-3}	0.9733
X_1^2	3.77	1	3.77	1.06	0.3216
X_2^2	2.93	1	2.93	0.82	0.3804
X_3^2	6.56	1	6.56	1.85	0.1972

表3-5 喂料器喂料稳定性回归方程系数显著性检验结果

变异来源	平方和	自由度	均方	F值	P值
常数项	0.77	9	0.086	3.48	0.0209
X_1	0.11	1	0.11	4.49	0.0539
X_2	0.26	1	0.26	10.32	0.0068
X_3	0.069	1	0.069	2.78	0.1193

（续表）

变异来源	平方和	自由度	均方	F值	P值
X_1X_2	0.015	1	0.015	0.62	0.4440
X_1X_3	5.136×10^{-4}	1	5.136×10^{-4}	0.021	0.8876
X_2X_3	0.011	1	0.011	0.43	0.5241
X_1^2	0.052	1	0.052	2.11	0.1703
X_2^2	0.067	1	0.067	2.72	0.1232
X_3^2	0.19	1	0.19	7.81	0.0152

对 Y_2的方差分析结果显示，$F=3.38$，$P<0.05$，回归是较为显著的，回归系数 $R^2=0.71$，对回归系数进行显著性检验结果如表3-5所示。由回归方程中 P 值可知各因素对 Y_2影响大小依次为 X_2、X_1、X_3。

对 Y_3方差分析结果显示，$F=1.26$，$P>0.05$，可见各因素对 Y_3的影响均不显著。可知喂料器落料口平均落料速度 Y_3与3个因素均无显著相关性。

使用 Design-Expert 软件对数据进行分析，得出喂料稳定后饲料原料颗粒质量流率 Y_1和落料稳定性的回归方程 Y_2，分别为式（3-18）和式（3-19）。

$$Y_1=10.067-0.758X_1+3.025X_2+1.531X_3+0.687X_1X_2+0.605X_1X_3 -0.906X_2X_3-0.416X_1^2+1.063X_2^2+0.016X_3^2 \quad (3-18)$$

$$Y_2=9.939-0.090X_1+0.137X_2+0.071X_3+0.081X_1X_2+0.092X_1X_3 -0.155X_2X_3-0.031X_1^2-0.006X_2^2-0.026X_3^2 \quad (3-19)$$

3.3.2　回归模型的寻优

要使小型环模制粒机喂料器获得最佳的机械性能，即保证喂料稳定后落料质量流率 Y_1取最大值，而落料稳定性最好即 Y_2取最小值。运用响应曲面法分析各因素对喂料器落料质量流率和落料稳定性的影响。固定3因素中1个因素为零水平，考察其他2个因素对质量流率和稳定性的影响。

（1）螺距和主轴轴径对试验指标的影响

由图3-7a可以看出，在该试验条件下螺距大小对质量流率的影响比轴径显著；质量流率随螺距的增加而增加，且增加趋势逐渐明显，这是因为筒体容积随着螺距的增加而增大，通过的物料增加，单位时间内流出的物料量增加；质量流率随轴径的增加而缓慢减小，且减小趋势逐渐明显，这是由于随着轴径增加，轴向单位长度内容积减小趋势增加，通过的物料减少，故质量流率减小趋势明显。由图3-7a可以看出，在该试验条件下，随着轴径增大和螺距增加，落料变异系数减小，落料稳定性增加，这是因为随着螺距的增加，饲料原料颗粒受螺旋叶片终止断面的影响减弱，故落料差异性有减小趋势，落料有稳定均匀的趋势；轴径对质量流率的影响比螺距显著；螺距和轴径对质量流率无显著交互作用。

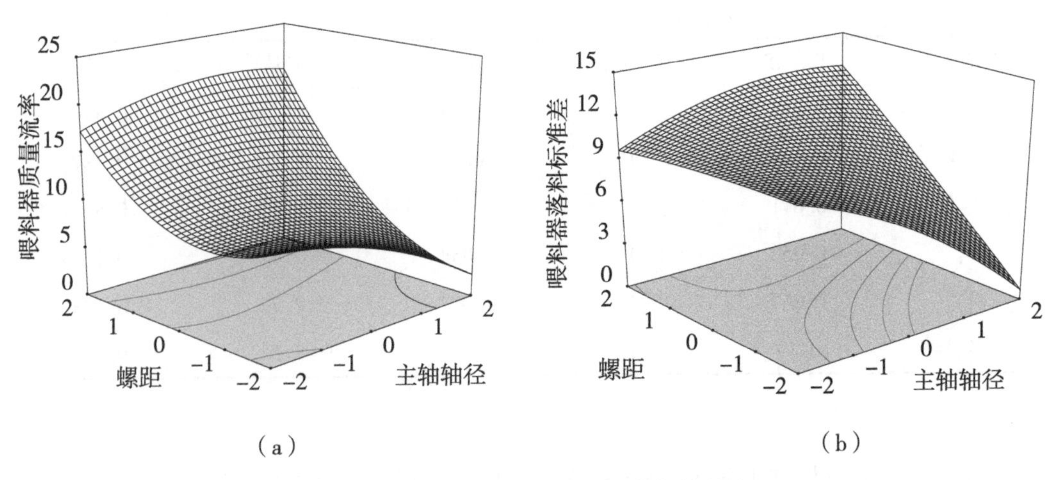

图 3-7　螺距和主轴轴径对试验指标的影响

（2）主轴转速和主轴轴径对试验指标的影响

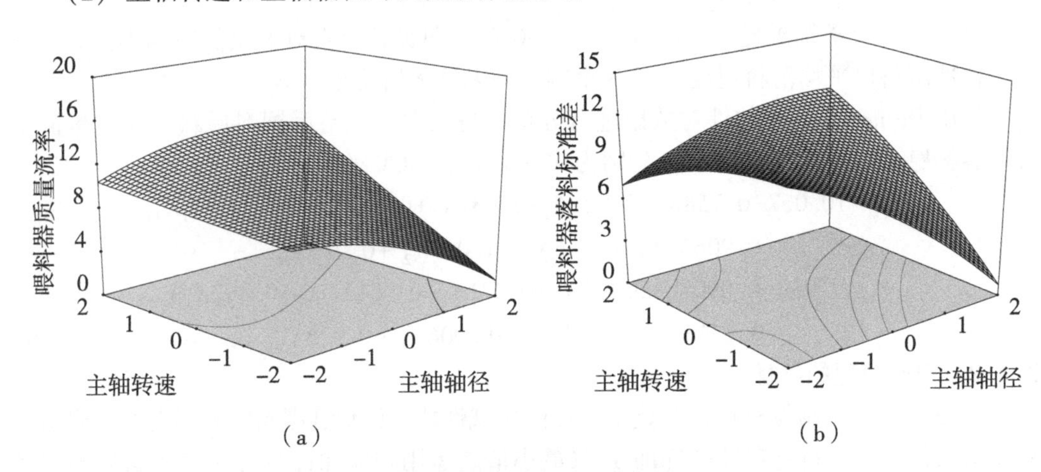

图 3-8　主轴转速和主轴轴径对试验指标的影响

由图 3-8a 可知，在上述试验设计条件下，主轴转速对质量流率的影响比轴径显著；质量流率随主轴转速的增加而增加；质量流率随轴径的增加而减小；主轴转速和轴径对质量流率的交互作用较为显著。由图 3-8b 可知，在螺距为零水平时，随着主轴转速增加和螺距增大，落料标准差减小，落料变异系数减小，落料稳定性增加；主轴轴径对变异系数的影响比主轴转速显著。

（3）螺距和主轴转速对试验指标的影响

由图 3-9a 可知，在轴径为零水平时，随着螺距增大和主轴转速增加，质量流率逐渐增大，且上升趋势明显；螺距大小和主轴转速无明显交互作用。由图 3-9b 可知，螺距和主轴转速的交互作用对落料稳定性的影响为略上凸的曲面；当螺距从零水平点正向增加时，随着主轴转速从零水平点负向增加，曲面呈下降趋势，落料变异系数减小，落料稳定性增加。

在保证制粒机产量 40~50 kg/h，即质量流率约为 11~14 g/s 的前提下，使喂料器

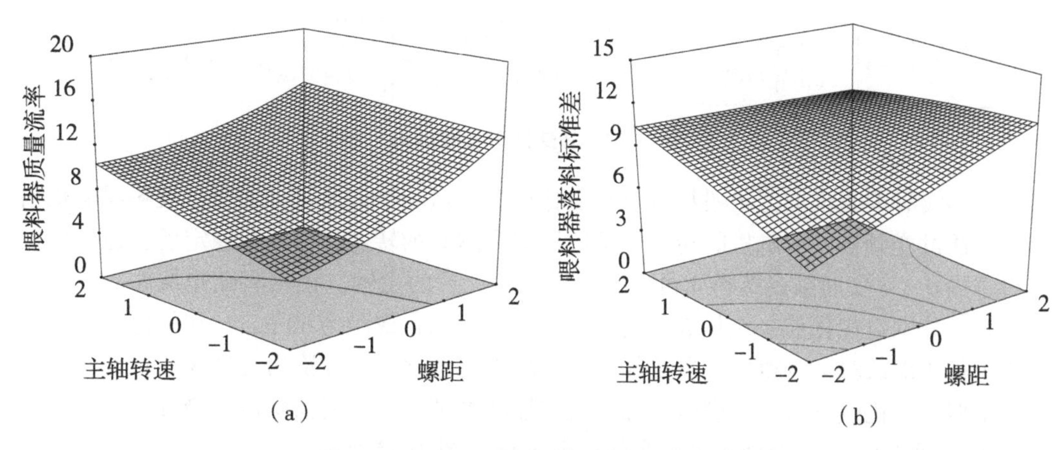

图 3-9　螺距和主轴转速对试验指标的影响

落料标准差最小，即落料稳定性最好，通过 Design-Expert 软件获得了最佳工作参数组合：轴径为 35 mm，螺距为 57 mm，主轴转速为 139 °/s，此时喂料器模拟结果是质量流率为 13.89 g/s，达到理想喂料量，质量流率标准差为 8.46 g/s，喂料稳定性最好。

3.3.3　试验验证

2015 年 4 月，根据回归模型预测的最佳结构设计和参数，对已有样机进行改进优化。利用该样机进行了喂料试验，试验地点为北京市密云区昕三峰饲料厂。试验对象为饲料厂正常生产的仔猪料，其原料成分和物料性能指标见第 2.3 节，其他物理指标性能良好。

3.3.3.1　试验测试系统设计

通过调节控制柜内变频器来控制喂料器主轴电机的转速；采用江阴辉格仪器仪表有限公司生产的 HG72 型霍尔转速传感器（图 3-10），对喂料器电机主轴转速进行实时测试；采用北京 symore 科技发展有限公司研发的 ZN96 型智能数显转速测试仪（图 3-11）进行转速数据采集并显示。喂料量转速测试系统的结构框图如图 3-12 所示。

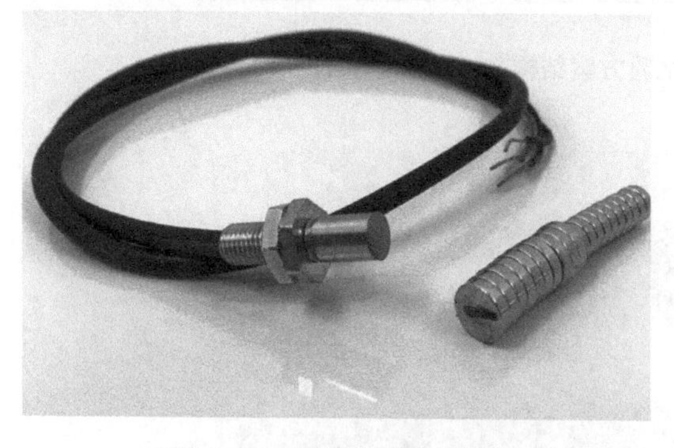

图 3-10　霍尔转速传感器

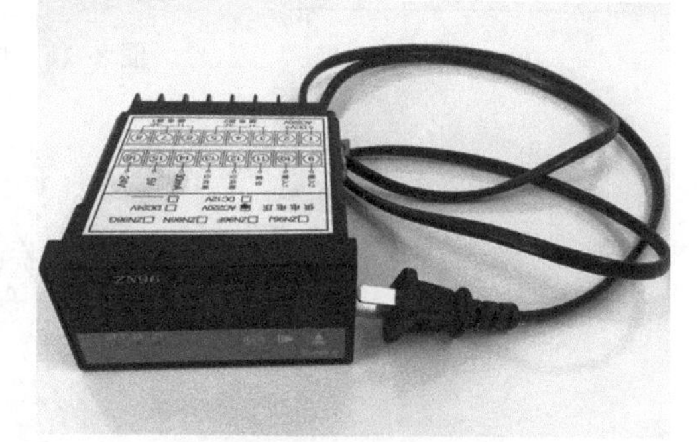

图 3-11　数显转速测试仪

李振亮等，2010；尹忠俊等，2010 通过转动螺旋轴一定角度记录加料量或喂料量，但由于启停过程中转动角速度不均及振动等原因会导致螺旋落料量数据结果采集准确度差。因此，本试验采用 Serial Port Utility 串口调试助手将型号 PL2002 电子天平与电脑连

图 3-12　转速调节系统结构

接，能够实时准确读取记录喂料量及其变化情况。试验测定具体方法为将喂料器电机启动后，通过变频器调节电机的转速至验证试验应达到的转速，待转速稳定后，通过数据接口每隔 0.1 s 实时采集落料质量数据；更换优化后的主轴，在相同试验条件下进行对比试验，分别对优化前（结构参数为：轴径为 30 mm，螺距为 60 mm）和优化后的主轴喂料进行 3 次试验。对喂料质量及其变化情况进行数据采集并输出（图 3-13）；测试对象为小型制粒机改进前和改进后的螺旋喂料器喂料情况，喂料器整体试验方案结构框图如图 3-14 所示，喂料器样机试验车间作业过程如图 3-15 所示。

图 3-13　质量数据采集装置

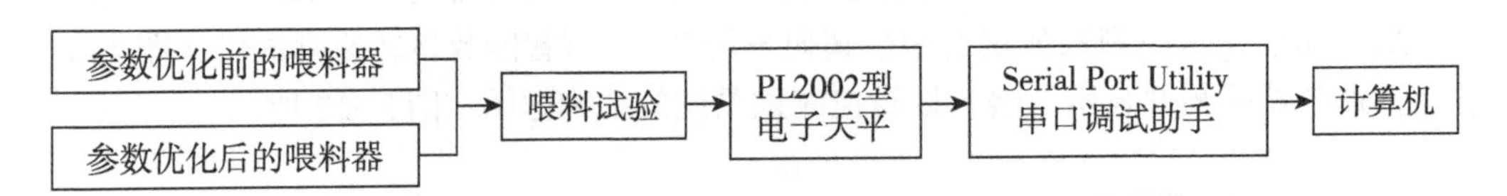

图 3-14　试验方案结构

图 3-15　喂料器样机试验车间作业

3.3.3.2　试验结果分析

喂料对比试验结果如表 3-6 所示，结果表明使用优化后的喂料器不仅能够满足最佳生产率的需要，而且喂料量稳定性提高，质量流率提高 4.28%，喂料变异系数降低 16.11%，喂料性能得到改善，符合小型制粒机生产的需要。

表 3-6　对比试验结果

参数	改进前主轴				改进后主轴			
	1	2	3	平均值	1	2	3	平均值
质量流率/(g/s)	11.53	11.66	11.82	11.67	12.13	12.11	12.26	12.17
标准差/(g/s)	9.81	10.08	9.73	9.87	8.27	8.36	8.21	8.28

3.4　本章小结

采用离散元法 EDEM 对小型制粒系统喂料器的工作过程进行了数值模拟，定量研究了喂料过程中喂料量的变化规律，并对该喂料器结构和工艺参数进行了优化，主要结论如下：

（1）对小型环模制粒机喂料器作业过程中饲料原料的力学和运动状态进行了分析，建立了物料运动过程中受力和运动状态方程和模型。

（2）使用 EDEM 软件对小型环模制粒机喂料器作业过程进行数值模拟，采用自主研制的样机进行试验验证，结果表明，所建模型可以较好地模拟饲料原料在喂料器筒体中的工作情况；同时，通过模拟并统计定量研究了以螺旋形式的喂料器存在的喂料量不均匀、不稳定的脉动现象，这对原料用量少、精确定量喂料会有很大影响，通过串口调试工具实时采集喂料质量数据，对连续喂料过程中喂料量及其变化情况进行了验证。

（3）通过三因素五水平正交组合试验，得出各因素对喂料质量流率的影响显著性顺序为：螺距大小、主轴转速、主轴直径；各因素对喂料稳定性的影响显著性顺序为：螺距大小、主轴直径、主轴转速。通过 Design-Expert 软件分析得出喂料器最佳设计和参数组合：轴径为 35 mm，螺距为 57 mm，转速为 23.2 r/min；此时喂料器喂料量和喂料稳定性都可获得最优解。通过对比实测值与预测值，验证了仿真试验与回归预测模型的可靠性。

第4章　调质器 CFD-DEM 模型研究及设计优化

调质是制粒机作业过程中非常关键的环节，是影响颗粒饲料质量的重要因素（李艳聪等，2011；CUTLIP 等，2008）。调质器工作原理分析与创新设计，是制粒机高效率、低能耗工作的重要保证。目前国内外调质器的设计和改进大多用于大批量生产，且蒸汽添加方式多采用沿调质器主轴的径向单点、径向多点添加，或轴向单点添加（曹康等，2003；苗健，2007），对小型调质器及其蒸汽添加方式的研究很少。小型调质器由于颗粒饲料产量小，结构尺寸小特别是调质腔的长度尺寸较小，若照搬大型调质器蒸汽添加和布孔方式（即沿径向添加蒸汽、沿轴向布置进气口），物料难以和蒸汽充分混合、调质效果较差（彭飞等，2016）。

鉴于以上情况，本章结合小型制粒系统生产产量及性能要求，首先，提出调质器轴向和径向两种蒸汽添加方式结构方案，采用 CFD-DEM 耦合方法建模并仿真，得出较好的结构方案。接着，据此设计该调质器的结构参数。最后，通过正交旋转组合试验设计方法，得到该调质器的最佳作业参数组合。具体是：①基于 CFD-DEM 耦合方法，分别建立调质器轴向和径向两种进气模型。使用 CFD 模块设置蒸汽进气参数，使用其中的 DEM 模块设置饲料颗粒参数，两者耦合模拟并计算蒸汽气流在调质过程中流动情况和分布情况、饲料原料在调质器内的运动和黏结情况，实现对压力分布、流场分布、调质时间、物料运动和分布等情况的预测和分析，结果得出轴向进气式更符合本课题需求。②据此，设计一种与小型制粒系统配套的小型调质器结构，确定其结构参数（腔体直径、腔体长度、进气口个数、尺寸大小等）。③基于该结构调质器，分析影响其工作性能的主要结构和工艺参数，按照正交旋转组合试验设计方法，对其工作参数进行优化，得到该调质器的最佳作业参数组合。CFD-EDEM 耦合和正交试验设计方法可用以指导调质器结构参数的设计与工艺参数的选择。

4.1　CFD-DEM 方法介绍

离散单元法（Discrete Element Method，DEM）是分析颗粒离散体物料的一种方法，1971 年由美国 Cundall 教授基于分子动力学原理提出来，被大量应用在复杂物理场作用下粉体动力学现象、具备较为复杂结构的材料力学特性和多相混合材料介质等研究中，涉及粉体生产加工、研磨和混合搅拌等生产实践领域。离散元法，能够帮助用户分析离散物料大量不易测量、复杂的颗粒行为和信息，可以为粒子流的受力、运动、能量和热量等传递提供高效的解决办法，能够科学地研究和预测连续性介质方法无法解释和分析的力学行为（胡国明，2010）。

该方法以颗粒力学为基础，将单元间相对位移作为基本变量，分析各单元各方向的作用力，以及外力场的合力和合力矩，根据牛顿第二定律得到所有单元的实时的速度、加速度、角速度、转角线和位移等众多复杂的物理量。从而实现用微观的分析方法解决宏观运动的问题。现在广泛应用于矿物、原料处理、农业、技术工程等领域。在农业工程领域，离散元法可以用于谷物颗粒、饲料颗粒等散粒体的机械化提升、混合、粉碎、气力输送等模拟（徐泳等，2003；于建群等，2005；曹丽英等，2016；刘彩玲等，2016）。

CFD 的数值模拟的方法常用于模拟流体在一定空间的腔体内的流动和传热，可很好地模拟流体在腔体内的气压分布和特定层面的速度分布，目前针对调质器的工作过程的仿真模拟还比较少，前人做过一些类似调质器结构的建模研究。郭飞强等（2012）使用 fluent 方法构建了主动配气式生物质气化炉的仿真模型，模型采用等距设置的蒸汽添加孔通入高温蒸汽，这与调质器的蒸汽添加方式类似。石林榕等（2014）CFD-EDEM 气固耦合数学模型，采用标准 k-ε 湍流非稳态的欧拉耦合算法分析研究了小区玉米帘式滚筒干燥箱干燥过程中气固传热、内流场动态分布，该气固传热模型与调质器接近。上述研究表明，CFD 数值模型可以模拟高压蒸汽在调质腔内的运动和热量传递情况，使用 CFD 技术构建调质器的几何特性模型具有可行性。

EDEM 能够构建黏性颗粒模型，还可以与 CFD 耦合计算。李洪昌等（2012）通过 CFD-DEM 耦合方法模拟了风筛式清选装置中物料在筛面上的运动，其中物料使用 EDEM 建模，连续流体使用 CFD 建模，研究并分析入口气流速度对该装置筛分性能的影响。刘佳等（2012）基于 CFD-DEM 耦合方法模拟了机械气力组合式精密排种器的工作过程，模型采用 EDEM 软件中的 bonding 和 API 替换的方法，建立了非球形虚拟玉米颗粒，不仅得出了排种器腔体工作时的压力分布，还直观地真实地展现了玉米颗粒在半圆锥体型孔内的填充情况。潘振海等（2008）也使用了如上所述的耦合方法成功模拟了物料在水平旋转炉中的运动情况。以上研究为构建调质器 CFD-DEM 耦合模型提供了方法依据和理论基础。

4.1.1 EDEM 原理介绍

EDEM 基于离散单元法进行计算，将介质视作一系列离散独立运动的单元（粒子），基于牛顿第二定律，建立每个单元的运动方程，求解采用显示中心差分法，由各单元的运动和相互位置来描述整个介质的变化和演变。解决连续介质力学问题过程中，既需要符合边界条件，还需要符合 3 个方程，也就是变形协调方程、平衡方程和本构方程。当对离散元数值进行计算时，用户基于循环计算方法，跟踪并计算颗粒单元的信息状况，该内部计算关系如图 4-1 所示。

数值模拟时，每一次计算循环主要分别两个主要步骤：①基于作用力、反作用力原理和相邻颗粒间的接触本构关系，进而得到颗粒间的作用力和相对位移信息；②基于牛顿第三定律，得到由于相互位移引起的产生在相邻颗粒间新的不平衡力，直到所需要的循环次数或颗粒运动、颗粒受力趋于或达到平衡。计算过程依据时步迭代并遍历整个颗粒体，计算所需时间可以依据用户需求而设定。

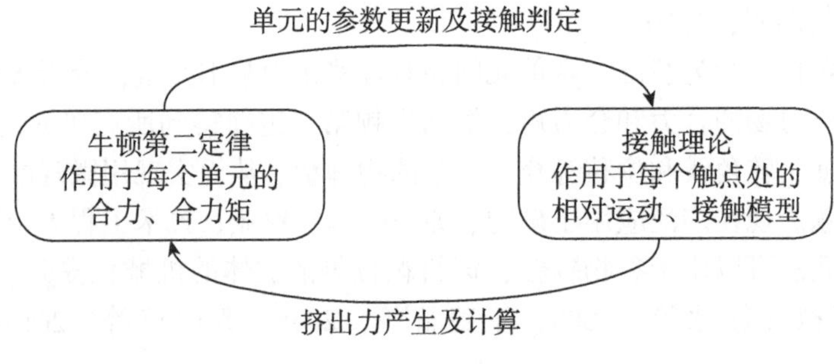

图 4-1　内部计算关系

4.1.2　CFD 原理介绍

控制模型和湍流方程：流场计算针对调质腔旋转流体区域，模拟求解过程遵守物理守恒定律，其控制方程包括连续性方程、N-S 方程和能量守恒方程。

连续方程

$$\frac{\partial \rho}{\partial t}+\frac{\partial (\rho u_i)}{\partial x_i}=0 \tag{4-1}$$

运动方程

$$\frac{\partial (\rho u_i)}{\partial t}+\frac{\partial (\rho u_i u_j)}{\partial x_j}=\frac{\partial p}{\partial x_i}+\frac{\partial \tau_{ij}}{\partial x_j}+\rho F_i \tag{4-2}$$

能量方程

$$\frac{\partial (\rho T)}{\partial t}+\frac{\partial (\rho u_i T)}{\partial x_i}=div(\frac{k}{c_p}\nabla T)+S_T \tag{4-3}$$

其中，$\tau_{ij}=\left[\mu\left(\frac{\partial u_i}{\partial x_j}+\frac{\partial u_j}{\partial x_i}\right)\right]+\lambda\delta_{ij}\frac{\partial u_i}{\partial x_i}$，$\mu$ 为流体湍流黏度；λ 为第二黏性系数；假设 $\lambda=-\frac{2}{3}\mu$；$\delta_{ij}=0\ (i\neq j)=1\ (i=j)$；$k$ 为流体的导热系数；S_T 为源项，$S_T=S_h+\varphi$，S_h 为流体的内源热；φ 为耗散函数。

湍流方程：标准 $k-\varepsilon$ 模型中 k 为单位质量流体湍流脉动动能，ε 为脉动动能耗散率

$$k=\frac{1}{2}\overline{u'_i u'_i},\ \varepsilon=\frac{\mu}{\rho}\overline{(\frac{\partial u'_i}{\partial x_k})(\frac{\partial u'_i}{\partial x_k})} \tag{4-4}$$

ε 的控制方程为：

$$\rho\frac{\partial \varepsilon}{\partial t}+\rho u_k\frac{\partial \varepsilon}{\partial x_k}=\frac{\partial}{\partial x_k}\left[(\mu+\frac{\mu_i}{\sigma_\varepsilon})\frac{\partial \varepsilon}{\partial x_k}\right]+\frac{c_1\varepsilon}{k}\mu_i\frac{\partial u_i}{\partial x_j}(\frac{\partial u_i}{\partial x_j}+\frac{\partial u_j}{\partial x_i})-c_2\rho\frac{\varepsilon^2}{k} \tag{4-5}$$

μ_i 是湍流黏度系数，$\mu_i=c_\mu\rho k^2/\varepsilon$

选用 $k-\varepsilon$ 模型求解调质器中湍流对流问题，控制方程包括动量方程、能量方程、连续方程、k、ε 方程。方程组中涉及 3 个系数和常数，其中 $c_\mu=0.09$；$c_1=1.44$；$c_2=1.92$；$\sigma_k=1$；$\sigma_g=1.3$；$\sigma_T=0.9\sim1.0$

4.1.3　EDEM-Fluent 的耦合方法

流体相的连续方程为：

$$\frac{\partial \ \varepsilon\rho}{\partial \ t} + \nabla \cdot \rho\varepsilon u = 0 \tag{4-6}$$

式中，ε 表示体积分数项，ρ 表示液体密度，t 表示时间，u 表示流体速度。

动量守恒方程为：

$$\begin{cases} \dfrac{\partial \ \varepsilon\rho u}{\partial \ t} + \nabla \cdot \rho\varepsilon\mu u = - \nabla\rho + \nabla \cdot (\mu\varepsilon \nabla u) + \rho\varepsilon g - S \\ S = \dfrac{\sum_{i}^{n} F_D}{V} \end{cases} \tag{4-7}$$

式中，g 为重力加速度，μ 为黏性，S 为动量汇。动量汇是作用在网格单元内的流体的阻力 F 的总和。V 是 CFD 网格单元的体积。

4.1.3.1　阻力模型

EDEM-Fluent 耦合采用改进的自由流阻力来计算作用在颗粒球形上的力，流体参数源自 CFD 的网格单元，该单元包含 EDEM 颗粒的中心。其中，阻系数取决于雷诺数 Re：

$$Re = \frac{\alpha\rho L|v|}{\eta} \tag{4-8}$$

$$C_D = \begin{cases} \dfrac{24}{Re} & Re \leqslant 0.5 \\ \dfrac{24(1.0 + 0.25\,Re^{0.687})}{Re} & 0.5 < Re \leqslant 1000 \\ 0.44 & Re > 1000 \end{cases} \tag{4-9}$$

其中，ρ 为流体密度，η 为流体黏度，L 为颗粒球的直径，v 为颗粒和流体间的相对速度，α 为 CFD 网格单元的自由体积。

颗粒的固有浮力计算公式为：

$$F_B = \rho g V \tag{4-10}$$

对于 Lagrangian 耦合时，颗粒载荷的影响可通过改进的阻力法则来考虑；对于 Eulerain 耦合时，应该结合体积分数来考虑。

自由流阻力模型的计算公式为

$$F_{\mathrm{d}} = 0.5 C_D \rho A |v| v \tag{4-11}$$

Ergun and Wen and Yu 阻力模型可修改为如下形式

$$F_{\mathrm{d}} = \frac{\beta V|v|v}{1 - \alpha} \tag{4-12}$$

式中，V 为颗粒体积，β 通过下式计算得到

$$\beta=\begin{cases}\dfrac{150\,(1-e)^{2}n}{eL^{2}}+\dfrac{1.75(1-e)\rho\,|v|}{L} & \varphi<0.8\\[2ex]\dfrac{3}{4}C_{D}\rho e^{-1.65}(1-e)\,|v| & \varphi\geqslant 0.8\end{cases}\tag{4-13}$$

以自由流模型为基础，增加一个孔隙率修正项构成 Di Felice 阻力模型，以考虑孔隙率对相邻颗粒阻力的影响，计算公式为

$$\begin{cases}F_{\text{frerestream}}=0.5C_{D}\rho_{f}A_{p}(V_{f}-V_{p})\,|V_{f}-V_{p}|\\F_{D}=F_{\text{freestream}}\varepsilon^{-(\chi+1)}\\C_{D}=\left(0.63+\dfrac{4.8}{Re^{0.5}}\right)^{2}\\\chi=3.7-0.65\exp\left[-\dfrac{(1.5-\log_{10}Re)^{2}}{2}\right]\end{cases}\tag{4-14}$$

式中，C_D 为曳力系数，F_D 为曳力，ε 为孔隙率。

4.1.3.2 升力模型

可以通过软件中 Life Models 配置升力模型。EDEM 中包括以下几种升力模型。

Saffman 升力模型：在边界层、剪切层内或被剪切的流体会出现速度梯度。高速流体中的颗粒，较高的速度梯度会使得颗粒表面产生压力差，进而形成提升效应，其公式为：

$$F_{\text{staff}}=1.61d_{p}^{2}\,(\mu_{f}\rho_{f})^{\frac{1}{2}}\,|\omega_{c}|^{-\frac{1}{2}}(u-v)\,\omega_{c}\tag{4-15}$$

$$\begin{cases}F_{\text{staff}}=1.61d_{p}^{2}\,(\mu_{f}\rho_{f})^{\frac{1}{2}}\,|\omega_{c}|^{-\frac{1}{2}}(u-v)\,\omega_{c}\\\omega_{c}=\nabla\cdot u\end{cases}\tag{4-16}$$

这种模型适用于剪切流的流速较慢，且需满足以下条件：

$$\begin{cases}Re_{a}=\dfrac{|u-v|d_{p}}{v}<1\\[2ex]Re_{G}=\dfrac{|du/dy|d_{p}^{2}}{v}<1\\[2ex]Re_{\Omega}=\dfrac{|0.5\omega_{e}-\omega_{p}|d_{p}^{2}}{v}<1\\[2ex]\varepsilon=\dfrac{Re_{G}^{1/2}}{Re_{S}}>1\end{cases}\tag{4-17}$$

其中，ω_p 为颗粒的角速度。为克服该限制条件，Mei 提出当 $0.1<Re_S<100$ 时，采用以下公式：

$$\begin{cases}\dfrac{F_{L,\,mei}}{F_{staff}}=(1-0.3314\alpha^{1/2})\exp\left[-\dfrac{Re_{S}}{10}\right]+0.3314\alpha^{1/2}Re_{S}\leqslant 40\\[2ex]\dfrac{F_{L,\,mei}}{F_{staff}}=0.0524\,(\alpha Re_{S})^{1/2}Re_{S}>40\end{cases}\tag{4-18}$$

尽管如此，该方程仍需满足限制剪切速度条件（0.005≤α≤0.4）：

$$\alpha = \frac{1}{2} Re_S \varepsilon^2 \tag{4-19}$$

升力模型：Magnus 升力源于颗粒自旋，当雷诺系数较高时，阻力系数与其关联式可表示为：

$$\begin{cases} F_{Mag} = 0.125\pi d_p^3 \rho_f \dfrac{Re_S}{Re_\Omega} C_L (0.5\omega_c - \omega_p)(u - v) \\ C_L = 0.45 + \left[\dfrac{Re_\Omega}{Re_S} - 0.45\right] \exp(-0.05684\, Re_\Omega^{0.4}\, Re_S^{0.3}) \end{cases} \tag{4-20}$$

计算时还应考虑由颗粒自旋产生的流体剪切力的影响，特别是高速流体中不能忽略：

$$\begin{cases} T_{fp} = \dfrac{\rho_f}{2} \dfrac{d_p}{2} C_R^5 \left| \dfrac{1}{2}\omega_C - \omega_P \right| \left(\dfrac{1}{2}\omega_C - \omega_P \right) \\ C_R = \dfrac{64\pi}{Re_\Omega} Re_\Omega \leqslant 32 \\ C_R = \dfrac{12.9}{Re_\Omega^{0.5}} + \dfrac{128.4}{Re_\Omega} 32 < Re_\Omega < 1000 \end{cases} \tag{4-21}$$

4.1.4　耦合时间匹配

为便于准确计算接触行为，典型情况是将 EDEM 时间步长与 CFD 时间步长比值设置为 1∶10 至 1∶100 之间。EDEM-Fluent 耦合模块会自动调整 EDEM 的迭代次数，使得 CFD 的时间步长（T_F）匹配合理，如下所示：

两个软件模拟都需要设定时间步长，若将该两种方法耦合，需要匹配两者时间步长。经测试，耦合成功需要满足：①Fluent 中时间步长需要保证其自身迭代收敛；②EDEM中时间步长需要符合其瑞利时间步长设定，一般为瑞利时间步长的 5%~30%；③Fluent 时间步长和保存时间为 EDEM 时间步长和保存时间的整数倍。时间步长的设定可参见下式：

$$T_F = \sum_{interations} T_{EDEM} \tag{4-22}$$

4.2　小型轴向进气式调质器模型构建与仿真分析

构建调质器内腔几何模型，采用 Fluent 12.0 对调质器内腔模型进行参数设置并仿真，采用 Fluent 中的 DEM 模块对散粒体参数进行设定并模拟，DEM 由软件 EDEM 2.2 求解，两者耦合安装并计算，耦合方法的基本思路：利用 CFD 方法计算压力场及流场分布，利用 DEM 方法计算颗粒系统的受力和运动情况；两者基于一定的模型进行质量、动量和能量等物理量的作用与交换，实现耦合。

4.2.1　几何模型构建和参数设置

初步设计调质器尺寸，并构建调质器模型，操作步骤如下：

（1）该调质腔模型主要几何参数：圆柱腔体直径为100 mm，长度为600 mm；空心主轴位于腔体中心，直径30 mm，与调质腔同长；扇形叶片为18组，距离调质腔内壁2 mm，按轴向间隔30 mm、径向间隔90°分布，安装角度可调；蒸汽进口为10组，直径为6 mm，呈环形均匀分布于调质腔进料口处的端盖上；出料口距离调质腔右端40 mm结构尺寸为Φ24 mm的圆柱体。若装配体零件越多，模型导入到gambit软件时，会导致gambit模型中线、面、体较多，达到上千个，不便于下一步在Fluent软件内进行边界类型和边界条件的设置以及后续的模拟计算，因此需要对模型进行简化。使用proe 4.0建立零件1（调质器内腔）、零件2（调质器轴与桨叶）这两个零件（分别如图4-2、图4-3所示），然后进行装配。

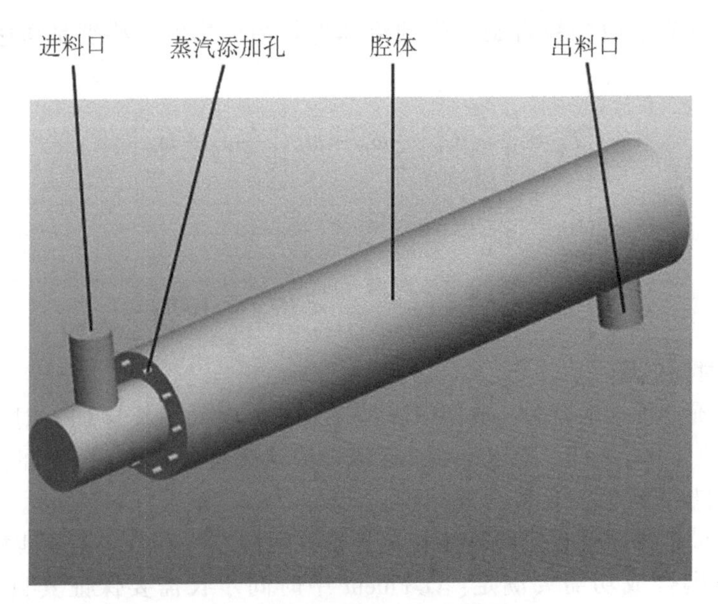

图4-2　调质器内腔几何模型

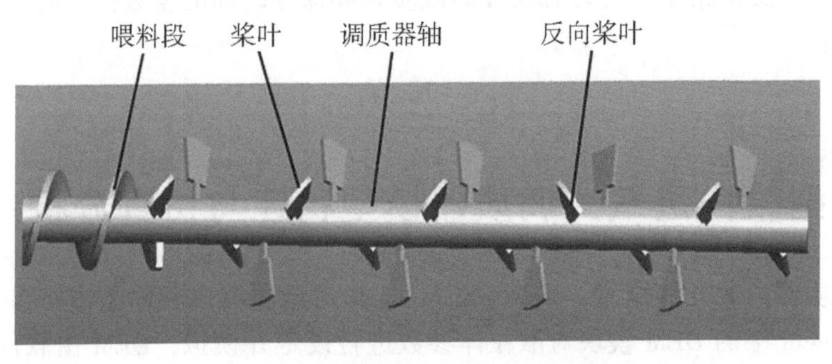

图4-3　调质器轴与桨叶几何模型

（2）将装配体保存为igs格式并导入到gambit 2.4.6中（如图4-4所示），所得几何体由2个独立构件组成，共计226个面；基于实际工作情况和边界类型，将这些面定义为4种类型：进气口（inlet）、出气口（outlet）、壁面（wall）、旋转部分（wall）。对

图4-4进行体网格划分，网格尺寸为8 mm，零件1得到219 205个网格，零件2得到21 938个网格，结果如图4-5所示；最后将划分完成后的装配体以mesh格式保存，作为Fluent的mesh文件。

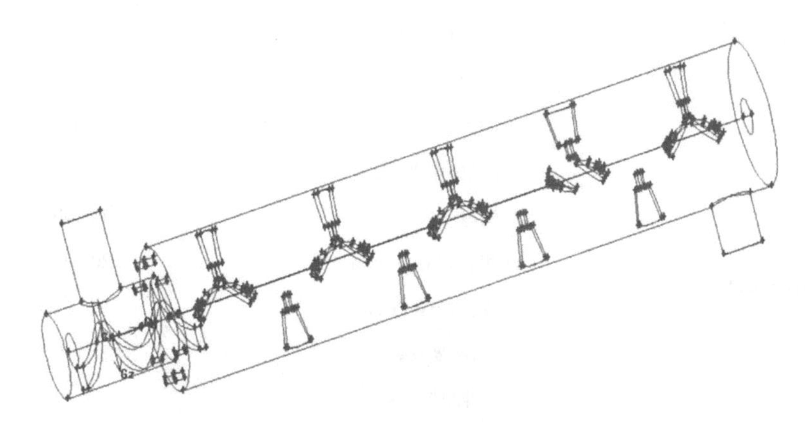

图4-4 gambit中调质器模型

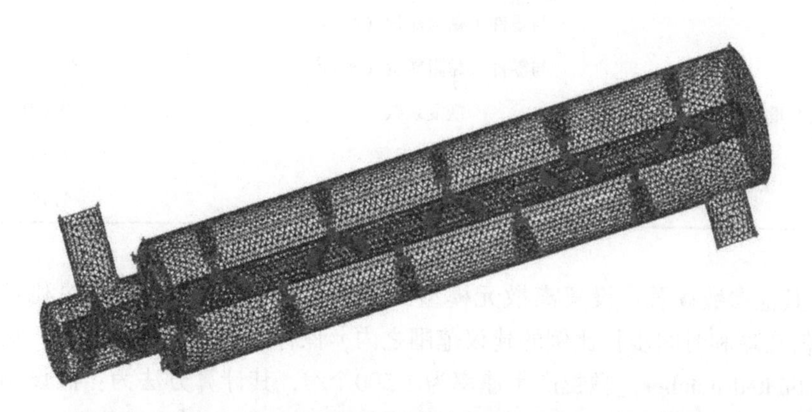

图4-5 利用gambit对调质器模型进行边界条件设置和网格划分

（3）将mesh文件导入到Fluent，流体模型采用RNG $k-\varepsilon$ 黏性模型；设置进气口为压力入口，出气口为压力出口；基于物料所占腔体体积比例，选择Lagrangian法进行耦合。调质过程中，物料与饱和水蒸气发生传热传质反应，物料水分由10%~12%增加到17%~19%，因此物料黏度增加。由第2章中表2-26可知，不同水分含量条件下，物料的密度数值；在EDEM中将物料间离散元参数设置为黏结模型（Hertz-Mindlin with bonding）。EDEM模型中材料参数属性设置如表4-1所示。

表4-1 EDEM模型中材料参数属性设置

类型	属性	参数
物料参数	粒径/mm	1.5
	剪切模量/MPa	10
	泊松比	0.45
	密度/(kg/m^3)	500

续表

类型	属性	参数
设备参数	剪切模量/MPa	10^4
	泊松比	0.3
	密度/(kg/m^3)	7 850
颗粒间接触参数	切向黏结刚度/(N/m)	10^8
	法相黏结刚度/(N/m)	5×10^7
	切向剪切应力/(Pa)	20 000
	法相剪切应力/(Pa)	20 000
	黏结半径/mm	1.5
	恢复系数	0.0001
	静摩擦系数	2.75
	滚动摩擦系数	2.75
颗粒间与设备接触参数	与零件 1 黏附能量/(N/m^2)	10
	与零件 2 黏附能量/(N/m^2)	20
	恢复系数	0.001
	静摩擦系数	1.19
	滚动摩擦系数	1.19

（4）其他参数设置：设置离散元模型中时间步长为 2×10^5 s，占瑞利时间步长的14%，该值在瑞利时间步长比例的建议范围之内，保存时间间隔为 0.01 s。设置颗粒生成量为 unlimited number，颗粒产生速率为 1 500个/s，其计算方法为：假设制粒机产量为 40 kg/h，喂料量约为 40 kg/h；颗粒饲料半径为 1.5 mm，其密度为 500 kg/m^3，据此可以计算出颗粒产生速率约为 1 375个/s，适当调整颗粒产生个数，在离散元软件中将颗粒工厂的颗粒生成速率参数设定为 1 500个/s。

初步设计的调质器调质时间为 15~20 s，为便于模拟调质器稳定工作前及稳定工作一段时间后的作业状况，仿真时间应适当大于实际生产达到稳定的调质时间，因此在 EDEM 中将仿真时间设置为 30 s。

4.2.2 调质过程的仿真分析

图 4-6 为调质器仿真模拟 30 s 过程中迭代收敛曲线，由该图分析可知，仿真收敛性较好，在 0~30 s 内调质器内部的流场速度趋于平稳。在 EDEM 中统计并分析调质器内颗粒数量随时间变化情况，结果如图 4-7 所示，可以看出，大概在 25 s 以后，整个腔体内的颗粒数目趋向稳定、基本不再增加或减少，即进料口和出料口颗粒数量基本维持平衡，此时调质器模型趋于稳定状态，可以用于模拟调质器实际生产中达到稳定的过程。

图 4-8 为 30 s 时轴向进气式调质器速度场与压力场分布图，由垂直的两个截面显

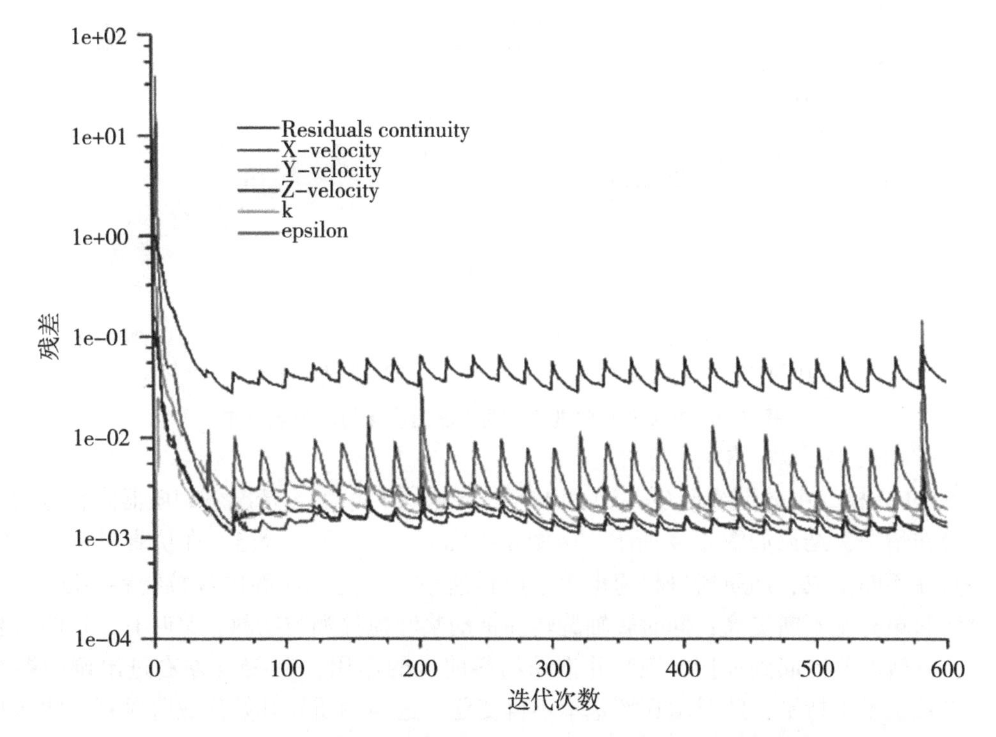

图 4-6　轴向进气式调质器模拟工作 30 s 过程中迭代收敛曲线

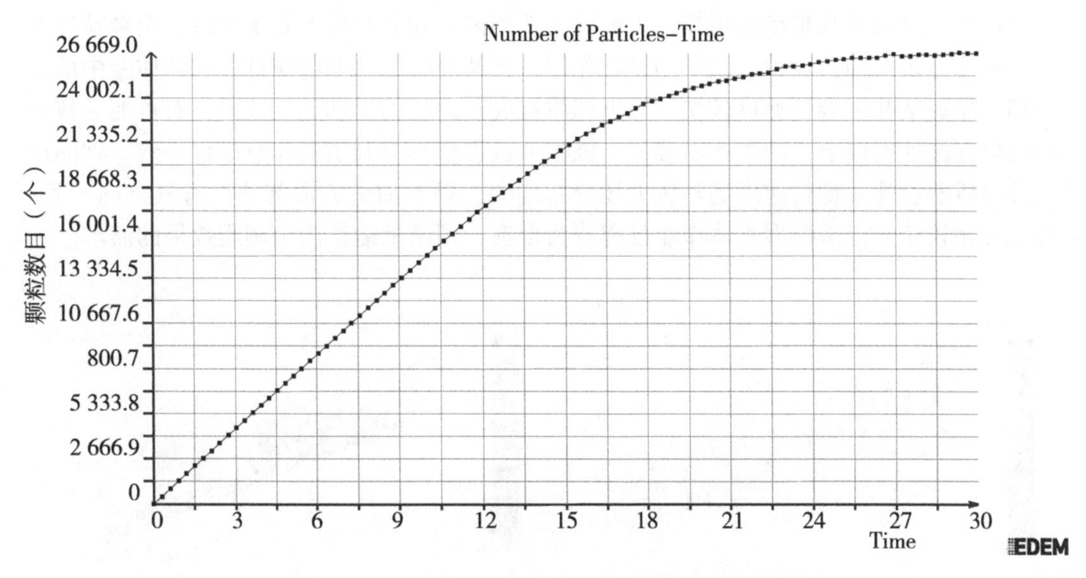

图 4-7　0~30 s 过程中调质器内颗粒数量变化曲线

示。由该图可知看出，10 个蒸汽添加口处气体流速较大；随着不断远离蒸汽添加口，气体流速逐渐减慢；沿着物料运动方向，速度场与压力场整体变化均匀。在调质器作业过程中，该结构有利于蒸汽与颗粒充分接触并发生水热反应，调质效果较为均匀、理想。

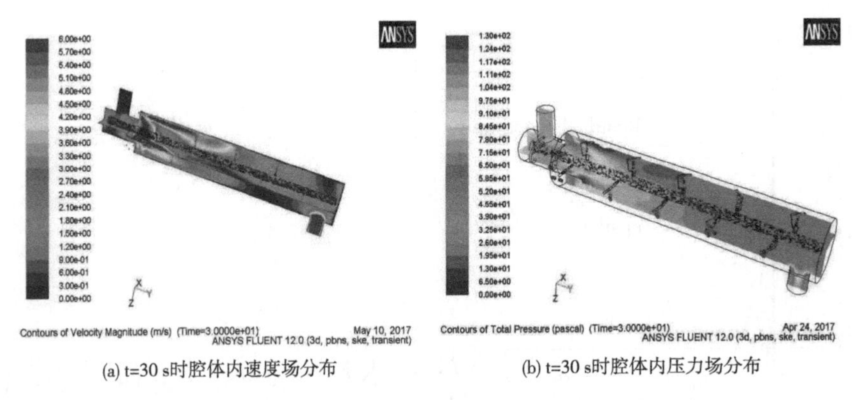

(a) t=30 s时腔体内速度场分布　　(b) t=30 s时腔体内压力场分布

图 4-8　30 s 时轴向进气式调质器速度场与压力场分布

在 DEM 模型中分别统计 0 s、5 s、10 s、15 s、20 s、25 s 情况下调质器内颗粒的运动和分布情况，结果如图 4-9 所示。由图 4-9(a)~(f) 可以看出，在仿真过程中，颗粒一直在不断生成，调质器进料速率大于出料速率，因此调质腔内颗粒物料不断增多，腔体物料填充率不断提高；同时转轴旋转并带动桨叶搅拌颗粒物料，桨叶有一定的安装角度，旋转的桨叶起到搅拌、抛起并推动物料前进的作用，在 25 s 左右进出调质器腔的颗粒数量基本持平，此时填充率基本不再变化，这与调质器开始作业阶段真实状态基本一致。图 4-10 为调质器稳定工作过程阶段，此阶段腔体内颗粒数目和填充度变化不大，基本处于稳定的状态。由图 4-10(f) 可知，颗粒黏结在一起呈团簇状，调质反应后的物料也呈团簇状被翻起搅拌，由此可知选用的颗粒黏结模型基本合理；由颗粒速度分布规律分析可知，颗粒受桨叶的搅拌作用，不断被抛起并向前推进，在调质腔中部及上部、靠近桨叶末端处速度较快；靠近调质器底部颗粒的运动速度较慢，有可能导致物料黏附在该处内壁上、产生积料现象，该模拟过程基本与调质器作业过程一致。轴向进气式调质器设计，物料速度场与压力场分布均匀，颗粒前进方向与蒸汽进气方向一致、两者接触较充分，该模型整体作业过程较为合理，理论上能够满足调质效果的需求。

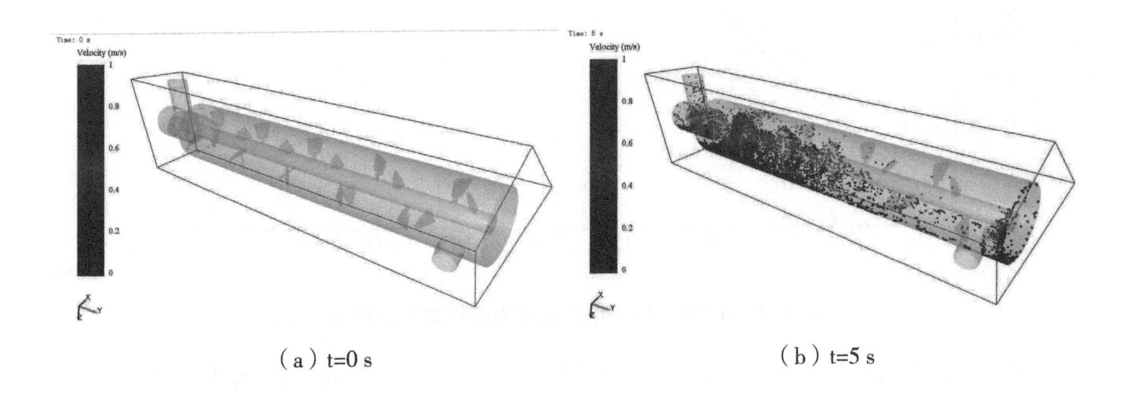

(a) t=0 s　　(b) t=5 s

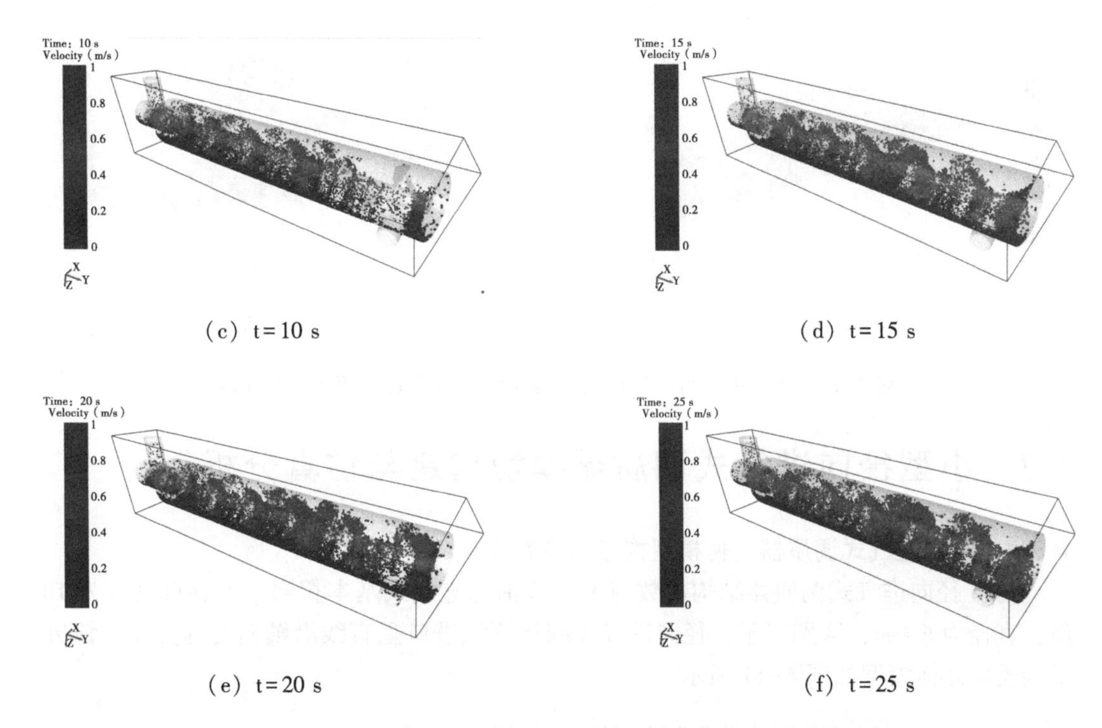

(c) t=10 s　　(d) t=15 s

(e) t=20 s　　(f) t=25 s

图 4-9　0~25 s 轴向进气式调质器稳定工作前颗粒流场仿真模拟

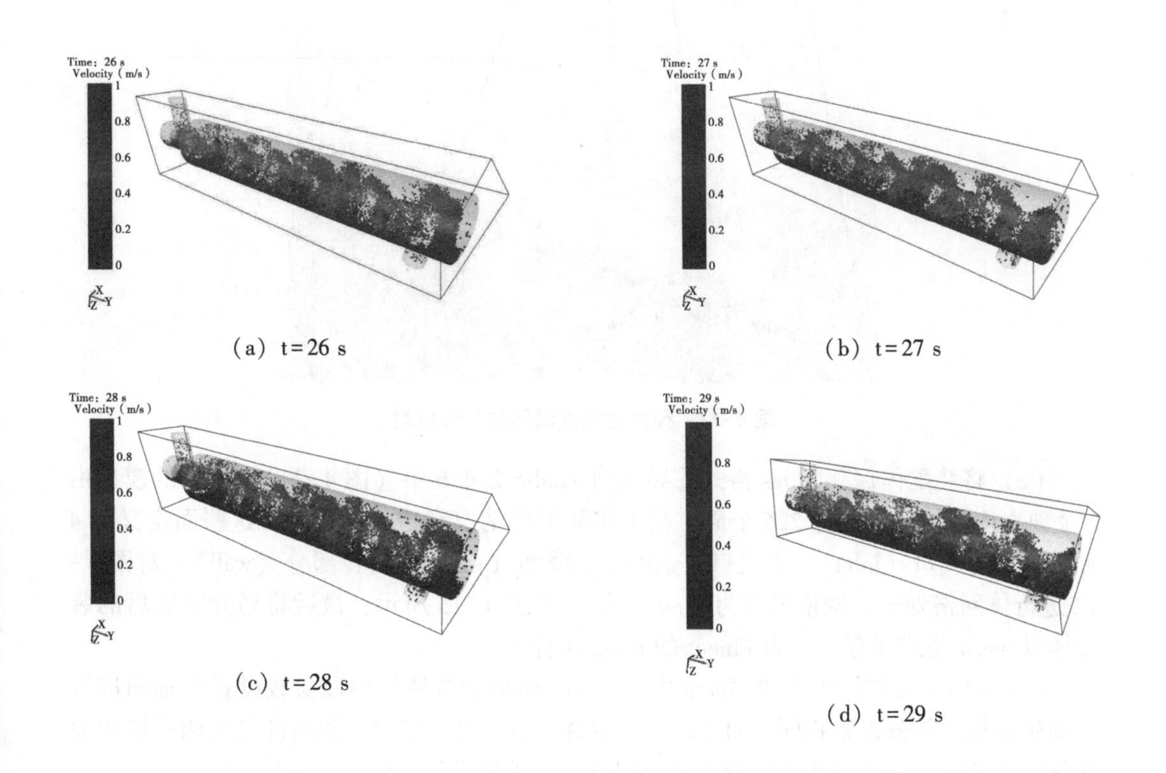

(a) t=26 s　　(b) t=27 s

(c) t=28 s　　(d) t=29 s

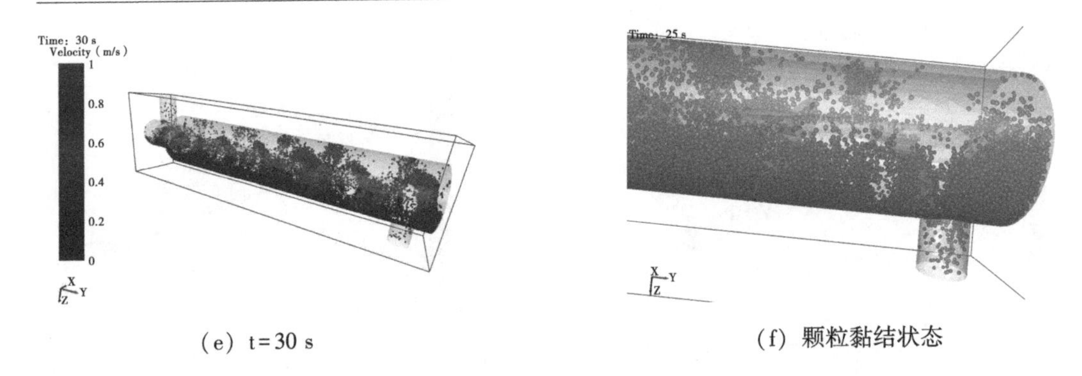

(e) t=30 s　　(f) 颗粒黏结状态

图 4-10　26~30 s 轴向进气式调质器稳定工作后颗粒流场仿真模拟

4.3　小型径向进气式调质器模型构建与仿真分析

4.3.1　径向进气式调质器几何模型构建和参数设置

(1) 径向进气式调质器结构参数与上一节轴向进气式基本相同，且蒸汽进口为 10 组，直径为 6 mm，区别在于：径向进气式调质蒸汽进口呈直线沿轴向均匀分布。该方式调质器几何模型如图 4-11 所示。

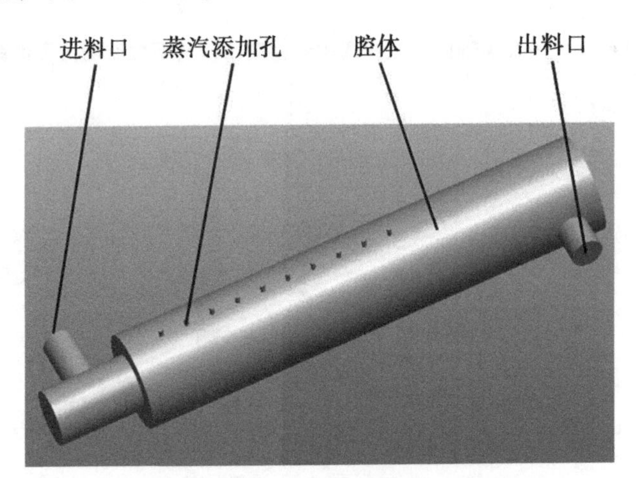

图 4-11　径向进气式调质器几何模型

(2) 将装配体保存为 igs 格式并导入到 gambit 2.4.6 中（图 4-11），所得的模型由 2 个独立构件组成，共计 226 个面；基于实际工作情况和边界类型，将这些面定义为 4 种类型：进气口（inlet）、出气口（outlet）、壁面（wall）、旋转部分（wall）。对图 4-12 进行体网格划分，网格尺寸为 8 mm，结果如图 4-13 所示；最后将划分完成后的装配体以 mesh 格式保存，作为 Fluent 的 mesh 文件。

(3) 将 mesh 文件导入到 Fluent 中，Fluent 模型中流体模型及参数设置与轴向进气式调质器相关部分设置相同，EDEM 模型中材料参数设置等也与轴向进气式调质器相关部分设置相同。其他参数设置及模拟时间设定与轴向进气式调质器相同。

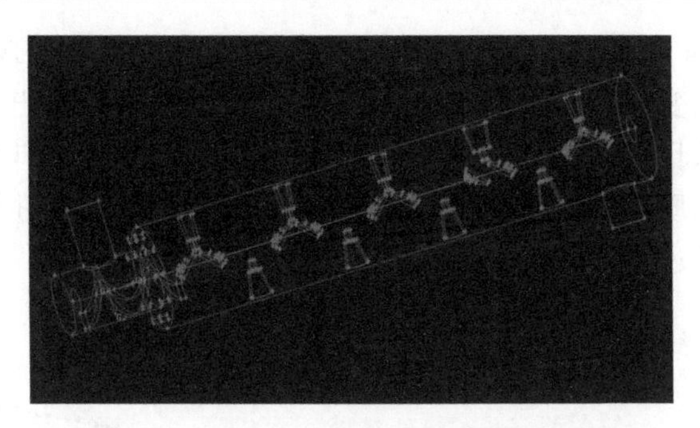

图 4-12　gambit 中径向进气式调质器模型

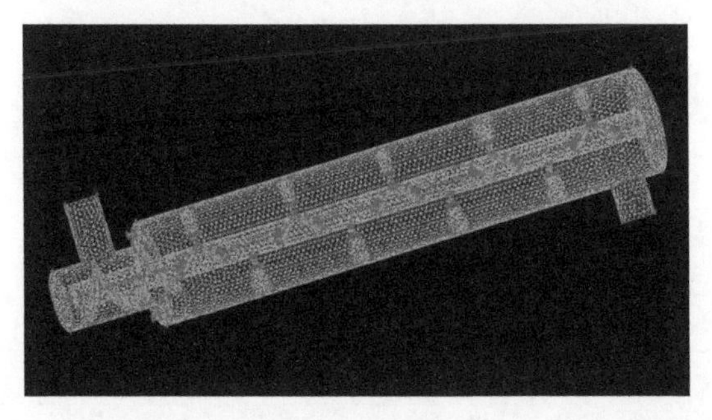

图 4-13　利用 gambit 对径向进气式调质器模型进行边界条件设置和网格划分

4.3.2　径向进气式调质器调质过程仿真分析

调质器仿真模拟 30 s 过程中迭代收敛曲线如图 4-14 所示，由该图分析可知，模拟

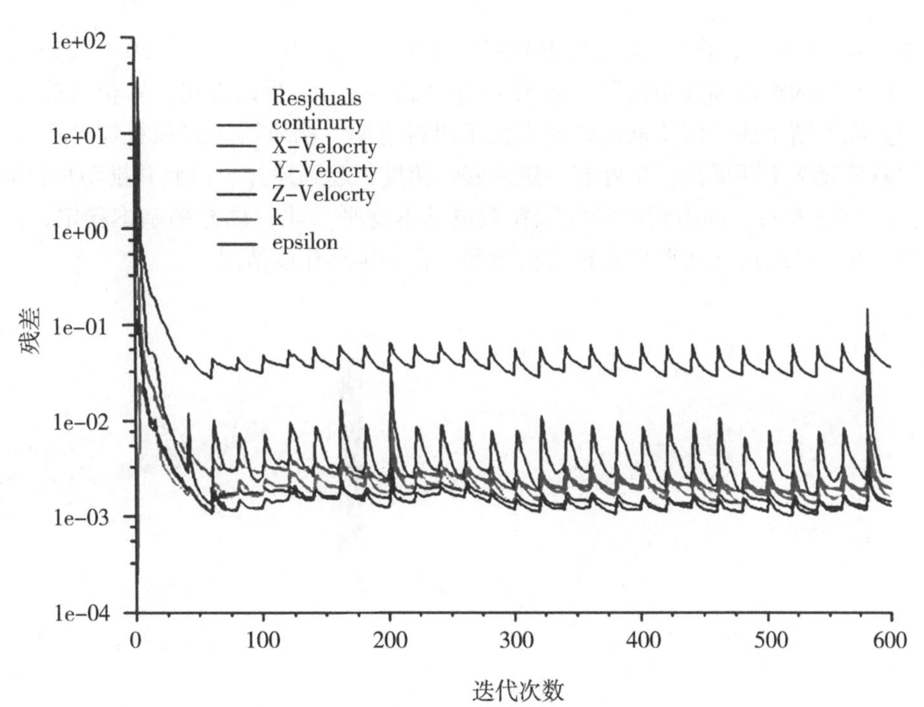

图 4-14　径向进气式调质器模拟工作 30 s 过程中迭代收敛曲线

收敛性较好，0～30 s 内调质器内部的流场分布趋于平稳。在 EDEM 中统计并分析调质器内颗粒数量随时间变化的曲线，结果如图 4-15 所示。可以看出，大概在 24 s 以后，整体腔体内的颗粒数目趋向稳定、基本不再增加或减少，即进料口和出料口颗粒数量基本维持平衡，此时调质器模型趋于稳定状态，可以用于模拟径向进气式调质器实际作业以及达到稳定生产的过程。

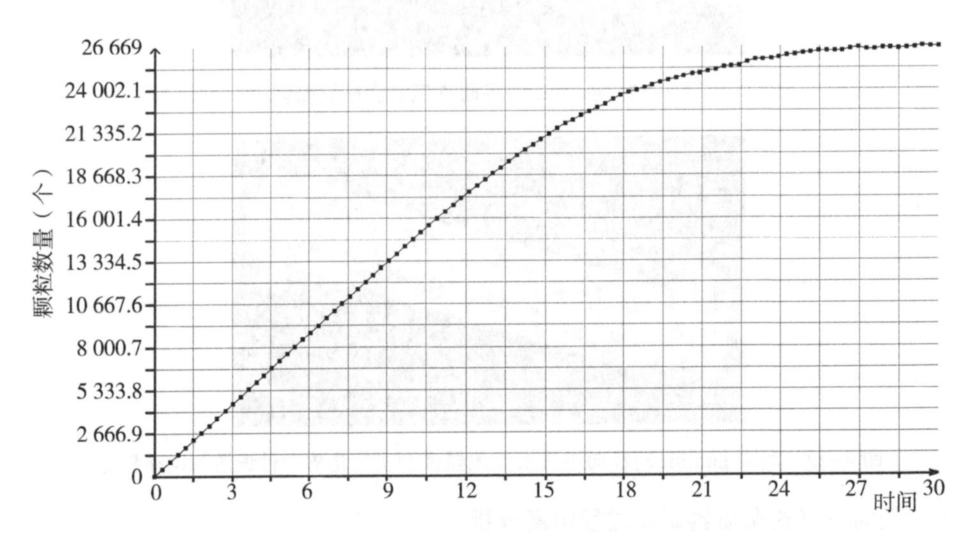

图 4-15　0～30 s 过程中径向进气式调质器内颗粒数量变化曲线

如图 4-16 所示，在 DEM 模型中分别统计 0 s、5 s、10 s、15 s、20 s、25 s 情况下调质器内颗粒的运动和分布情况，从图 4-16（a）～（f）可以看出，在仿真的过程中，颗粒一直在不断生成，调质器进料速率大于出料速率，调质器腔内颗粒物料不断增多，腔内物料填充率不断提高；桨叶有一定的安装角度，起到搅拌、抛起并推动物料前进的作用；在 25 s 左右，进出调质腔的颗粒数量基本持平，此时填充率基本稳定，由该模拟过程可知，径向进气式调质器模型构建基本符合实际作业情况。

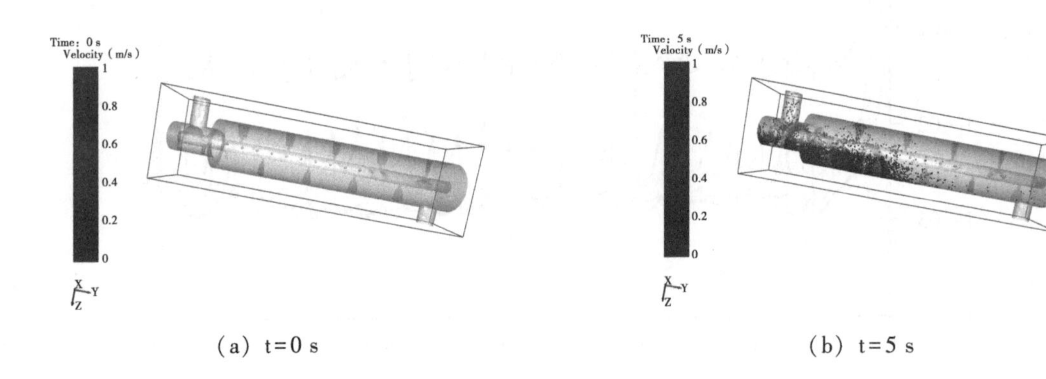

（a）t=0 s　　　　（b）t=5 s

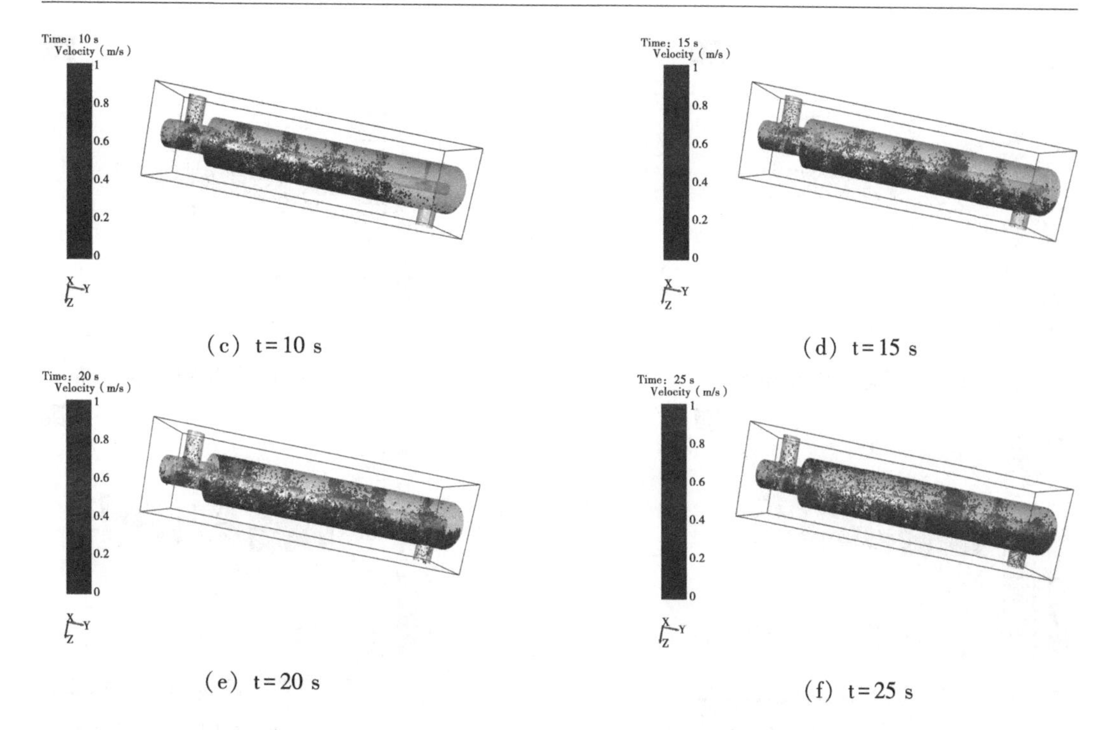

(c) t=10 s　　(d) t=15 s

(e) t=20 s　　(f) t=25 s

图 4-16　0~25 s 中径向进气式调质器颗粒流场分布

图 4-17 为 0~30 s 中径向进气式调质器压力场与速度场分布图，由垂直的两个截面显示。由 10 s、20 s、30 s 时腔体气体压力场与速度场分布可知，由于小型调质器整体结构特别是腔体长度较小，将蒸汽添加方式设计为径向进气式，颗粒物料在刚进入调质器腔体时，不能充分与蒸汽进行接触。蒸汽沿径向蒸汽添加孔进入到腔体以后，会向两侧运动和扩散，导致蒸汽返流现象，即蒸汽进入到调质腔供料段，供料段的物料会与蒸汽发生水热反应，物料黏结甚至会阻塞进料口，不利于物料向调质腔输送，同时造成蒸汽的浪费。综上分析可知，径向进气式设计不符合小型调质器的需要。通过对比轴向和径向进气式结构可知，轴向进气式调质器设计更为合理，因此本研究选定轴向进气式调质器作为最终结构设计方案。

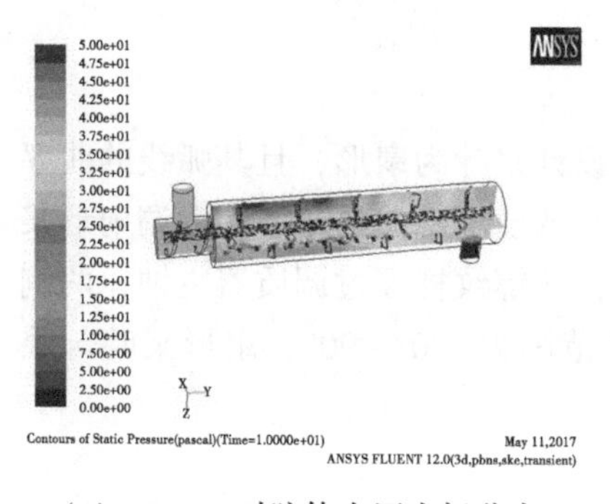

(a) t=10 s 时腔体内压力场分布

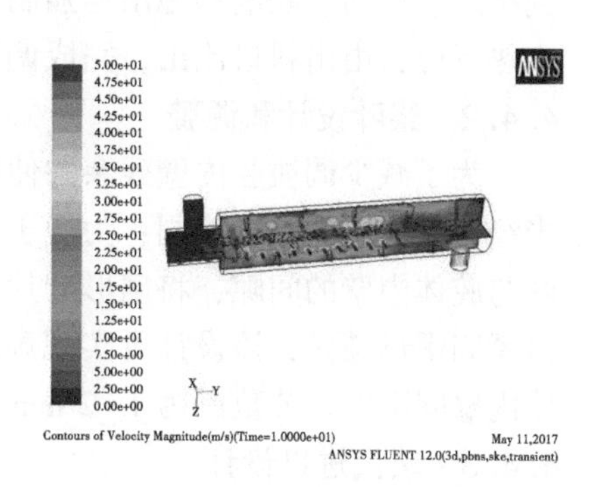

(b) t=10 s 时腔体内速度场分布

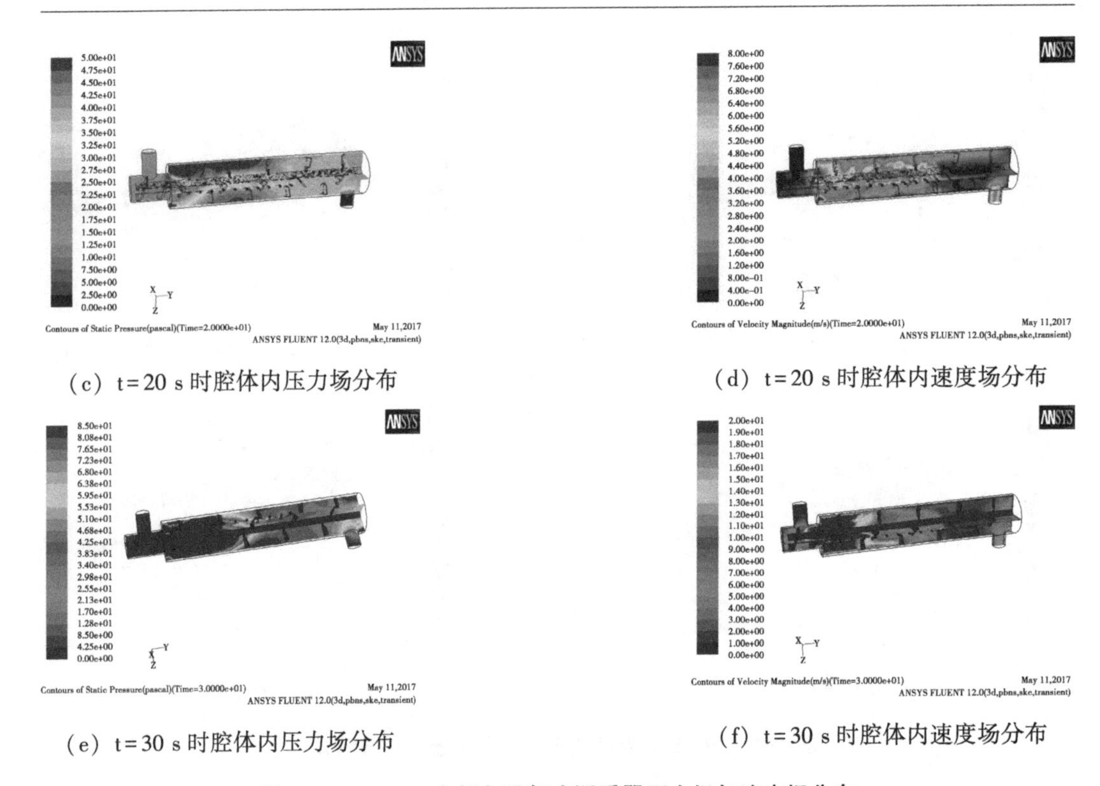

(c) t=20 s 时腔体内压力场分布　　(d) t=20 s 时腔体内速度场分布

(e) t=30 s 时腔体内压力场分布　　(f) t=30 s 时腔体内速度场分布

图 4-17　0~30 s 中径向进气式调质器压力场与速度场分布

4.4　结构参数设计

4.4.1　调质器工作原理

调质器部件主要由进料单元和调质单元组成，具体包括：进料口、进料螺旋、蒸汽腔、蒸汽添加口、调质器外壁、主轴、桨叶、调质腔、出料口及联轴器等。蒸汽进口位于调质单元物料进入处，并与调质腔体连通。在调质器驱动电动机和变频器的带动下，进口螺旋叶片推动原料至调质腔内；蒸汽发生器产生蒸汽，经蒸汽腔、环形分布的蒸汽加工孔，进入到调质腔内；在调质腔内旋转扇形桨叶的搅拌作用下，饲料原料和蒸汽受到挤压、剪切、翻滚和抛出等强制混合作用，进而在剧烈的相对运动中均匀混合并产生水热反应，由出料口流出，完成调质过程。

4.4.2　桨叶设计和调整

为了减少调质腔内壁残余并使得搅拌效果较佳，设计桨叶为扇形，且其弧线的曲率半径和调质腔的内径相同；为便于调整扇形桨叶叶面与调质轴轴向的角度和微调扇形桨叶与腔体内壁的间隙，将扇形叶片与螺纹杆焊接连接，该螺纹杆穿过调质器主轴，两侧由紧固螺母锁紧，该设计可实现扇形桨叶角度的调节范围为-90°~90°，扇形桨叶与腔体内壁间隙的调节范围为 1~2 mm。

4.4.3　蒸汽进口设计

如图 4-18 所示，为保证蒸汽与调质腔内物料充分接触混合，蒸汽采用轴向多点均匀添加的方式，蒸汽添加孔呈环形均匀分布在调质器进料口处；物料由进料段的螺旋叶片推进，在调质段进口处形成料封，解决了蒸汽的返流问题。

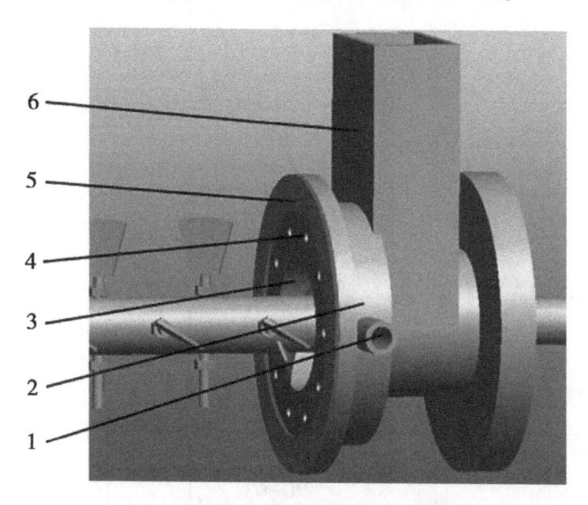

图 4-18　蒸汽添加方式示意图

1. 蒸汽进口 2. 蒸汽腔 3. 调质单元物料进口 4. 蒸汽添加孔 5. 密封圈 6. 进料口

4.4.4　调质器设计

（1）调质器内物料运动分析

为研究调质器内物料的运动状态和规律，对调质器内的物料进行运动学分析。按单质点法，设桨叶安装角为 α，以距离轴线 r 处的颗粒物料 A 为研究对象；当调质器主轴以角速度 ω 旋转时，该颗粒物料 A 点上的运动速度可由速度三角形求解。A 点的线速度为该处的牵连运动的速度，用矢量 $\overrightarrow{AB}$ 表示，方向为沿 A 点回转的切线方向；物料 A 相对桨叶的滑动速度平行于桨叶平面，用矢量 $\overrightarrow{AC}$ 表示。若考虑桨叶摩擦，则物料 A 的运动速度 v 的方向与法相偏转摩擦角相同，设为 β。对 v 进行速度分解，则可求得物料 A 轴向速度 v_1 和圆周速度 v_2；其中，v_1 为腔体内物料的轴向移动速度，v_2 为腔体内物料径向运动速度，如图 4-19 所示。宏观上，原料颗粒在调质腔内连续不断地被旋转的桨叶翻扬、推进，呈螺旋面环流轨迹向前旋进。

$$v_1 = v\cos(90 - \alpha + \beta) \tag{4-23}$$

式中

$$v = \frac{v_n}{\cos\beta},\ v_n = v\sin(90 - \alpha)$$

代入可得

$$v_1 = v_0 \frac{\sin(90 - \alpha)}{\cos\beta}\cos(90 - \alpha + \beta) \tag{4-24}$$

式中

$$v_0 = \omega \cdot r = \frac{2\pi n}{60} \cdot r \tag{4-25}$$

整理后可得

$$v_1 = \frac{\pi \cdot r \cdot n \cdot [\sin(180 - 2\alpha + \beta) - \sin\beta]}{60 \cdot \cos\beta} \tag{4-26}$$

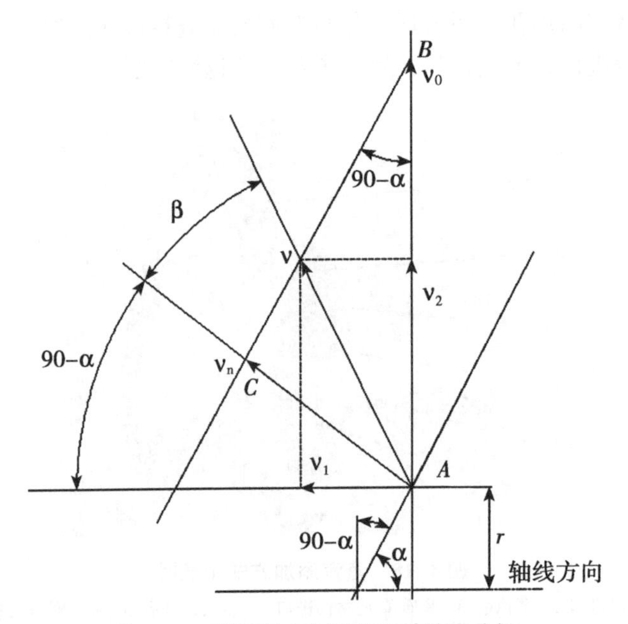

图 4-19 调质器内物料的运动速度分解

（2）调质器主体尺寸计算

由调质器工作原理可知，调质器的基础尺寸和调质筒体的直径、长度、转速和调质时间有关（曹康等，2014），其数学关系计算公式为

$$V=\frac{Q}{\rho\varphi}\cdot t \tag{4-27}$$

$$V=\frac{D^2}{4}\cdot\pi\cdot L \tag{4-28}$$

式中 V——调质器容积，dm^3；

Q——调质器产量，kg/h；

ρ——物料密度，一般取 0.5~0.55 kg/dm^3；

φ——充满系数，一般取 0.3~0.5；

D——调质器直径，dm；

L——调质器长度，一般取（2.6~10）D。

基于该调质器最大产量约为 50 kg/h，调质时间约为 8~30 s 这一生产需要来设计主体尺寸参数，将 $Q=50$ kg/h、$\rho=500$ kg/m^3、$\varphi=0.3$、$t=30$ s 代入式（4-27），得 $V\approx 2.8\times10^{-3}$ m^3，同时考虑到调质器中安装有桨叶轴、扇形桨叶等部件需要合适的体积，参阅文献（中国农业机械化科学研究院，2007），最终调整调质器的腔体体积为 4×10^{-3} m^3；假设 $L=6D$，将体积带入到式（4-28），求得调质器内径为 100 mm，调质器长度为 600 mm。设计的轴向多点进气式调质器结构简图如图 4-20 所示。

4.4.5 蒸汽发生器的原理和选型

（1）调质过程传热模型

在调质器工作过程中，物料和蒸汽进行热交换，传热过程分为 2 个阶段：物料在桨

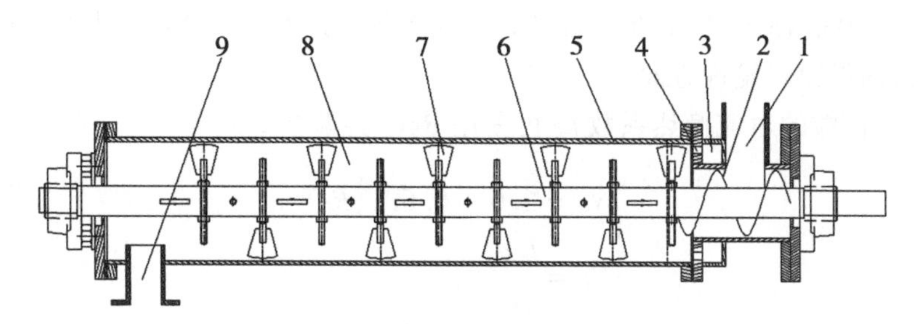

图 4-20　轴向多点进气式调质器结构

1. 进料口 2. 进料螺旋 3. 蒸汽腔 4. 蒸汽添加口 5. 调质器外壁 6. 调质器主轴 7. 桨叶 8. 调质腔 9. 出料口

叶搅拌下翻滚阶段与蒸汽流以颗粒分散状态接触；物料以床层状态与蒸汽流接触。在物料搅拌阶段，蒸汽流与物料接触面积大、传热系数大，是传热的主要阶段。

根据假设，物料在搅动翻滚阶段与蒸汽进行热交换，传热方程为

$$\frac{\mathrm{d}T}{\mathrm{d}t}=\frac{k}{\rho c_p}\nabla^2 T \tag{4-29}$$

式中　T——物料颗粒温度,℃；

k——物料颗粒表面导热系数，J/(kg·K)；

c_p——物料的定压比热容，J/(kg·K)。

将式（4-7）转换为柱坐标系中的公式可得

$$\frac{\partial T}{\partial t}+u_r\frac{\partial T}{\partial r}+\frac{u_\theta}{r}\frac{\partial T}{\partial \theta}+u_z\frac{\partial T}{\partial z}=\alpha\left[\frac{1}{r}\frac{\partial}{\partial r}\left(r\frac{\partial T}{\partial r}\right)+\frac{1}{r^2}\frac{\partial^2 T}{\partial \theta^2}+\frac{\partial^2 T}{\partial z^2}\right] \tag{4-30}$$

其中：T 为饲料颗粒的瞬时温度，K；u_r，u_θ，u_z分别为速度在 r 方向，θ 方向，z 方向上的分量，m/s；z，r 为位置坐标，m；t 为调质时间，s。

化简后可得

$$\frac{\partial T}{\partial t}=\frac{k}{\rho_p c_p}\left[\frac{\partial^2 T}{\partial r^2}+\frac{1}{r}\frac{\partial T}{\partial r}+\frac{\partial^2 T}{\partial Z^2}\right] \tag{4-31}$$

将式（4-8）转换为球标系中的公式为

$$\frac{\partial T}{\partial t}+u_r\frac{\partial T}{\partial r}+\frac{u_\theta}{r}\frac{\partial T}{\partial \theta}+\frac{u_\varphi}{r\sin\theta}\frac{\partial T}{\partial \varphi}=\alpha\left[\frac{1}{r^2}\frac{\partial}{\partial r}\left(r^2\frac{\partial T}{\partial r}\right)+\right.$$
$$\left.\frac{1}{r^2\sin\theta}\frac{\partial}{\partial \theta}\left(\sin\theta\frac{\partial T}{\partial \theta}\right)+\frac{1}{r^2\sin^2\theta}\frac{\partial^2 T}{\partial \varphi^2}\right] \tag{4-32}$$

其中：u_Φ为速度在 Φ 方向上的分量，m/s。

将上式化简后可得

$$\frac{\partial T}{\partial t}=\alpha\left[\frac{\partial^2 T}{\partial r^2}+\frac{2}{r}\frac{\partial T}{\partial r}\right] \tag{4-33}$$

饲料原料穿过饱和蒸汽，在颗粒表面进行对流换热，采用第三类边界条件

$$k\frac{\partial T}{\partial n}=h_s[T_g-T_s] \tag{4-34}$$

式中：h_s为饲料原料与蒸汽表面对流换热系数，w/(m · K)；T_s为饲料原料表面温度，K；n 为饲料原料发现方向。

穿过原料颗粒的对流换热系数 hs 可采用 Ranz 经验公式：

$$\begin{cases} Nu = 2.0 + 0.6\mathrm{Pr}^{\frac{1}{3}}Re^{\frac{1}{3}} \\ Nu = \dfrac{h_s d_p}{k} \\ Re = \dfrac{V_t \rho_g d_p}{\mu_g} \\ Pr = \dfrac{\mu_g c_p}{k} \\ V_t = V_g - V_p \end{cases} \tag{4-35}$$

式中：Nu 为努赛尔系数；Re 为雷诺系数；Pr 为普朗特数；V_t 为气固相对速度，m/s；ρ_g为蒸汽密度，kg/m^3；d_p 为原料颗粒直径，m；μ_g为气体动力黏度，Pa。

经饱和热蒸汽调质后，饲料温度可通过王京法热力学原理公式计算（王京法，1992）。

$$T = \frac{(h_0 + 7.1) \cdot \sigma \cdot \psi + 1.674T_0}{1.674 + 4.176 \cdot \sigma \cdot \psi} \tag{4-36}$$

式中 ψ——修正系数，一般取 0.95；

T_0——物料的初始温度，K；

h_0——工作压力下蒸汽的焓值，kJ/kg；

σ——蒸汽添加量,%。

（2）蒸汽发生器的选型

合理的蒸汽供给系统，是保证饲料原料所需热量和水分的前提，也是改进颗粒质量和提高生产效率的主要环节（石永峰，1997；GILPIN 等，2002）。基于传热理论，结合设备的功率和参数指标，本文采用研发配套的小型蒸汽发生器为调质器提供蒸汽。

饱和蒸汽焓值即饱和蒸汽的总能量，它是为水的焓值和蒸发焓的总和（朱明善，2011），计算公式为

$$h_g = H + qH_f \tag{4-37}$$

式中 h_g——蒸汽的热焓值，kJ/kg；

H——蒸汽的表观热，kJ/kg；

q——蒸汽的质量，是指蒸气中的水分处于气态的比例%；

H_f——蒸汽的潜热，kJ/kg。

由饲料原料所需要的热量和蒸汽状态，可以求出所需的蒸汽量。蒸汽用量计算公式为

$$M_q = \frac{C_w \cdot (T_1 - T_0) \cdot Q_1}{h_g - h_1} \tag{4-38}$$

式中 M_q——蒸汽量，kg/h；

C_w——物料的比热容，kJ/(kg·K)；

T_1——调质后的物料温度，℃；

Q_1——制粒机产量，kg/h；

h_1——蒸发热焓值，kJ/kg。

假设调质前的物料温度即环境温度 $T_0=20℃$，$T_1=70℃$，蒸汽的质量 $q=90\%$；查阅饱和蒸汽表（曹康等，2003；朱明善，2011），得 $H=550$ kJ/kg、$H_f=2\ 750$ kJ/kg，代入式（4-37），得 $h_g\approx2\ 500$ kJ/kg。将 $h_g\approx2\ 500$ kJ/kg、$h_1\approx260$ kJ/kg、$C_{物料}=1.67$ kJ/(kg·K)、$Q=50$ kg 代入式（4-38），求得 $M_{蒸汽}\approx1.86$ m^3/h。但在实际生产过程中，考虑到蒸汽热损失和效率等因素，扩大调整蒸汽流量范围为 1~3 m^3/h，选用的蒸汽发生器功率为 9 kW，该蒸汽发生器如图 4-21 所示。

图 4-21　蒸汽发生器

4.5　试验设计与指标测定

由前人研究（朱勇，2014；刘凡，2012；陈义厚，2014；谢正军等，2002；乔宁宁，2007）可知，影响调质器工作性能的主要指标为桨叶角度、调质器转速、喂料转速。依据调质器工作原理，以桨叶角度 X_1、调质器主轴转速 X_2、喂料器主轴转速 X_3为试验变量，基于二次正交旋转组合试验原理，建立因子水平表如表 4-2（x_1~x_3为各变量真实值，X_1~X_3为各变量编码值）所示。

表 4-2　二次回归正交试验设计因子水平

编码	因素		
	桨叶角度 x_1/(°)	调质轴转速 x_2/(r/min)	喂料转速 x_3/(r/min)
1.682	60	290	18
1	50	270	16.8

续表

编码	因素		
	桨叶角度 x_1/(°)	调质轴转速 x_2/(r/min)	喂料转速 x_3/(r/min)
0	35	240	15
-1	20	210	13.2
-1.682	10	190	12

利用自主研制的小型轴向多点进气式调质器进行作业性能试验，地点为北京市密云区昕三峰饲料厂。试验对象为仔猪料，其配方成分见第 2 章中表 2-23，原料理化指标性能良好。试验采用 65℃的低温制粒加工工艺，将蒸汽流量固定为 1.8 m^3/h，预期调质温度波动范围为 63~67℃。

调质器生产率是指在单位时间内处理物料的质量，代表了其生产能力的大小，是其工作性能重要的评价参数；通过统计一段时间内调质器出料口流出物料的质量，来测定调质器的生产率（闫飞，2010）。

生产率理论计算公式为

$$q = \frac{M}{T} \tag{4-39}$$

式中 q——生产率，kg/h；

M——料重，kg；

T——接料时间，h。

调质后物料的温度很大程度上决定了其糊化程度的高低，直接影响到颗粒饲料的质量（初琪洋，2014）；调质后物料温度测定方法为，调整调质器作业参数，待其工作稳定后，将温度计置于调质出料观测口并使其与物料直接接触，进而测得物料的温度。本试验以调质器生产率 Y_1 和调质后物料温度 Y_2 为评价指标。

4.5.1 试验结果与分析

4.5.1.1 试验结果与讨论

表 4-3 二次回归正交旋转组合设计及试验结果

试验序号	X_1	X_2	X_3	Y_1/(g/s)	Y_2/℃
1	1	1	1	13.53	64.5
2	1	1	-1	11.62	68.0
3	1	-1	1	13.19	66.5
4	1	-1	-1	11.47	72.5
5	-1	1	1	13.57	64.5
6	-1	1	-1	12.27	72.5
7	-1	-1	1	12.67	71.5

续表

试验序号	X_1	X_2	X_3	Y_1/(g/s)	Y_2/℃
8	−1	−1	−1	11.28	77.0
9	1.682	0	0	11.94	60.5
10	−1.682	0	0	11.37	72.0
11	0	1.682	0	12.71	61.5
12	0	−1.682	0	10.84	78.0
13	0	0	1.682	12.55	58.0
14	0	0	−1.682	10.65	81.0
15	0	0	0	11.60	65.0
16	0	0	0	11.55	67.5
17	0	0	0	11.58	66.0
18	0	0	0	11.75	64.5
19	0	0	0	11.59	66.5
20	0	0	0	11.65	65.0
21	0	0	0	11.48	67.0
22	0	0	0	11.52	66.5
23	0	0	0	11.71	64.0

对 Y_1的方差分析结果显示，$F=6.46$，$P<0.01$，回归是较为显著的，决定系数 $R^2=0.82$，对决定系数进行显著性检验结果如表 4-4 所示。由回归方程中 P 值可知，各因素对 Y_1影响大小依次为 X_3、X_2、X_1。各项的交互作用对 Y_1的影响不显著。

表 4-4　调质器生产率显著性检验结果

变异来源	平方和	自由度	均方	F 值	P 值
常数项	10.92	9	1.21	6.46	0.0015
X_1	0.071	1	0.071	6.38	0.5491
X_2	2.24	1	2.24	11.93	0.0043
X_3	6.62	1	6.62	35.19	<0.00011
X_1X_2	0.24	1	0.24	1.29	0.2762
X_1X_3	0.11	1	0.11	0.59	0.4571
X_2X_3	1.57×10^{-3}	1	1.56×10^{-3}	8.34×10^{-3}	0.9286
X_1^2	0.50	1	0.50	2.67	0.1259
X_2^2	0.77	1	0.77	4.08	0.0644
X_3^2	0.39	1	0.39	2.07	0.1738

表 4-5　调质后物料温度显著性检验结果

变异来源	平方和	自由度	均方	F 值	P 值
常数项	607. 11	9	67. 46	8. 80	0. 0003
X_1	78. 98	1	78. 98	10. 31	0. 0068
X_2	156. 63	1	156. 63	20. 44	0. 0006
X_3	283. 13	1	283. 13	36. 95	<0. 0001
X_1X_2	3. 78	1	3. 78	0. 49	0. 4947
X_1X_3	2. 53	1	2. 53	0. 33	0. 5753
X_2X_3	0. 031	1	0. 031	4.08×10^{-3}	0. 9500
X_1^2	1. 59	1	1. 59	0. 21	0. 6561
X_2^2	38. 37	1	38. 37	5. 01	0. 0434
X_3^2	42. 85	1	42. 85	5. 59	0. 0343

对 Y_2 的方差分析结果显示，$F=8.80$，$P<0.001$，回归极显著，决定系数 $R^2=0.86$，对决定系数进行显著性检验结果如表 4-5 所示。由回归方程中 P 值可知，各因素对 Y_2 影响大小依次为 X_3、X_2、X_1。各项的交互作用对 Y_1 的影响不显著。

使用 Design-Expert 软件对数据进行分析，得出工作参数桨叶角度、调质器转速、喂料转速与调质器生产率 Y_1 和调质后物料温度 Y_2 的回归方程，分别为式（4-40）和式（4-41）。

$$Y_1=11.588+0.072X_1+0.405X_2+0.696X_3-0.174X_1X_2+0.118X_1X_3+0.014X_2X_3+0.178X_1^2+0.220X_2^2+0.156X_3^2 \tag{4-40}$$

$$Y_2=65.762-2.404X_1-3.339X_2-4.553X_3+0.688X_1X_2+0.563X_1X_3-0.063X_2X_3+0.316X_1^2+1.554X_2^2+1.642X_3^2 \tag{4-41}$$

运用响应曲面法分析各因素对喂料器落料质量流率和落料稳定性的影响；通过固定 3 因素中 1 个因素为零水平，考察其他 2 个因素对调质器生产率和物料温度的影响。

由图 4-22a 分析可知，在该试验条件下桨叶角度 X_1 和调质轴转速 X_2 对调质器生产率 Y_1 的影响显著，随着 X_1 的增大和 X_2 的增加，生产率逐渐提高；这是因为随着 X_1 增大和 X_2 增加，桨叶对物料的推动能力增强，物料前进的运动速度变快，故生产率 Y_1 有提高趋势。由表 4-4 可知，X_1 和 X_2 对 Y_1 无显著交互作用。

由图 4-22b 可知，随着 X_1 的增大和 X_3 的增大，调质器生产率提高；喂料轴转速对生产率的影响比桨叶角度的影响更显著。X_1 和 X_3 的交互作用不显著。

由图 4-22c 分析可知，Y_1 随着 X_2 和 X_3 的增加而提高，且 X_3 对 Y_1 的影响比 X_2 显著；这是因为当喂料轴转速一定时，调质轴转速增加，生产率提高，同时调质腔充满系数降低，调质轴转速增加使得生产率提高作用有限；当调质轴转速一定时，喂料量随喂料轴转速的增加而增大，调质腔内物料充满系数增大，对提高生产率起主导作用，故喂料轴转速对生产率影响更显著。X_2 和 X_3 对 Y_1 的交互作用不显著。

由图 4-22d 分析可知，调质后的物料温度 Y_2随着桨叶角度 X_1的增大逐渐降低，这是因为桨叶角度在一定范围内时，桨叶角度的增大对物料的轴向推动能力增强，物料前进速度增加，与蒸汽发生传热传质反应的时间缩短，故物料温度降低；物料温度随调质轴转速的增加而增大，这是因为调质轴转速增加，调质时间缩短，故物料温度呈降低趋势。X_2对 Y_2的影响比 X_1显著。

由图 4-22e 分析可知，Y_2随桨叶角度 X_1和喂料轴转速 X_3的增加而降低，X_3对 Y_2的影响比 X_1显著；随着喂料轴转速增加，物料喂入量增大，当通入的蒸汽量一定时，单位物料颗粒接触到的蒸汽量减少，故物料温度呈降低趋势。

由图 4-22f 分析可知，Y_2随着 X_2和 X_3的增加而降低。X_3对 Y_2的影响比 X_2显著；X_2和 X_3对 Y_2的交互作用不显著。

4.5.1.2　回归模型的寻优

要使小型轴向多点进气式调质器获得最佳加工性能，即保证作业稳定后调质器生产率取较大值，并且调质后的物料温度在加工工艺要求的范围内。由于该调质器理想最大生产率为 50 kg/h，一般以取最大生产率的 80%～90%为宜，故 Y_1在该范围内为宜；由于该仔猪料加工工艺要求的调质温度范围为 63～67℃，故 Y_2应在该范围内。结果表明当 X_1、X_2、X_3均取最大值 1.682 时，调质器生产率 Y_1获得最大值；而当 X_1、X_2、X_3均取最小值-1.682 时，调质后物料温度可以获得较大值。因此，合理的 X_1、X_2、X_3才能使得调质器生产率较佳、调质后物料温度在要求的工艺范围之内。

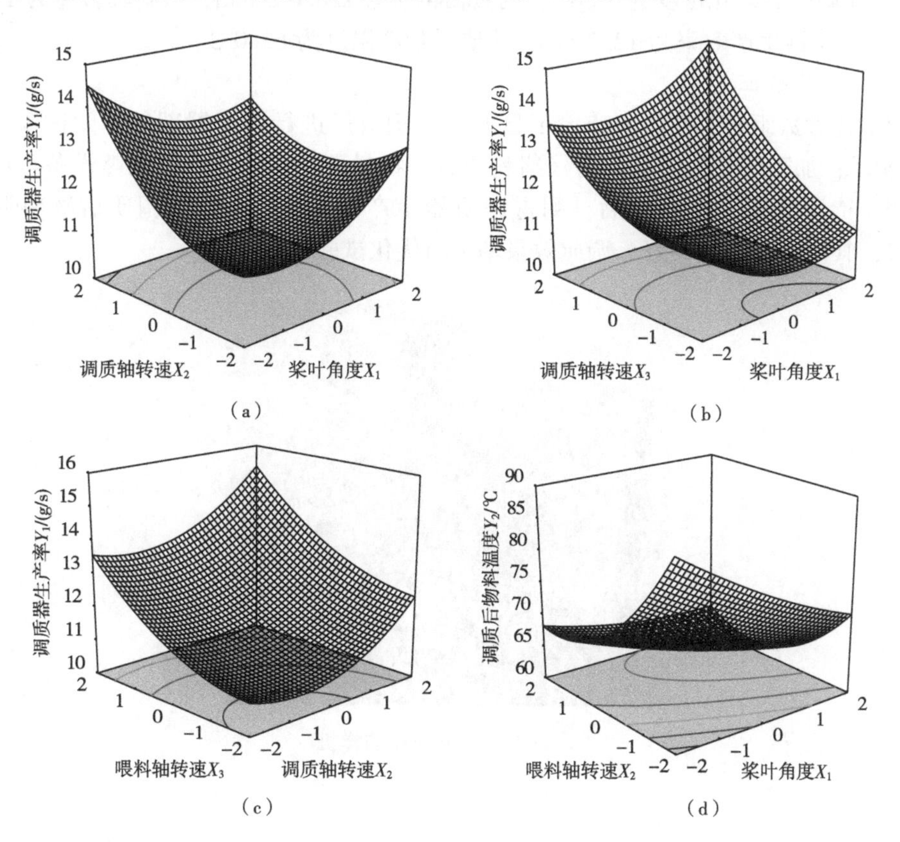

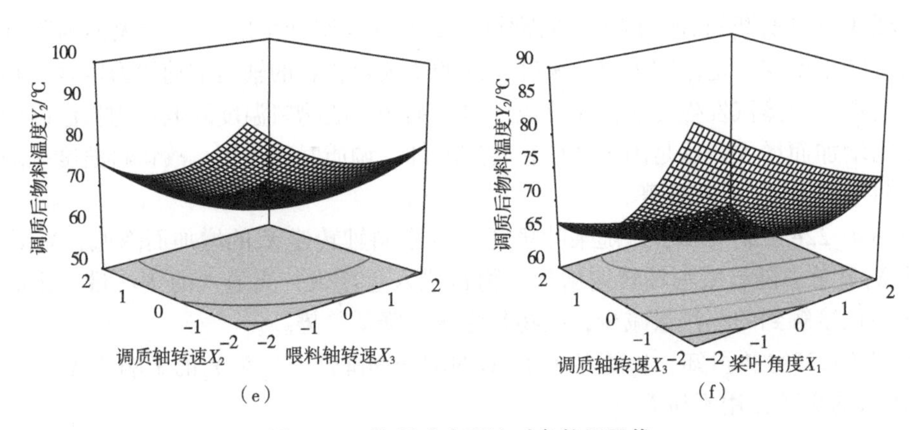

（e） （f）

图 4-22 使用响应面法对参数组寻优

基于显著性分析可知，X_3对于Y_1和Y_2的影响最为显著，由图 4-22a～图 4-22f 可知，X_3的取值对Y_1和Y_2均取到最优解很重要；因此需要进一步分析如何取值才能既能得到相对较高的生产率，又能使调质后的物料温度在该料加工工艺要求的温度范围之内。为了尽可能兼顾 2 个指标，使得Y_1和Y_2都能取到较优解，由响应面法对各参数进行进一步寻优，利用 Design-Expert 8.0.6 软件在$-1.682 \leqslant X_i \leqslant 1.682$（i=1，2，3）范围内得到调质器作业过程中综合最优工作参数为：$X_1=0.210$，$X_2=-0.632$，$X_3=1.340$，即调质器桨叶角度为 38.1°、调质轴转速为 220.6 r/min，喂料轴转速为 17.4 r/min 时，调质器生产效率为 12.7 g/s，调质后物料温度为 65.0℃。

4.5.1.3 试验验证

取最优参数组合，在北京市密云区昕三峰饲料厂进行调质器部件车间试验，如图 4-23 所示；加工对象为同配方的仔猪料原料，物料理化指标良好。调整设备至最优参数组合，待调质器工作稳定后，测得调质器生产率为 11.8 g/s，调质后物料温度为 64.0℃，其他指标性能良好，调质效果基本与优化试验结果一致。

图 4-23 车间作业的样机

4.6　本章小结

（1）提出轴向多点进气式和径向多点进气式两种调质器方案，基于 CFD-DEM 耦合方法，对两种方案调质器工作过程进行建模与仿真分析，两种 CFD-DEM 模型可以很好地模拟调质器工作过程中颗粒受力和运动、颗粒黏结、压力场分布、流场分布情况，说明模型构建和参数设置合理，模拟结果与调质器实际作业效果接近；对比两种方案，得出轴向多点进气式调质器更符合本课题需求。

（2）以轴向多点进气式调质器为设计思路，对调质器工作过程中物料的运动状态进行了分析，得到了物料沿调质器轴向的运动速度方程和模型。对桨叶、蒸汽添加方式等关键部件特征进行了设计与分析，进而设计了一种参数可调的小型轴向多点进气式调质器，并配备了合适的蒸汽发生器装置。

（3）通过 3 因素 5 水平正交组合试验，分析并优化了该调质器主要工作参数；得出各因素对调质器生产率的影响显著性顺序为：喂料轴转速、调质轴转速、桨叶角度；各因素对调质后物料温度的影响显著性顺序为：喂料轴转速、调质轴转速、桨叶角度。由 Design-Expert 软件优化得出调质器最佳加工参数组合：调质器桨叶角度为 38.1°、调质轴转速为 220.6 r/min，喂料轴转速为 17.4 r/min，此时调质器生产率和调质后物料温度都可获得最优解。

第5章　环模设计及压辊设计与优化

常用的制粒机分为环模和平模两种基本类型；根据运动特征，可分为动辊式和动模式；根据模辊的组合形式，可分为三辊、二辊、大小辊和双环模式；根据传动方式，可分为齿轮传动式、单电机三角皮带、双电机三角皮带、双电机同步齿形带一二级传动等（曹康等，2003）。模辊式制粒机由于具有生产率高、能耗低、原料适应性强等优点，是当前研究和开发的热点（李震等，2015；霍丽丽等，2010；庞利沙等，2013；陈忠加等，2015；欧阳双平等，2011）。

制粒机作业过程的本质是粉体挤压成型过程，粉体具有一定的黏弹性和塑变性，因此成型过程复杂多变（周继承等，1997；魏诗榴，2006），用传统数学解析的方法分析这一过程具有局限性；同时，制粒机的作业过程是在相对封闭的空间内进行的，且工作时模辊处于高速旋转状态，很难用仪器进行直接测定。计算机和数值模拟技术的发展，为深入研究粉体成型机理提供了新的研究方法（KHOEI 等，2008；ROSSI 等，2007；武凯等，2013）。

因此，本章对制粒机关键部件进行设计优化：首先，设计环模结构参数；接着，基于环模参数，设计并优化与之配套的压辊结构参数（该压辊调节部件位于制粒机外侧，该结构能够在不停机状态下实现对模辊间隙的调节，能够保证颗粒饲料生产过程的连续性和产品质量的一致性）；最后，基于有限元分析软件 ABAQUS，对模辊挤压过程进行了建模与仿真，分析物料摩擦特性、模辊间隙对颗粒料质量的影响。

5.1　环模结构参数设计

5.1.1　环模挤压过程力学分析

颗粒制粒机的挤压成型过程，基于粉粒体间存在间隙的这一事实；摩擦力、挤压力和温度等综合因素的作用，使得粉粒体的空隙缩小，最后形成的颗粒具有一定密度和强度。依据粉料挤压过程时状态的差别，将其分为供料区、变形压紧区和挤压成型区 3 个区（见图 5-1）。①供料区：物料受机械外力影响极小，受离心力的影响较大（因环模高速旋转），粉料因离心紧贴在环模的内圈上，密度范围为 0.4~0.7 g/cm^3。②变形压紧区：模辊的旋转带动粉体物料进入压紧区，粉料之间因受到模辊的挤压作用而产生相对位移。当挤压力继续增大时，粉粒体间空隙逐渐减小，物料发生塑性变形且基本不可逆，密度增加到 0.9~1.0 g/cm^3。③挤压成型区：在成型区内，模辊间隙进一步变小，挤压力快速增大，粉体间接触表面积增大，黏结性增强，粉体被压入模孔。物料由于产生弹性和塑性形变等综合作用，颗粒密度达到 1.2~1.4 g/cm³。

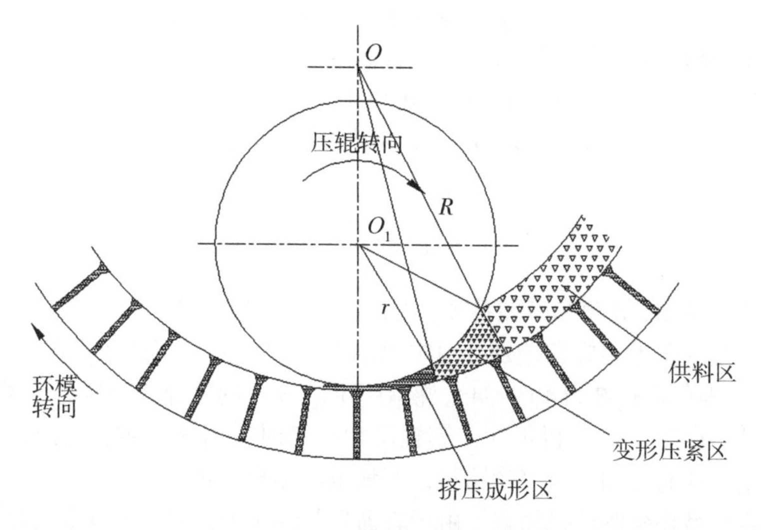

图 5-1　制粒原理示意图

5.1.2　制粒压入物料高度的计算

压辊、压模表面与物料的摩擦力，将饲料原料带入到变形压紧区。通过分析该区域靠近供料区一小段粉料的受力情况，来探讨压入条件，受力分析如图 5-2 所示。

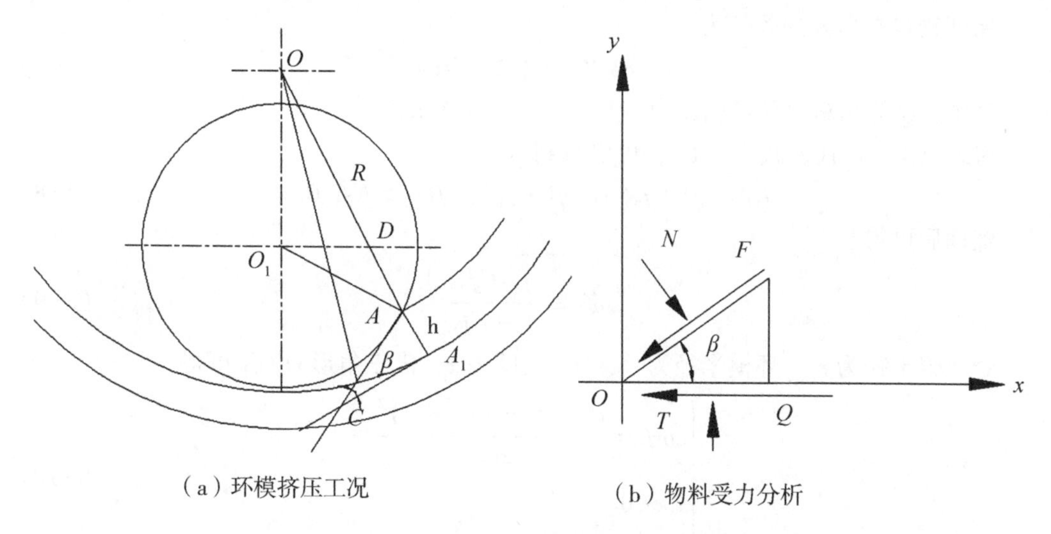

（a）环模挤压工况　　（b）物料受力分析

图 5-2　受力分析

引出压辊表面攫取物料进入变形区的临界点 A 的切线和压模表面 A_1 点的切线，两切线相交于 C 点。对物料三角形 ACA_1 作受力分析，以 C 为原点，CA_1 为 X 轴，图中 $\angle ACA_1=\angle DAO_1=\beta$，该角即为攫取角，即为挤压物料的必要条件。$\triangle ACA_1$ 受到摩擦力 F 和压辊的压力 N，同时受到压模的压力 Q 和摩擦力 T，阻碍粉料进入变形区的 $N\sin\beta$。

将粉料攫入变形区的力为：

$$F\cos\beta + T = fN\cos\beta + fQ \tag{5-1}$$

物料进入变形压紧区条件为：

$$fN\cos\beta + fQ \geqslant N\sin\beta \tag{5-2}$$

其中，Q 为物料对环模的压力，$Q = N\cos\beta + fN\sin\beta$

将式（5-2）带入到式（5-1）中，可以得到：

$$fN\cos\beta + fN\cos\beta + f^2N\sin\beta \geqslant N\sin\beta \tag{5-3}$$

整理后可得：

$$\tan\beta \leqslant \frac{2f}{1-f^2} \tag{5-4}$$

由以上分析可知，β 角和摩擦系数 f 成正比关系。物料成分与比例不同，其摩擦系数也不同，故攫取角也相应有差别。由本书第 2 章饲料原料摩擦系数测定结果可知，f 为 0.37～0.9，即可求得 β 为 40°～84°。粉料不同，β 角的差异较为显著，需要满足攫取条件才能制粒。由图 5-2 分析可知，模辊尺寸一定时，当 β 一定，变形区和物料层厚度 h 也就一定，此时再加入过多的物料，产量也不会再增加。

对于本章小型环模制粒机而言，由于表面形状的不同，环模和压辊与物料摩擦系数也不同，此时由力学平衡分析可知

$$F\cos\beta + T = f_1N\cos\beta + f_2Q \tag{5-5}$$

能够保证物料被压入条件为

$$F\cos\beta + T = f_1N\cos\beta + f_2Q \tag{5-6}$$

保证物料被压入的条件为

$$f_1N\cos\beta + f_2Q \geqslant N\sin\beta \tag{5-7}$$

其中，Q 为物料对环模的压力，$Q = N\cos\beta + f_1N\sin\beta$

将式（5-7）代入式（5-6），可以得到

$$f_1N\cos\beta + f_2(N\cos\beta + f_1N\sin\beta) \geqslant N\sin\beta \tag{5-8}$$

整理后可得

$$\tan\beta \leqslant \frac{f_1 + f_2}{1 - f_1f_2} \tag{5-9}$$

令压辊半径为 r_1，环模半径为 r_2，OA 长度为 x，由三角形 O′OA 可得

$$\begin{cases} \cos\beta = \dfrac{r_1^2 + x^2 - (r_2 - r_1)^2}{2r_1x} \\ x > 0 \\ r_2 > r_1 \end{cases} \tag{5-10}$$

由式（5-9）分析可知

$$\left|\frac{r_1^2 + x^2 - (r_2 - r_1)^2}{2r_1x}\right| \leqslant 1 \tag{5-11}$$

由式（5-11）进一步整理可得

$$\begin{cases} x + r_1 \geqslant r_2 - r_1 \\ |x - r_1| \leqslant r_2 - r_1 \end{cases} \tag{5-12}$$

由式（5-10）可以求得

$$x^2 - 2r_1\cos\beta x + r_1^2 - (r_2 - r_1)^2 = 0 \tag{5-13}$$

求解可得

$$x = r_1\cos\beta + \sqrt{r_1^2\cos^2\beta - (2r_2r_1 - r_2^2)} \tag{5-14}$$

整理后求得压入物料的高度为

$$h = r_2 - x = r_2 - r_1\cos\beta - \sqrt{r_1^2\cos^2\beta - (2r_2r_1 - r_2^2)} \tag{5-15}$$

5.1.3　环模制粒机理论生产率的计算

以环模旋转一周来分析，被压辊挤入环模孔中的物料量由攫取层厚度 h 决定，由图 5-2 可知，该区域的体积为：

$$V = \pi[R^2 - (R - h_0)^2]b\varepsilon = \pi b\varepsilon(R^2 - OA^2) \tag{5-16}$$

其中，R 为环模内径，b 为压辊的轴向尺寸即物料压实区域的宽度，ε 为环模开孔率，计算方法为：

$$\varepsilon = \frac{\pi r_0^2 N}{2\pi Rb} = \frac{r_0^2 N}{2Rb} \tag{5-17}$$

其中，r_0为模孔直径，N 为模孔个数。设 λ 为辊径模径比，将式（5-17）代入到（5-16）中，整理可得：

$$V = \frac{\pi}{2}r_0^2 RN\{1 - [\sqrt{(1-\lambda)^2 - (\lambda\sin\beta)^2} + \lambda\cos\beta]^2\} \tag{5-18}$$

设压辊数目为 Z，环模转速为 n，物料初始密度为 ρ_0，代入可得制粒机理论生产率为：

$$Q = \frac{\pi}{2}r_0^2 RZNn\rho_0\{1 - [\sqrt{(1-\lambda)^2 - (\lambda\sin\beta)^2} + \lambda\cos\beta]^2\} \tag{5-19}$$

5.1.4　环模结构参数设计

如图 5-3 所示，小型环模制粒机主要由环模及配套部件、压辊及配套部件、传动机构组成。其中，环模及配套部件主要由环模、环模安装盘、制粒机门盖、制粒机壳体等组成；压辊及配套部件主要由压辊、压辊轴、安装套筒、锁紧螺母等组成；传动机构由电动机、减速器、轴承、制粒机主轴等组成。

变频器驱动电动机，通过传动轮、传动皮带，传递动力到制粒机主轴上。当制粒机因堵机等原因导致主轴扭矩过大时，主轴会与皮带产生摩擦打滑，从而避免因扭矩过大而破坏电动机。制粒机主轴与环模安装盘固定连接，环模和环模密封环均通过特制螺母与环模安装盘固接；制粒机主轴带动环模安装盘、环模、环模密封一起旋转；调质后松散的饲料原料进入环模和压辊间的空隙，在环模和压辊的挤压作用下，经环模孔挤出，由位于环模外沿的切刀切成一定长度的颗粒饲料。刮刀安装在制粒机门盖上，当物料进入制粒机后，刮刀起到推料和均匀布料的作用。

环模的工作面积是指环模压制饲料的面积，即环模与压辊的接触面积。该面积越大，表明制粒产量相对越高。该面积计算方法为

$$A = \pi DB \tag{5-20}$$

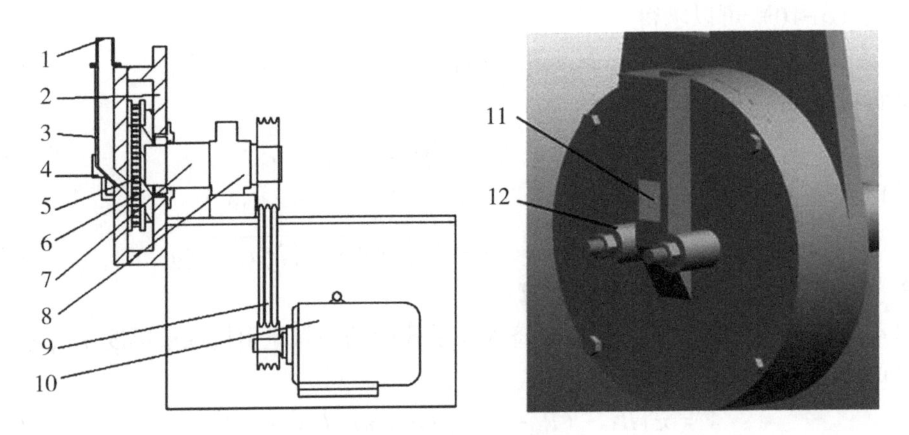

图 5-3　制粒机结构图

1. 进料口；2. 制粒机壳体；3. 门盖；4. 压辊安装套筒；5. 环模；6. 环模安装盘；7. 制粒机主轴；8. 轴承支座；9. 减速皮带；10. 电动机；11. 作业观察孔；12. 压辊安装套筒

式中　A——环模的工作面积，mm^2；

D——环模内径，mm；

B——压带宽度，mm。

环模开孔率大小对制粒机生产率影响很大。通常，模孔的直径范围为 1.5~20 mm，对应的开孔率范围为 20%~35%，设计环模开孔率为 20%（曹康等，2003）。模孔个数、开孔率、环模工作面积之间关系为

$$K = \frac{\pi d^2 t}{4A} \times 100\% \tag{5-21}$$

式中　K——环模开孔率,%；

d——环模孔径，mm；

t——环模总孔数。

环模角速度计算公式为

$$\omega = \frac{v}{r} \tag{5-22}$$

式中　ω——环模角速度，rad/s；

r——环模半径，m；

v——环模线速度，m/s。

基于研究（曹康等，2003；杨毅，2009）中常见的环模尺寸设计，结合本机产量，同时为了零件加工方便以及其配件选型标准化，设计环模内径为 180 mm；环模线速度一般为 3.5~8.5 m/s，假定取 4.5 m/s。将 $v=4.5$ m/s、$r=0.09$ m 代入式（3），可得 $\omega=50$ rad/s。

制粒机单位时间产量，可采用以下公式计算

$$Q = \frac{ZK[r^2 - (r-h)^2]B\rho\omega}{2} \times 10^9 \tag{5-23}$$

式中　Q——制粒机生产能力，t/h；

Z——压辊个数；

K——环模开孔率,%；

r——环模半径，m；

h——挤压料层高度，m；

ρ——原料的密度，kg/m³。

根据前人研究（曹康等，2014；杨慧明，1996），假定挤压料层高度为 10 mm，将 $Q=0.05$t/h、$Z=2$、$K=20\%$、$r=90$ mm、$h=0.01$ m、$\omega\approx 50$ rad/s、$\rho=500$ kg/m³代入式（5-23），求得环模有效宽度 $B\approx 7.27$ mm，适当放大环模宽度，设计为 15 mm，图 5-4 为环模部件结构图。

（a）环模结构简图

（b）环模实物图

图 5-4　环模结构

5.1.5　电机的选型

小型易调制粒机作业功率主要包括：挤压物料需要的功率和克服阻力矩所需要的功率。因此，通过计算以上两部分所需的功率来确定电机的选型。

挤压物料需要的功率（李震等，2015）

$$P_1 = \frac{QNK}{7.2\rho\varphi} \tag{5-24}$$

式中　P_1——制粒机电动机驱动功率，kW；

φ——电动机的效率，一般在 0.8~0.9；

N——制粒机所需要的挤压工作压力，MPa。

将 $Q=0.05$ t/h、$\rho=0.5$ t/m³、$\varphi=0.8$、$K=0.6$、$N=60$ MPa 代入式（5-24），求得 $P_1\approx 0.52$ kW。

克服阻力矩需要的功率

$$P_2 = T\omega \tag{5-25}$$

根据式（5-25）计算求得 $P_2=0.63$ kW。

初步估算整机功率：$P=P_1+P_2=1.15$ kW。考虑到传动带和轴承摩擦等损失，选用 3 kW 的电动机，该电动机型号为 Y2-100L2-4。其具体参数：额定转速 1 430 r/min；

额定电压 380 V；额定电流 6.8 A；额定效率 0.825；功率因数 0.81。

5.2 压辊结构参数设计与优化

基于前面分析的环模、压辊尺寸和被压入物料高度之间的数学模型，在自主研发的小型制粒机环模直径 180 mm 基础上，配套设计相应的压辊结构和参数。分别计算攫取角在 30°、40、50°、60°、70°下辊径模径比和物料高度 h 之间的关系，并绘制关系曲线。

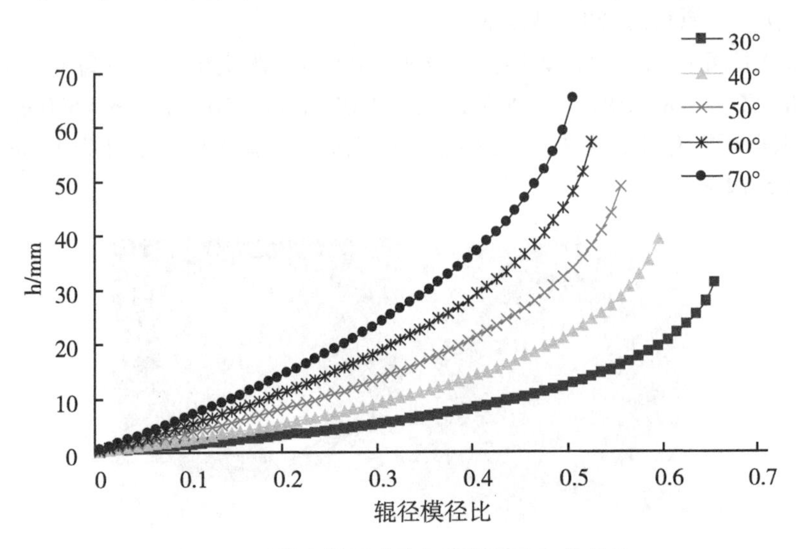

图 5-5　压辊环模尺寸比与物料高度 h 的关系

由图 5-5 分析可知，当物料攫取角一定时，压辊与环模直径比值越大，可攫取的物料高度 h 越高，且物料高度 h 增加的速度越快，因此在一定范围内提高压辊直径是尽可能多的攫取物料、增加产能的有效措施。当压辊环模比达到一定数值后，再增加压辊尺寸，攫取角和产量将不会再提高。在小型制粒机中，当攫取角依次为 30°、40°、50°、60°、70°时，最大的压辊环模尺寸比分别为 0.67、0.61、0.57、0.54、0.52，因此在设计和加工对应的压辊时，压辊直径应该位于该临界值以下。当压辊环模尺寸比一定时，随着攫取角的增大，曲线越来越陡峭，表明攫入物料 h 随着物料攫取角的增加而增大，这说明适当地增加物料摩擦系数，有利于压辊对物料的攫取。研究结论与 5.3 节中模拟环模压辊挤压过程得到的结论基本一致。

为探究压辊环模尺寸与攫取物料高度的关系，在 5.1 节确定的环模直径尺寸为 180 mm 的基础上，本章分析不同攫取角、不同攫取高度条件时，最大压辊尺寸随环模尺寸变化规律，结果如图 5-6 所示。

图 5-6 中，横坐标为环模内径尺寸，纵坐标为对应的压辊半径尺寸，图中曲线表示压入高度分别为 12、24、36、48、60、72 mm 的等梯度线。由该图分析可知：①物料攫取高度随着压辊和环模半径的增加而增大，表明大尺寸的压辊和环模能够攫取更多的物料、提高生产率；②当环模内径一定时，增加压辊尺寸，攫入的物料增加；但是当

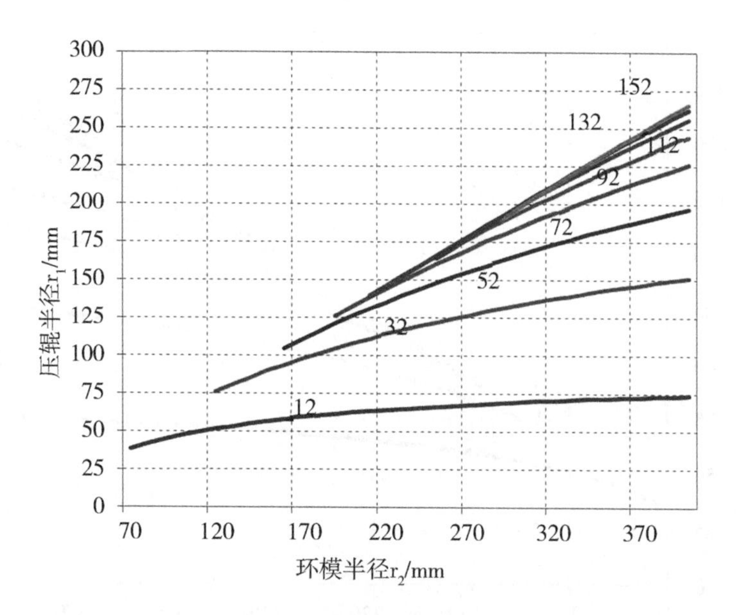

（a）β=30°

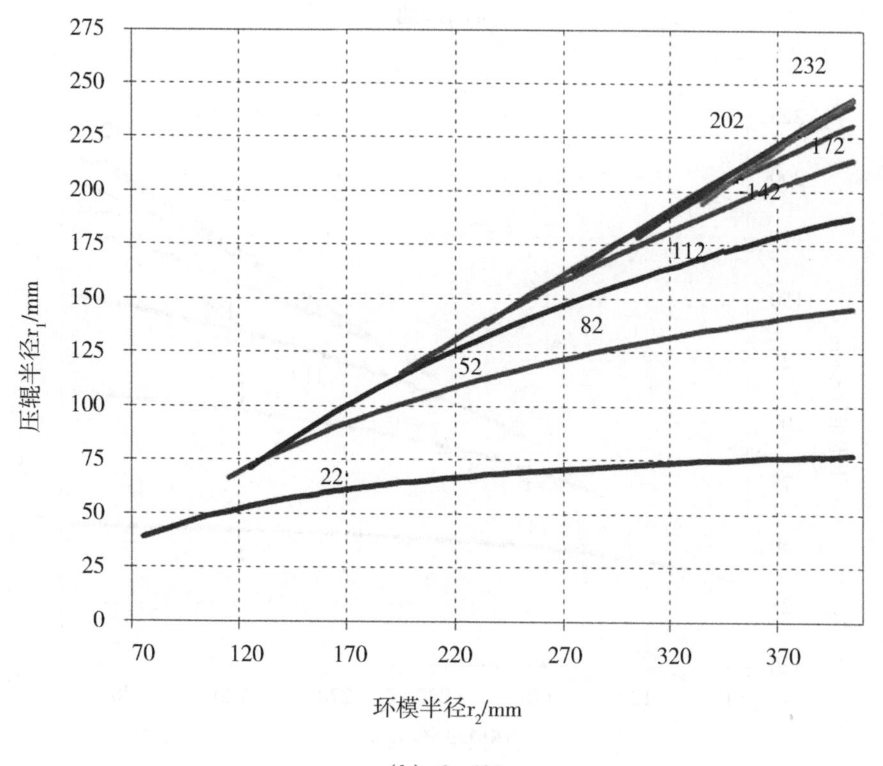

（b）β=40°

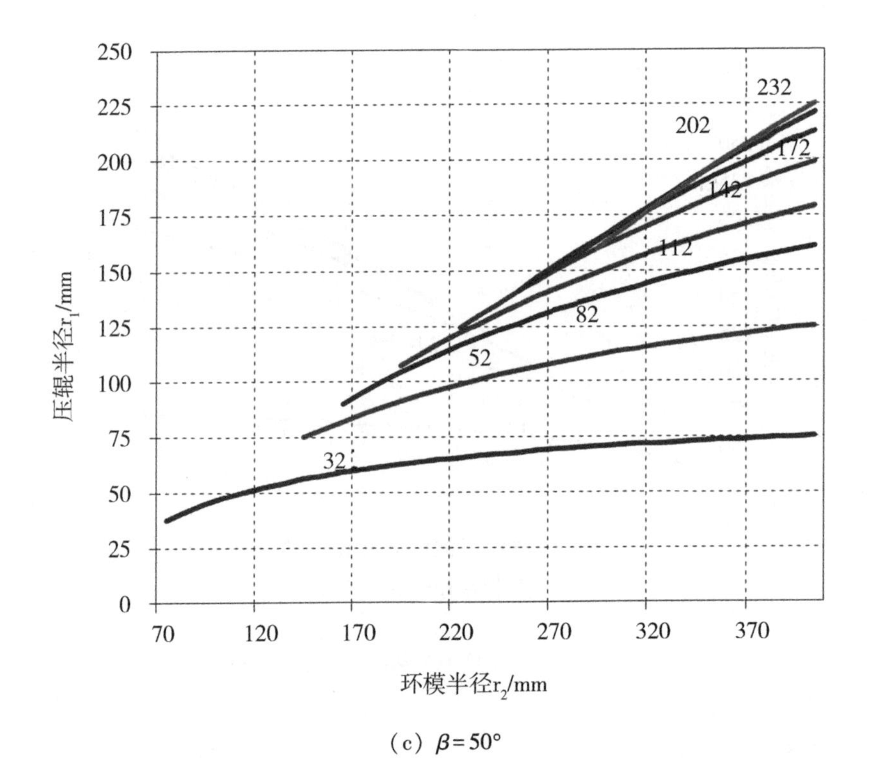

（c）$\beta=50°$

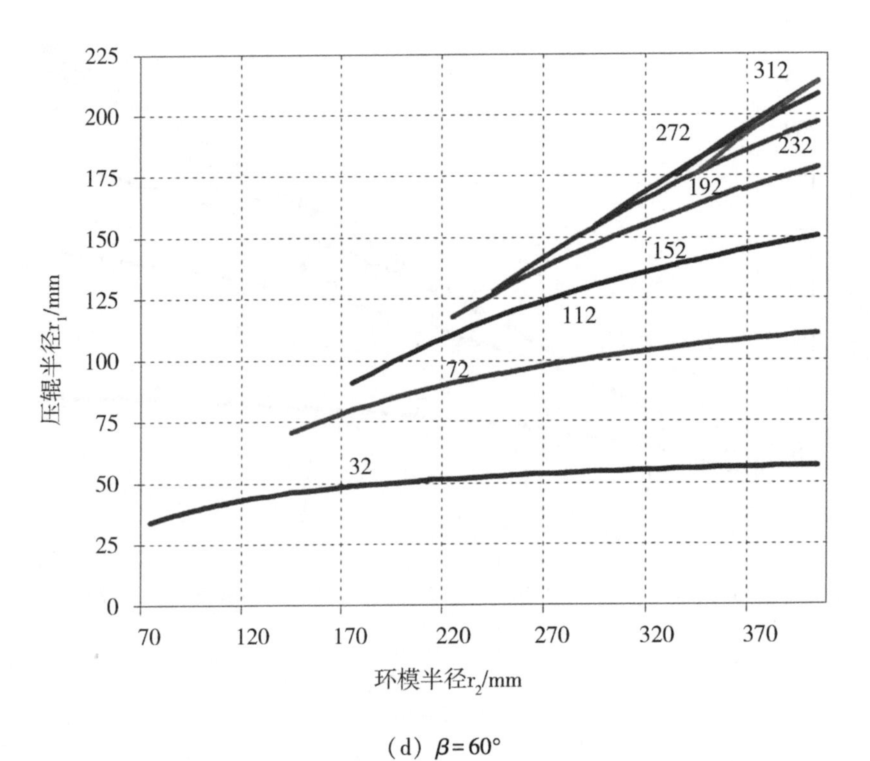

（d）$\beta=60°$

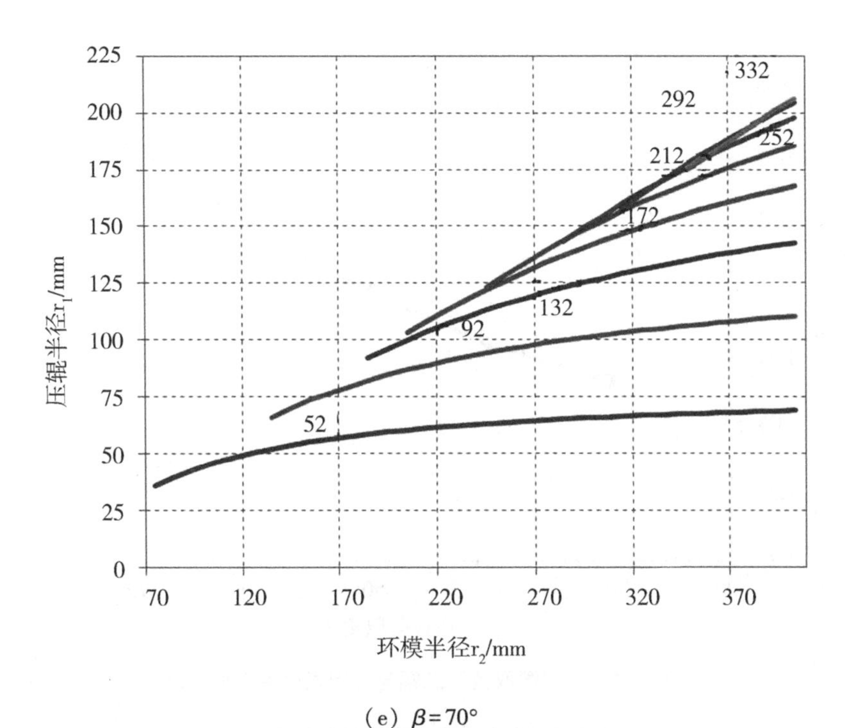

（e）$\beta=70°$

图 5-6　压辊环模尺寸关系

压辊增大到一定程度时，攫入的物料量基本不再增加、生产率不再提高；③压辊和环模尺寸固定时，物料攫入量随着 β 角的增加而增大。

制粒机生产率和辊径、模径、攫取角的关系如式（5-19）所示。分析可知，环模和压辊结构参数对环模制粒机生产效率的影响较大。其中，压辊数目 Z 和辊径模径比 λ 参数相互制约，当环模内径尺寸一定时，压辊数目 Z 增多，则压辊直径相应减少，即辊径模径比 λ 减小，因此，增加压辊数目并不一定能提高制粒机生产效率，需要通过对具体型号的制粒机进行计算来确定。

根据制粒机模辊的组合形式，可分为三辊、两个辊、大小辊等（曹康等，2003），以本章设计的环模内径 180 mm 小型制粒机为例，分析两辊、三辊情况时，小型制粒机理论生产率。为保证设计合理、压辊安装与调节方便，假设辊辊之间、辊模间隙为 13 mm，则两辊情况时压辊直径为 70 mm，三辊情况时压辊直径为 64 mm，分别取物料攫取角为 30°、40°、50°、60°、70°的情况，代入公式，可以得到三辊和两辊时本小型制粒机理论生产率的关系，计算并绘制曲线如图 5-7。由该图分析可知，随着物料攫取角度的增大，三辊理论生产率与两辊理论生产率的比值会增加，说明增大攫取角有利于提高制粒机理论生产率，同时三辊制粒机理论生产率要高于两辊制粒机。

以本章设计的环模内径 180 mm 小型制粒机为例，分析大小辊情况时，小型制粒机的理论生产情况，基于大小辊直径和为定值的原则，设计大小辊取值如表 5-1。

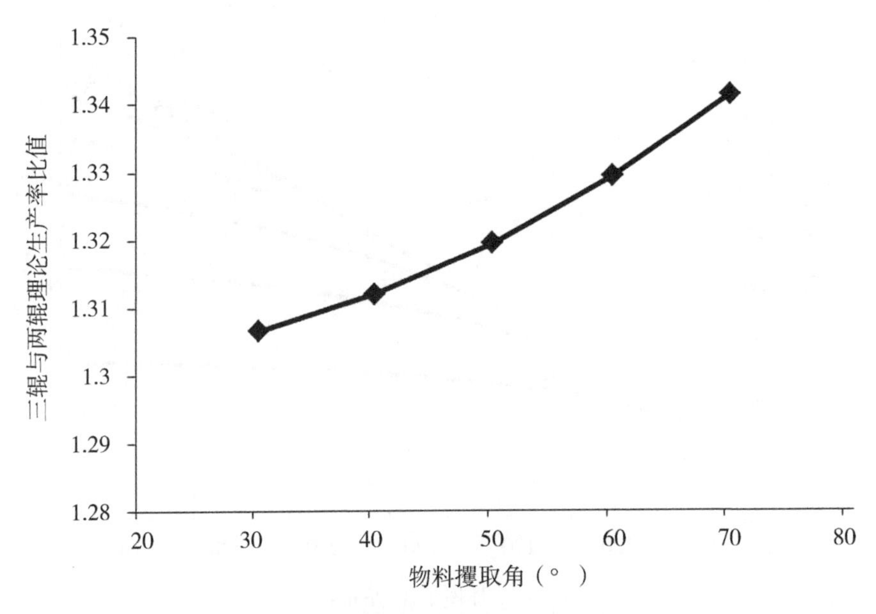

图 5-7　不同攫取角时三辊与两辊理论生产率比值

表 5-1　大小辊直径取值及其与模径比

序列	大辊内径	与模径比	小辊内径	与模径比	序列	大辊内径	与模径比	小辊内径	与模径比
1	72	0. 400	68	0. 378	11	92	0. 511	48	0. 267
2	74	0. 411	66	0. 367	12	94	0. 522	46	0. 256
3	76	0. 422	64	0. 356	13	96	0. 533	44	0. 244
4	78	0. 433	62	0. 344	14	98	0. 544	42	0. 233
5	80	0. 444	60	0. 333	15	100	0. 556	40	0. 222
6	82	0. 456	58	0. 322	16	102	0. 567	38	0. 211
7	84	0. 467	56	0. 311	17	104	0. 578	36	0. 200
8	86	0. 478	54	0. 300	18	106	0. 589	34	0. 189
9	88	0. 489	52	0. 289	19	108	0. 600	32	0. 178
10	90	0. 500	50	0. 278	20	110	0. 611	30	0. 167

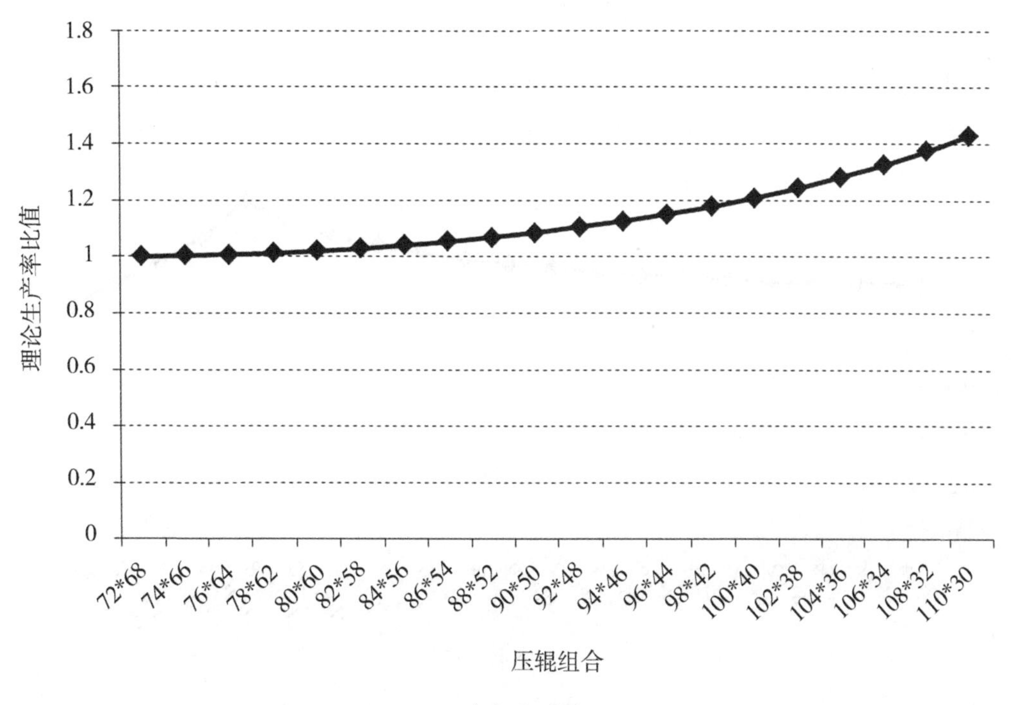

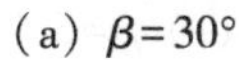

（a）$\beta=30°$

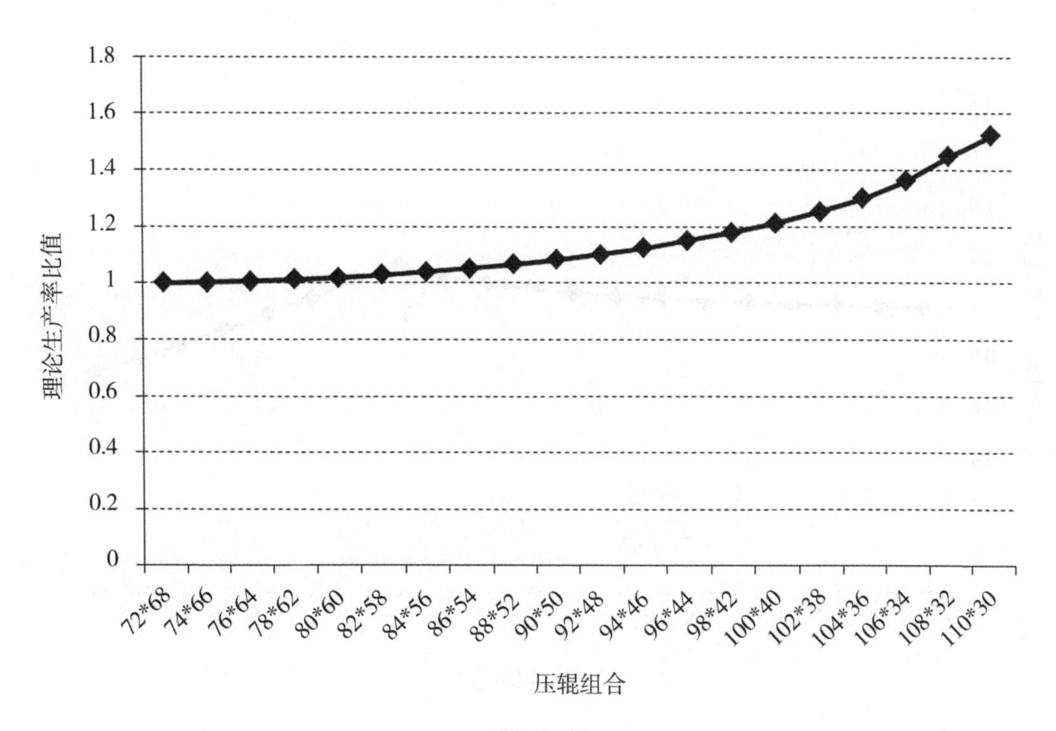

（b）$\beta=40°$

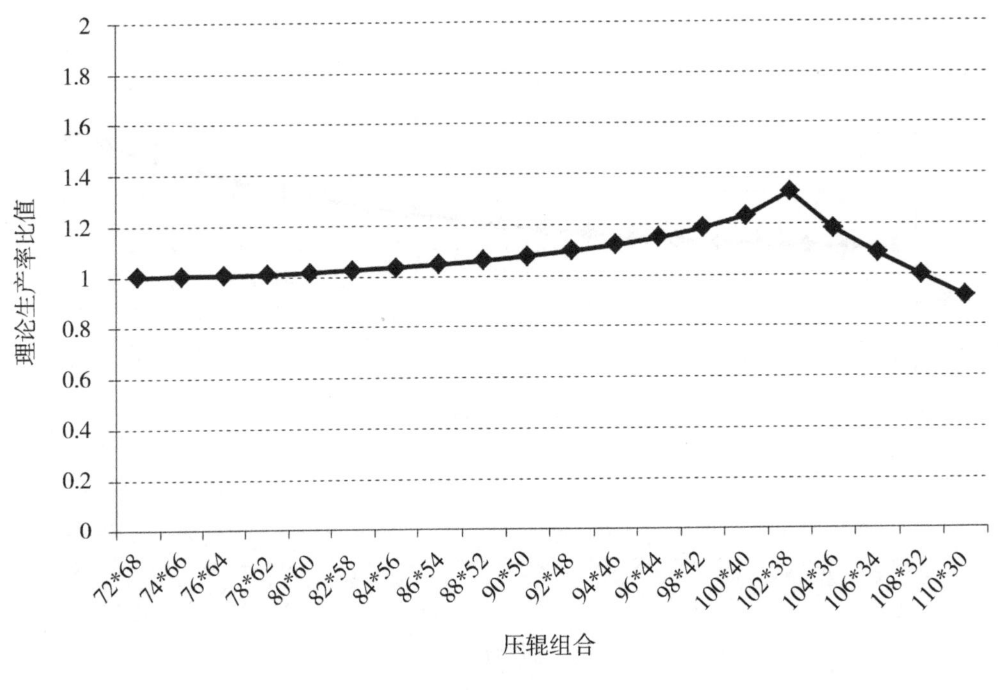

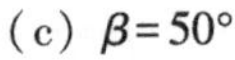
(c) $\beta=50°$

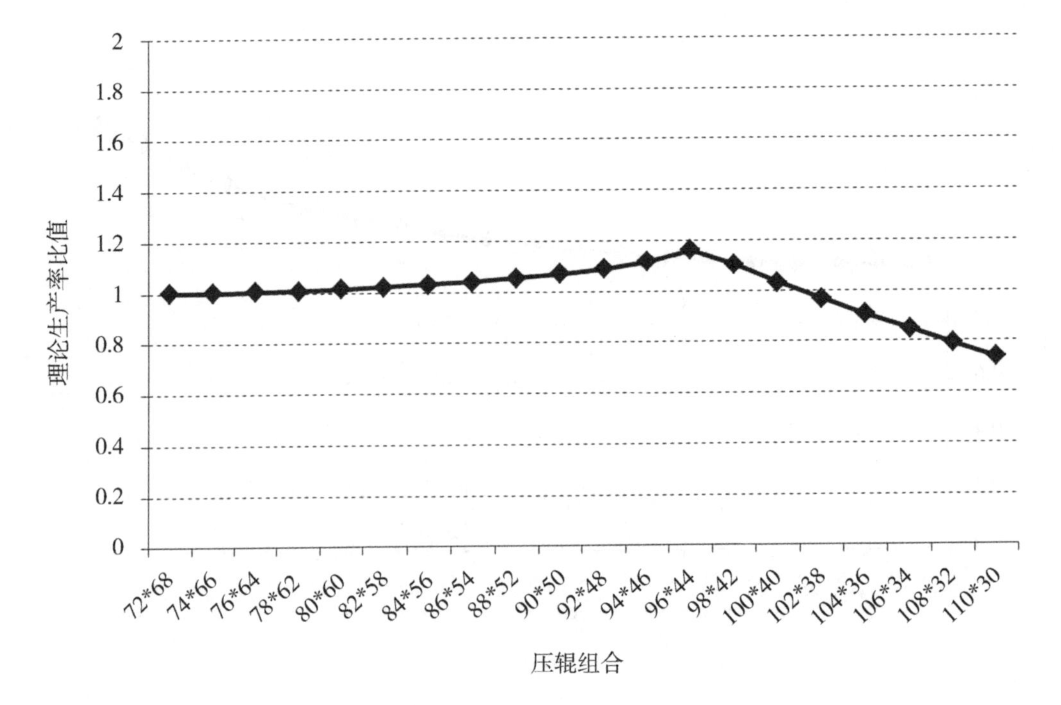

(d) $\beta=60°$

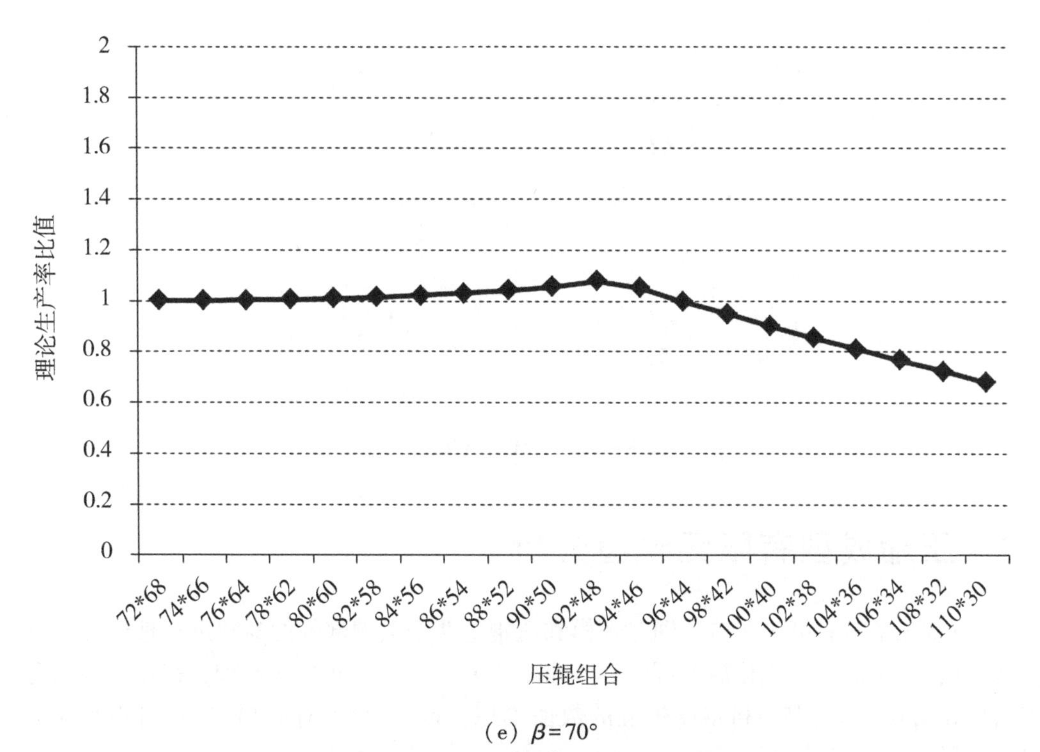

(e) $\beta=70°$

图 5-8　不同攫取角度下大小辊组合与等大小辊理论生产率对比图

基于表 5-1 设计的大小辊尺寸及比例，取 20 个大小辊组合进行理论生产率对比分析，结果如图 5-8 示。该图为五种攫取角情况下，不同大小辊组合与等大小辊组合理论生产率的比值，由该图分析可知：在五种攫取角的情况下，大小辊组合的制粒机理论生产率要高于两辊组合的情况；由图 5-8(a) 中可知，攫取角为 40°时，大小辊生产率与两辊生产率相比提高最多，达到 1.52 倍；随着攫取角的增加，大小辊组合制粒机理论生产率与等大小辊情况时生产率比值逐渐减小，说明此时大小辊制粒机的优势逐渐减弱；在物料攫取角大于等于 50°时，当大辊与模径比超过一定数值时，会出现大小辊制粒机的理论生产率小于等大小辊制粒机的情况。因此，本节结合物料不同攫取情况，对应地采用合适的大小辊组合来提高制粒机的理论生产率。

环模与压辊间隙的大小直接影响颗粒饲料的产量和质量。模辊间隙一般为 0.1~0.4 mm（杨毅，2009；杨慧明，1996）；环模制粒机压辊一般为 2~3 个，考虑到本制粒机体积较小，故设计压辊数为 2 个；设计压辊直径为 70 mm，压辊轴与压辊重心偏心安装的距离为 5 mm；这种设计既便于压辊的安装，又能在较大的范围内调节模辊间隙。

如图 5-9 所示，压辊部件主要由压辊及压辊轴组成，通过转动压辊轴来调节压辊与环模的间隙，使不同配方的饲料原料均能获得理想的压制效果。与传统压辊制粒机不同，本章设计的压辊轴一端与压辊偏心安装，另一端经制粒机门盖上的压辊安装套筒伸出到制粒机门盖外，再由锁紧螺母固定。操作人员可以通过转动制粒机门盖外侧的压辊轴来调整模辊间隙，从而可以在不停机的状态下实时调节，保证制粒机连续不间断工作，提高作业效率。

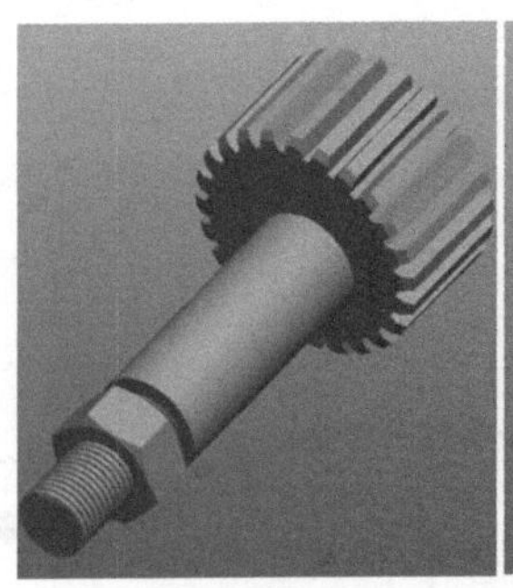

（a）压辊及压辊轴结构　（b）压辊的安装方式

图 5-9　压辊设计与安装

5.3　压缩成型有限元数值分析

本章第 5.1 节和第 5.2 节分别对环模和压辊这两个关键部件的参数进行理论计算和结构设计，加工制造了优化后的部件。本小节将基于连续介质力学原理，采用有限元分析软件 Abaqus，进行制粒机辊压过程的数值模拟，旨在分析不同物料参数对物料应力的影响规律。

5.3.1　模型选择

Drucker-Prager Cap 是一种表征弹塑性和体积硬化的物性模型，适用于模拟摩擦材料、压缩屈服强度大于拉伸屈服强度的材料。其特点是允许材料各向同性硬化、软化，同时允许塑性体积变化和塑性剪切变化，该模型在粉体物料的挤压过程研究中应用广泛（HAN 等，2008；王以龙，2013）。

5.3.1.1　*屈服面*

模型由 Drucker-Prager 模型和 Cap 模型组成；其中，Drucker-Prager 模型给出剪切破坏面，用于控制物料在剪切作用下流动，模型表达式为

$$F_s = q - p\tan\beta - d_2 = 0 \tag{5-26}$$

式中　q——Mises 应力，MPa；

p——静水压力，MPa；

β——材料的摩擦角，(°)；

d_2——材料的黏聚力，MPa。

Cap 模型引入压缩产生的屈服，控制材料在剪切作用下无限的剪胀现象（费康等，2010），模型表达式为：

$$F_c = \sqrt{(p - p_a)^2 + \left(\frac{Rq}{(1 + \alpha - \alpha/\cos\beta)}\right)^2} - R(d + p_a\tan\beta) = 0 \tag{5-27}$$

式中　R——控制 Cap 模型形状的参数，取值范围为 0.0001～1 000；

α——用于定义过渡区屈服面的参数，通常为 0.01～0.05；

p_a——Cap 曲面与过渡曲面交点对应的静水压力值，MPa。

过渡曲面用于平滑地连接 Drucker-Prager 面和 Cap 面，模型表达式为

$$F_t = \sqrt{(p - p_a)^2 + \left[q - \left(1 - \frac{\alpha}{\cos\beta}\right)(d + p_a\tan\beta)\right]^2} - \alpha(d + p_a\tan\beta) = 0$$

(5-28)

构成 Drucker-Prager Cap 模型的这 3 个屈服面的关系及其参数的物理意义如图 5-10 所示

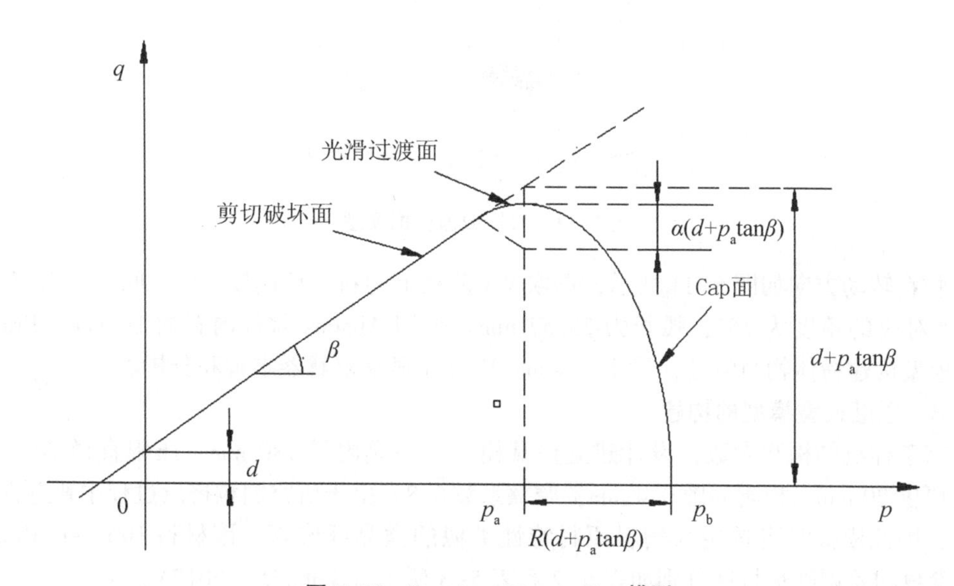

图 5-10　Drucker-Prager Cap 模型

5.3.1.2　塑性势面

塑性流动由流动潜能来定义，它与 Cap 模型相关联，与 Drucker-Prager 模型和过渡区非关联。Cap 模型流动潜能由 Cap 模型的椭圆部分决定，和 Cap 屈服面函数相同，表达式为

$$G_c = \sqrt{(p - p_a)^2 + \left[\frac{Rq}{(1 + \alpha - \alpha/\cos\beta)}\right]^2} \tag{5-29}$$

剪切破坏面和过渡区决定模型非相关流动部分，表达式为

$$G_s = \sqrt{[(p_a - p)\tan\beta]^2 + \left[\frac{q}{(1 + \alpha - \alpha/\cos\beta)}\right]^2} \tag{5-30}$$

5.3.2　研究对象与模型建立

本节对粉状物料挤压成型过程主要做以下假设与简化：①作业过程主要考虑粉状物料的流动和应力应变情况，且物料的刚度相对于环模和压辊较小，因此可以将环模和压辊视作刚性体，将粉体物料看成均匀连续介质；②假设挤压过程中物料沿环模轴向分布均匀，可以将物料挤压过程简化为二维平面应力应变分析。建立二维数值模拟模型，如图 5-11 所示。

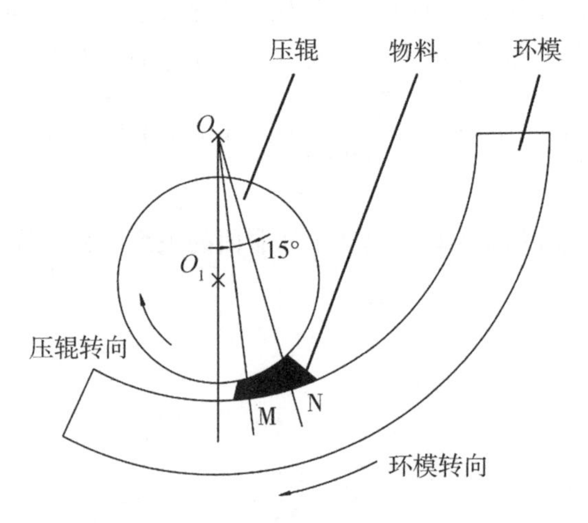

图 5-11　二维数值模拟模型

物料转动方向如图 5-11 所示，选取 MN 路径上物料和环模接触面之间的等效应力，MN 弧对应的角度为 15°，弧长为 23.57 mm。采用 Abaqus 软件内置的 Drucker-Prager Cap 模型构建粉体物料特性，采用 Abaqus-Explict 显示求解器求解和分析。

5.3.3　压缩成型模型的构建

基于样机结构和参数，设计建立仿真模型。环模内径 180 mm，压辊直径 70 mm，物料厚度 20 mm，模辊间隙 0.4 mm，摩擦系数 0.8。由于研究制粒挤压过程中普遍性的规律，因此模拟时可选用与饲料原料特性类似的微晶纤维素，该材料 Drucker-Prager Cap 参数和盖帽硬化特性分别如表 5-2 和表 5-3 所示（Sinha 等，2010）。

表 5-2　Drucker-Prager Cap 模型参数

参数	数值
弹性模量 E/Mpa	2 207
泊松比 v	0.14
黏聚力 d/MPa	2.7
内摩擦角 ψ/(°)	64
盖帽偏心参数	0.402

表 5-3　盖帽硬化特性

静水压力/MPa	塑性体积应变
1.0875	0.000
1.122	0.124
1.61	0.257
2.59	0.374

（续表）

静水压力/MPa	塑性体积应变
4.08	0.478
6.87	0.572
12.00	0.662
16.80	0.742
23.70	0.814
31.80	0.884
42.30	0.950
56.60	1.010
79.60	1.070
119.00	1.120
143.00	1.140

（1）在 Part 模块中创建环模、压辊、物料这 3 个部件，分别将环模和压辊的圆心设置为刚性参考点。

（2）进入 Property 模块，参照表 2 和表 3 设置物料的材料属性；进入 Assembly 模块，装配该 3 个部件。

（3）进入 Mesh 模块，使用线性缩减积分中的 CPE4R 单元对物料网格划分，该网格可以保证网格扭曲变形时载荷类型精度不降低。

（4）进入 Step 模块，设置 2 个分析步：第 1 个分析步将压辊下压以使得环模和压辊达到设定的间隙；第 2 个分析步分别定义模辊的旋转。

（5）定义接触：进入 Interaction 模块，分别设置压辊与物料、环模与物料的接触属性。

（6）定义边界条件：在压辊参考点处设定压位移载荷，在环模参考点处设定旋转载荷。设置环模旋转 0.26 rad，设置压辊旋转 0.67 rad，模拟环模带动压辊旋转的过程。

5.3.4　模拟结果与分析

由前人研究（曹康，2014；曹康等，2003；Sinha 等，2010）可知，物料与模辊的摩擦系数、模辊间隙、模辊直径比都会对制粒过程产生影响。对于某一型号和产量的制粒机，与其匹配的环模外形尺寸基本固定，因此，本节通过改变物料和模辊的摩擦系数、模辊间隙这 2 个因素，研究其对挤压过程的影响规律。

模拟结果如图 5-12 所示，分析可知，随着物料不断攫取进入模辊内，物料和环模接触区域的等效应力先是较缓慢增大，接着是较快速增大，最后达到一个相对平稳的状态。在变形压紧区的开始阶段，物料以克服自身的空隙为主，在较小的压力作用下也会产生较大的变形，因此体积减小较快，且此时内部应力还较小；随着模辊继续转动，在变形压紧区的结束阶段，物料颗粒间的空隙基本被克服，物料主要发生不可逆的塑性变形，应力分布不断增大；当物料进一步进入到挤压成型区后，模辊间隙基本不再减小，故此处物料的应力和应变逐渐趋向平稳。该结论与前人研究（曹康，2014；曹康等，2003）中有关制粒原理研究是一致的。以接触弧度 MN 段为分析路径，提取该处接触点上的等效应力，分析模辊间隙、物料摩擦系数对挤压应力的影响。

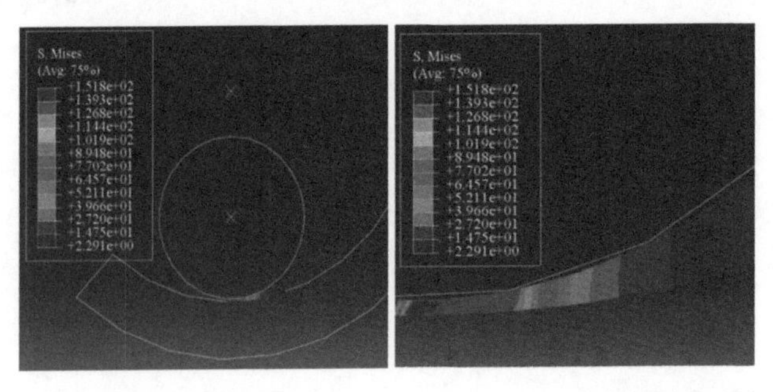

（a）Mises整体应力云图　（b）Mises局部放大应力云图

图 5-12　Mises 应力云图

摩擦系数对物料受力、运动情况和成型特性等影响较大，主要由物料特性、制粒机加工工艺参数、模辊材质等决定，是研究在物料挤压成型过程中数学计算、计算机模拟和试验测定的基础。选取 4 组不同的摩擦系数值进行模拟，分别为 0.6、0.7、0.8、0.9，结果如图 5-13 所示。

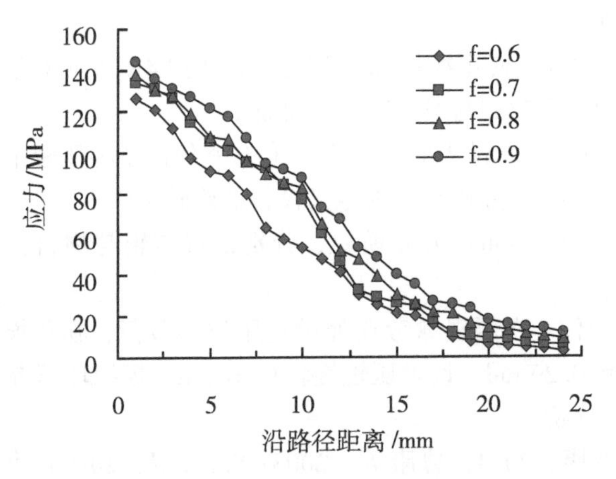

图 5-13　不同摩擦系数下的 Mises 应力

由图 5-13 分析可知，随着摩擦系数逐渐增大，物料与环模接触区域等效应力呈逐渐增大趋势；挤压时摩擦系数越大，物料和模辊之间的滑移作用就越弱，空载打滑耗能越少，更多的能量会用于物料的压实变形。研究表明摩擦系数和攫取角成正比关系（薛冰，2014；范文海等，2011），在制粒能力范围内，摩擦系数越大，物料攫取角就越大，攫取层物料层高度就相应越大，单位时间内攫取进入模辊间隙中的物料就越多。因此，适当增大物料和模辊间的摩擦系数，有利于提高颗粒饲料的产量和质量（盛亚白等，1994）。同时，摩擦系数越大，物料对模辊的磨损也会相对增加。

合理的模辊间隙是保证制粒机效率和颗粒饲料质量的重要因素（曹康等，2014）。为使模拟收敛性较好，对模辊间隙的适当放大，取 4 组模辊间隙进行模拟，分别为 1 mm、1. 2 mm、1. 4 mm、1. 6 mm。摩擦系数选用 0. 8，模拟结果如图 5-14 所示。

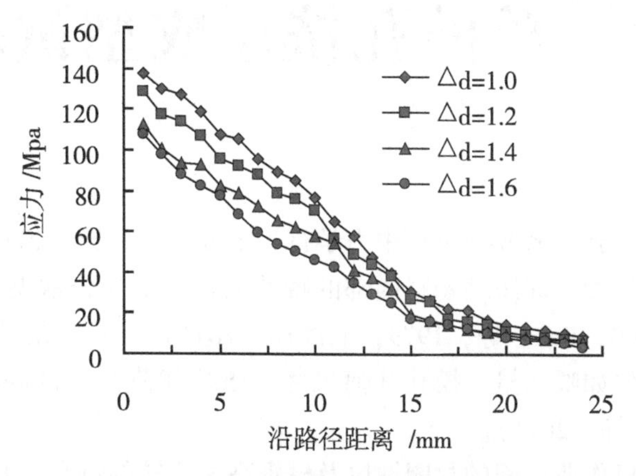

图 5-14　不同模辊间隙下的 Mises 应力

由图 5-14 分析可知，随着模辊间隙不断增大，物料与环模接触区域等效应力呈减小趋势。这与前人（范文海等，2011）研究一致。间隙增大，使得模辊楔形空间攫取饲料的能力降低，模辊作用于饲料的挤压力减小，因此可能会造成饲料颗粒成型率低、硬度小、含粉率高、颗粒表面粗糙等缺陷；如果间隙过大，当压力小于模孔内壁对饲料的摩擦阻力时，会导致压辊打滑、制粒机堵塞等现象，进而降低颗粒饲料的产量和质量。因此，在合理的范围内，适当减小模辊间隙，有助于提高颗粒饲料的质量。

5. 4　本章小结

本章结合环模挤压过程和小型制粒系统的理论生产量，设计了环模尺寸；分析了不同环模和压辊结构参数与挤压物料高度、生产率的关系，优化设计了配套压辊个数和结构；通过有限元分析软件 Abaqus 对粉体挤压过程进行了有限元分析，主要结论如下：

（1）基于环模的结构参数，通过理论分析了攫取角在 30°、40、50°、60°、70°下辊径模径比和物料高度 h 之间的关系，通过分析三辊、两辊情况下制粒机攫取物料高度和产量，同时考虑到本制粒机体积较小的特点，设计压辊个数为 2 个；基于大小辊直径和为定制的原则，通过分析大小辊不同模径比结构下制粒机理论生产率，设计压辊为等直径。得到最佳的压辊直径参数为 70 mm，压辊轴与压辊中心偏心安装的距离为 5 mm。

（2）基于优化的样机结构和尺寸参数，建立环模压辊挤压仿真模型，采用 Abaqus 软件对粉体挤压过程进行了有限元分析。模拟结果表明，适当增大粉料的摩擦系数，能够减少打滑耗能；适当减小模辊间隙，可以增大模辊对物料的挤压应力，有助于提高颗粒饲料的产量和质量。

（3）该制粒机能在不停机的状态下对压辊实时调节，保证了生产过程的连续性。本章为研究小批量颗粒饲料生产技术和设备提供借鉴与参考。

第6章　单模孔挤压成型试验研究

饲料粉料由松散到致密成型过程中力学行为十分复杂，影响粉料成型的因素分为两个方面：一是内部因素，即压缩物料内部的特性如含水率（张铁英等，2003）、物料温度（熊易强等，2000；Peleg 等，1979；胡彦茹，2011）等；二是外部因素，即加工设备的技术参数与条件如喂入量、模孔几何尺寸、压缩载荷等（Moreyra 等，1980；施水娟等，2011；Stelte 等，2011）。

由于环模制粒机作业空间的封闭性以及模辊高速旋转的特点，其作业过程中的力学行为很难用仪器直接进行测定。为研究挤压成型规律及物料特性参数、加工工艺参数对颗粒成型品质的影响，本章的主要研究内容：①结合颗粒饲料挤压成型的主要特点和物料在环模孔内的受力情况，利用有限元分析软件 ANSYS 对物料的挤压成型过程进行有限元模拟，研究饲料的成型机理和成型过程中物料和模孔的应力、应变及其历史演化规律，用于指导生产实践；②通过自主设计并搭建压缩试验台，将研究重点放在物料致密成型的成型腔（单模孔），探索饲料原料在单模孔中的成型特点及规律，分析成型因素对试验指标的影响，为相关挤压成型技术奠定基础。

6.1　模孔内物料受力分析

取模孔中的一段物料进行受力分析，如图 6-1 所示。物料由模孔右侧进入，从左侧挤出，设模孔总长度 L_p，物料在模孔进料口受到挤压力 F_x，物料与模孔内壁的摩擦力 F_μ（Stelte 等，2011）。将该段物料厚度记为 dx，模孔直径记为 D，体积记为 dv，则物料压强 dP_x表达式为

$$dP_x = \frac{dF_x}{\pi r^2}\text{，即：}dF_x = dP_x \pi r^2 \tag{6-1}$$

假设模孔为简单的直孔且不存在锥度，轴向挤应力的微分表达式 dF_x在模孔整个区域内为固定值，则摩擦力可以表示为

$$dF_\mu = \mu dF_N = 2\pi r\mu P_N dx \tag{6-2}$$

式中：P_N为小型制粒机模孔对物料正应力强度，μ 为模孔与物料间摩擦系数。

小型环模制粒机主要加工的对象主要是饲料，饲料原料为正交各向异性材料（施水娟等，2011）。如果该挤压阶段仅考虑饲料原料弹性形变，由胡克定律可知，应力与应变比值为固定值：

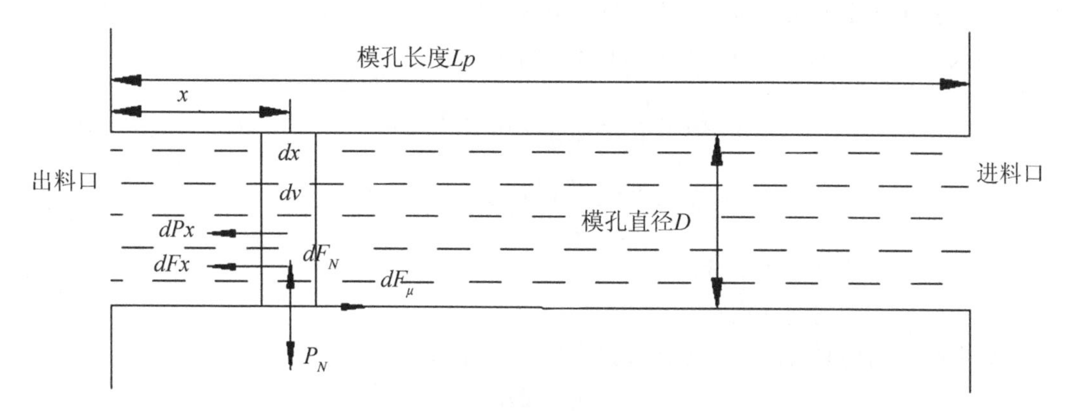

图 6-1　微小段物料在模孔内受力分析图

$$E=\frac{\sigma}{\varepsilon} \tag{6-3}$$

式中　E——弹性模量；

σ——应力（MPa）；

ε——应变。

图 6-2 为物料在力 F_R作用下的受力变形示意图，分析可知

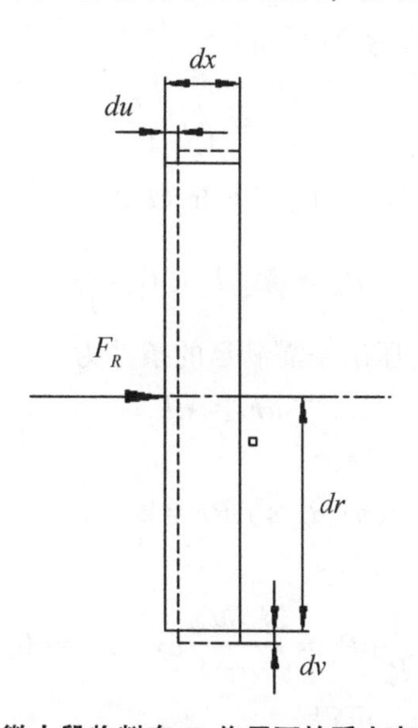

图 6-2　微小段物料在 F_R作用下的受力变形示意图

$$\varepsilon_L=\frac{d_v}{d_r} \tag{6-4}$$

$$\varepsilon_R=\frac{d_u}{d_x} \tag{6-5}$$

饲料原料受到挤压力 F_R的作用，由于径向方向上模孔壁面阻挡作用，原料在径向

方向的形变实际变为在径向方向上物料受到模孔壁面的作用力 F_L（王以龙等，2013）。

由式（6-3）、式（6-4）和式（6-5）可得：

$$E_L = \frac{\sigma_L}{\varepsilon_L} = \frac{F_L d_r}{A_L d_v} \text{ , } A_L = 2\pi r_h d_x \tag{6-6}$$

$$E_R = \frac{\sigma_R}{\varepsilon_R} = \frac{F_R d_x}{A_R d_u} \text{ , } A_R = \pi r_h{}^2 \tag{6-7}$$

式中：E_L—轴向弹性模量；

E_R—径向弹性模量。

如果假定饲料原料由同样方向被挤入模孔，可知

$$\frac{d_v}{d_r} = \frac{\Delta r_h}{r_h} \tag{6-8}$$

物料泊松比是指在材料在比例极限内，由均匀分布的纵向应力引起的横向应变与相应的纵向应变比值的绝对值。因此饲料原料泊松比可以表示为

$$\mu_{RL} = \frac{d_v}{d_r} / \frac{d_u}{d_x} \tag{6-9}$$

$$\frac{P_L}{P_R} = \frac{F_L}{A_L} / \frac{F_R}{A_R} \tag{6-10}$$

将上式（6-6）~（6-10）整理可得：

$$\frac{P_L}{P_R} = \frac{F_L}{A_L} / \frac{F_R}{A_R} \tag{6-11}$$

假定 $P_L = P_N$，$P_R = P_x$，可求得 P_N 与 P_x 的数学关系：

$$P_N = G\mu_{RL} P_x \text{ , } G = \frac{E_L}{E_R} \tag{6-12}$$

由图 6-1 可知，物料被挤压出来需满足的条件为

$$dF_x = dF_f \tag{6-13}$$

整理后可得

$$\pi r_h^2 dP_x = 2\pi r_h d_x \times f_2 P_N = 2\pi r_h d_x \times f_2 G\mu_{RL} P_x \tag{6-14}$$

式（6-14）可以记作

$$\frac{1}{P_x} dP_x = \frac{2f_2 G\mu_{RL}}{r_h} dx \text{ , } P_x \neq 0 \tag{6-15}$$

对上式进行左右两边积分，可得

$$\int_{P_{x0}}^{P_x} \frac{1}{P_x} dP_x = \int_{x0}^{x} \frac{2f_2 G\mu_{RL}}{r_h} dx \tag{6-16}$$

$$P_x = P_{x_0} e^{2f_2 G\mu_{RL}(x-x_0)/r_h} \tag{6-17}$$

令 $x - x_0 = L_P$，则

$$P_x = P_{x_0} e^{2f_2 G\mu_{RL} L_P/r_h} \tag{6-18}$$

以上推导是建立在假定饲料原料为弹性材料的基础上（即饲料原料变形在载荷移

除后可以恢复)，但是实际上由于预应力 P_{N0} 的影响，饲料原料被束缚在模孔内，因此在计算正应力 P_N 时，需要考虑预应力 P_{N0} 的影响，故应该将式（6-12）修正为

$$P_N = G\mu_{RL}P_x + P_{N0} \tag{6-19}$$

由式（6-14）推导可得：

$$\pi r_h^2 dP_x = 2\pi r_h d_x \times f_2 P_N = 2\pi r_h d_x f_2 \times (G\mu_{RL}P_x + P_{N0}) \tag{6-20}$$

进一步整理后可得：

$$dP_x = \left(\frac{2f_2G\mu_{RL}}{r_h}P_x + \frac{2f_2P_{N0}}{r_h}\right)dx \tag{6-21}$$

为便于积分计算，令 $a = \dfrac{2f_2G\mu_{RL}}{r_h}$，$b = \dfrac{2f_2P_{N0}}{r_h}$，上式（6-21）可记作

$$\frac{1}{aP_x + b}dP_x = dx \tag{6-22}$$

对上式（6-22）两侧进行积分，可得：

$$\int_0^{P_x}\frac{1}{aP_x + b}dP_x = \int_0^{P_x}dx\text{ , }ax = In\left(\frac{a}{b}P_x + 1\right)\text{ , }P_x = \frac{b}{a}(e^{ax} - 1) \tag{6-23}$$

将 $a = \dfrac{2f_2G\mu_{RL}}{r_h}$，$b = \dfrac{2f_2P_{N0}}{r_h}$ 代入式（6-23），可得：

$$P_x = \frac{P_{N0}}{G\mu_{RL}}e^{2f_2G\mu_{RL}x/r_h} - \frac{P_{N0}}{G\mu_{RL}} \tag{6-24}$$

由弹性模量与泊松比的关系可得：

$$\frac{\mu_{RL}}{E_R} = \frac{\mu_{LR}}{E_L}\text{ ,}\qquad G\mu_{RL} = \frac{E_L}{E_R} \times \frac{E_R}{E_L}\mu_{LR} = \mu_{LR} \tag{6-25}$$

将式（6-25）代入式（6-24），可得：

$$P_x = \frac{P_{N0}}{\mu_{LR}}e^{2f_2\mu_{LR}x/r_h} - \frac{P_{N0}}{\mu_{LR}} \tag{6-26}$$

6.2　单孔挤压模型的有限元数值分析

ANSYS 是常用的有限元分析软件，功能强大，可以模拟结构、热、流体、电磁、声学等领域的各种复杂物理现象。近年来，该软件在我国机械设计与制造、航空航天、交通、化工、能源、生物等行业得到了大量的应用，可以分析复杂的工程问题，在解决非线性力学问题上具有优势（周飞等，2003；Tang 等，2011；沙小伟等，2010；孙清等，2009）。就颗粒挤压成型而言，由于挤压机理复杂，挤压时物料又是在密闭的模孔中流动，因此对挤压过程中物料的流动情况及物料和模具的应力应变情况难以掌握，近几年学者对挤压成型的研究主要侧重于配方和工艺方面。

本节以颗粒饲料挤压过程中的物料和模孔作为研究对象，采用 ANSYS 中的非线性结构分析模块对成型过程进行仿真分析，有限元模拟的方法和结果，可以为模孔结构的设计、颗粒饲料品质和制粒性能的提高提供新的方法和理论依据。

6.2.1 建立有限元模型

6.2.1.1 模型类型的确立

由于受到压辊的挤压作用，松散的物料到达挤压成型区后挤压粘结在一起。为便于研究，可将物料视为可压缩的连续体，根据连续体弹塑性力学的理论来研究其变形情况。

6.2.1.2 几何模型的确立

该问题属于状态非线性大变形接触问题。选取物料的一部分作为研究对象，重点研究物料在环模孔内的受力情况，其作用过程模型示意图如图 6-3 所示。

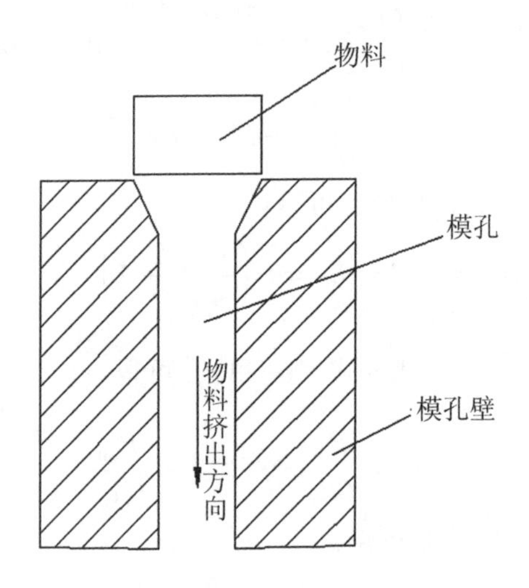

图 6-3　挤压成型区模型示意图

根据模孔和物料的轴对称性，选择挤压物料和模孔壁纵截面的 1/2 建立几何模型；在定义单元类型时选择 Axisymmetric。根据文献（曹康等，2003），不同类型饲料的模孔直径在 2.0~9.5 mm，取物料的某一段为研究对象，设其大小为 6 mm×12 mm。

6.2.1.3 材料参数

在饲料挤压成型过程中，通过建立接触对来模拟物料与模孔壁的相互接触挤压。在运动中会有摩擦产生，因此，需建立物料、模孔壁、接触单元 3 种材料模型，相应的材料编号为 1，2，3。材料的相应参数可查阅有关资料，材料参数如表 6-1 所示。

表 6-1　材料属性及参数

类型	属性	参数
1. 物料	密度 ρ（kg/m^3）	1 200
	内摩擦角/°	32
	黏聚力/kPa	10
	弹性模 E/MPa	2
	泊松比 μ	0.4

（续表）

类型	属性	参数
2. 模孔壁	弹性模量 E/GPa	210
	泊松比 μ	0.25
3. 接触单元	摩擦系数 μ_S	0.2

6.2.1.4　划分单元

在有限元分析过程中，考虑到计算精度和计算时间，可将模型简化为二维平面问题，拟采用 ANSYS 中的 plane183。plane183 是高阶 2 维 8 节点单元，既可以用作平面单元（平面应力、平面应变和广义平面应变），也可用作轴对称单元。本单元具有塑性、蠕变、应力刚度、大变形及大应变的能力。

在模型的网格划分过程中，为了能够对节点和单元进行有效地控制，对网格的划分要求非常细密。对环模孔进行自由划分，网格单元尺寸为 1 mm；物料采用映射划分，网格单元尺寸为 6 mm。划分的网格如图 6-4 所示。

图 6-4　建模与网格划分

6.2.1.5　建立接触对

本节属于典型的刚体—柔体的面—面接触问题，使用目标单元 169 和接触单元 172，将柔性面—物料作为接触面处理，将刚性面—模孔作为目标面处理。

6.2.1.6　定义载荷和约束

对模孔施加固定约束，使其固定不能移动。在物料的顶部施加向下的载荷和位移，模拟物料受到压辊对其的挤压力和在该力作用下产生的位移。

由于本例为非线性问题，为避免计算过程中的不收敛的情况，在求解前，做些有利于收敛点的规定（高耀东，2010）：将 Analysis option 中设 Large deform effect 为"On"；将牛顿-拉普森（New-Raphon）选项设置为"FULL"；打开自动时间步长，启动线性搜索和设置合理的平衡迭代次数进行求解。

6.2.2 受力情况分析

进入 ANSYS 的后处理模块可以得到一系列分析结果。后处理模块包括通用后处理模块和时间历程相应后处理模块。通用后处理模块可以用于查看整个模型或选定的部分模型在某一子步或时间步的结果；而时间历程响应后处理模块用于查看特定点在某一时间步的结果。

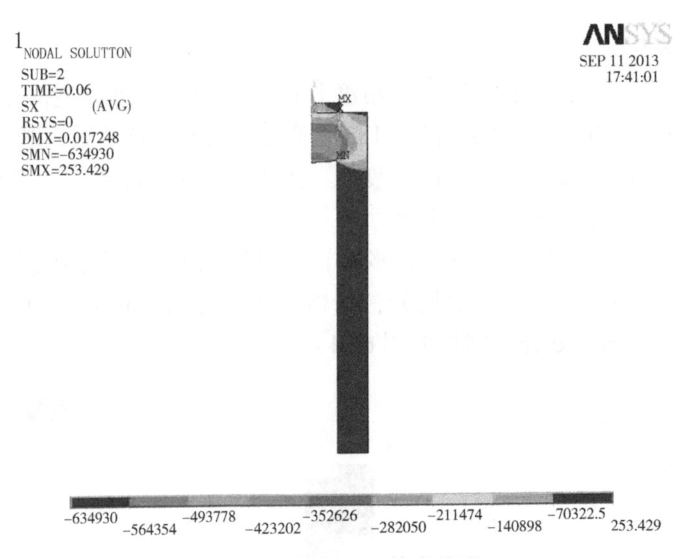

图 6-5 径向应力等直线图

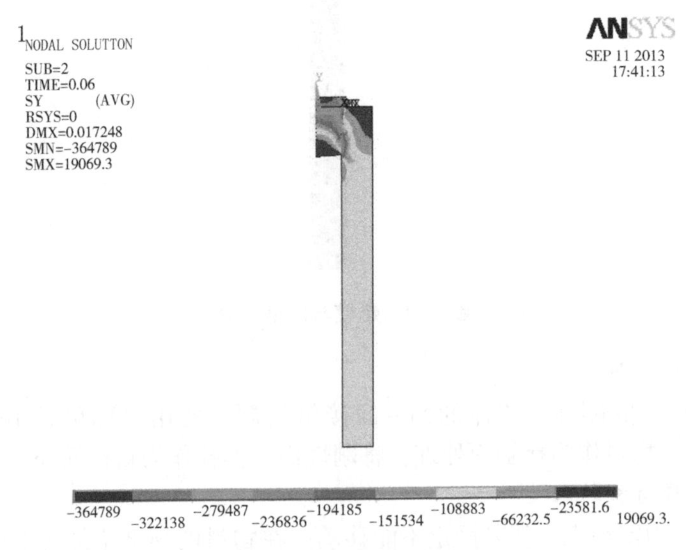

图 6-6 轴向应力等直线图

从图 6-5 到图 6-8 可以看出，在挤压成型过程中，物料受到顶部挤压力和模孔内壁摩擦力的综合作用，物料应力呈现一定的规律性：随着物料的不断挤压，物料底部应

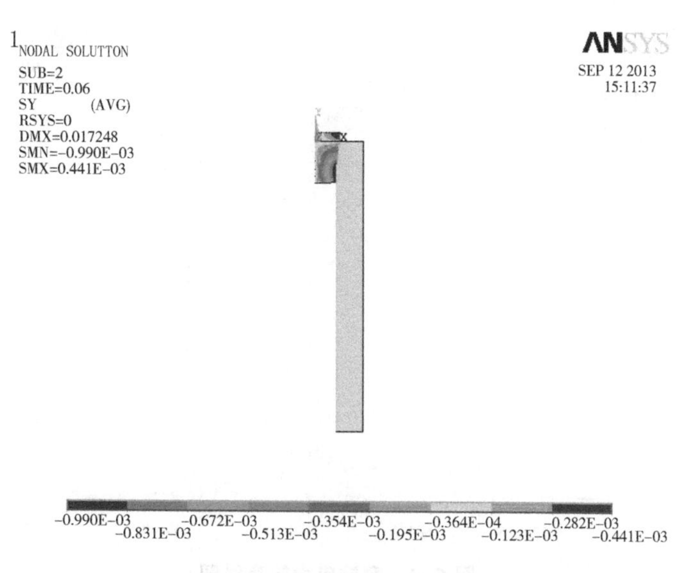

图 6-7　径向应变等直线图

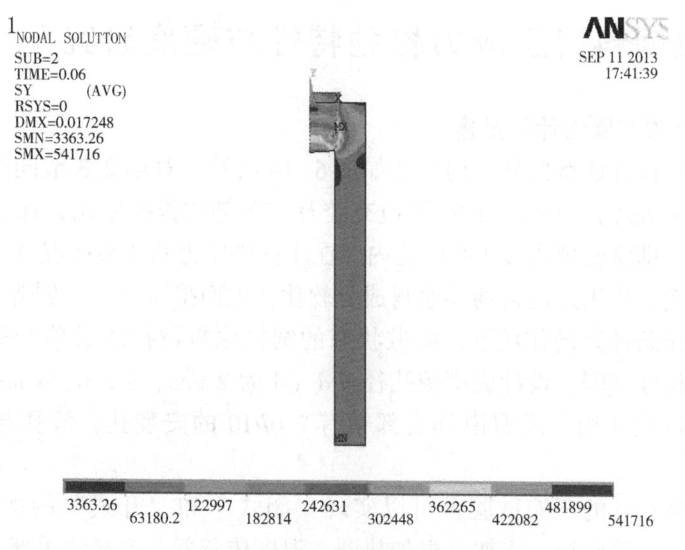

图 6-8　等效应力等直线图

力越来越大，越来越致密；物料越靠近模孔内壁，所受的挤压力和变形越大，越靠近物料中心，所受的挤压力和变形逐渐减小。

从图 6-9 可以看出，物料进入环模孔后，同时受到顶部压辊的挤压力和模孔的摩擦力；在模孔倒角处，物料受到的摩擦力较为均匀，在模孔倒角和直孔的接触处，物料受到接触摩擦力最大；进入直孔以后，物料外侧由于受到摩擦阻力的影响，流动性会滞后于内部，挤出后的颗粒饲料沿直径方向会产生弹性膨胀和弹性滞后现象，存在一定的内应力，这是纤维含量高的颗粒饲料产生横向裂纹的部分原因。

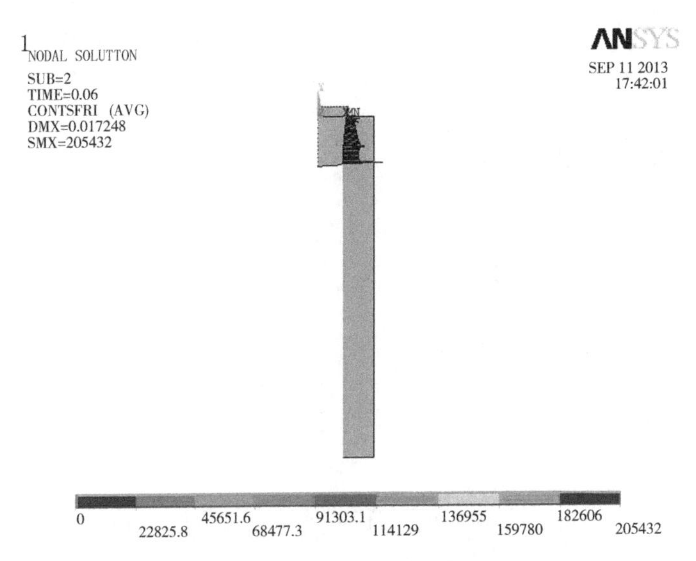

图 6-9　摩擦应力等直线图

6.3　颗粒饲料挤压应力松弛特性与硬度研究

6.3.1　成型试验装置设计与搭建

饲料原料单模孔成型模具结构尺寸如图 6-10 所示，对第 2.3 节同配方和比例的仔猪料原料进行预处理，原料经 $\Phi10$ 的填充腔及其下部的锥孔结构，在压杆压力作用下进入到成型腔，即缓慢填入 Φd 的柱孔内，在压杆挤压力及成型腔温度（通过电加热圈加热到设定温度，作用是使得饲料原料成分软化，进而挤压成型，创造与实际加工生产过程相同的挤压条件）的作用下，松散状态的饲料原料被挤压成单个的颗粒饲料。依据仔猪料直径尺寸范围，设计成型腔孔径 Φd（d 为 2 mm、3 mm、4 mm、5 mm）共 4 个成型模孔供试验使用。成型模具上部钻有 $2\times\Phi10$ 的安装孔，该孔与模具支撑结构固定。

本试验研究设计的压缩试验台可以实现“闭式”和“开式”的切换，包括压杆、模具、支撑杆、支撑底板、支架、电加热圈、温度传感器、温控仪等部分组成。试验台实物图如图 6-11 所示。其中，$\Phi30\times$H35 型陶瓷电加热圈套装在 $\Phi30$ 圆柱外侧，智能温控器（型号 DH48WK，北京东昊力伟科技有限责任公司）与该陶瓷电加热圈连接，通过内部自带的 PID 程序算法，实现对模具加热温度的监测和控制；通过温度传感器（型号 PT100，北京优普斯科技中心）实时测量模孔内部的环境温度。

依据试验需要，通过是否将压杆上端插入挤压成型模具腔孔内，实现“闭式”和“开式”两种压缩方式的转换：当顶杆放入模孔底部时，压缩成型腔是封闭的，模具底孔出料口被密封堵死，压杆受到的压缩力包括挤压物料的变形力、物料运动过中与腔内壁的摩擦力、来自顶杆的支撑阻力，此为“闭式”模式，压缩力会随着压杆向下移动而增大，当压杆运行到行程终点时，压缩力达到最大值，颗粒密度也达到最大值；当顶

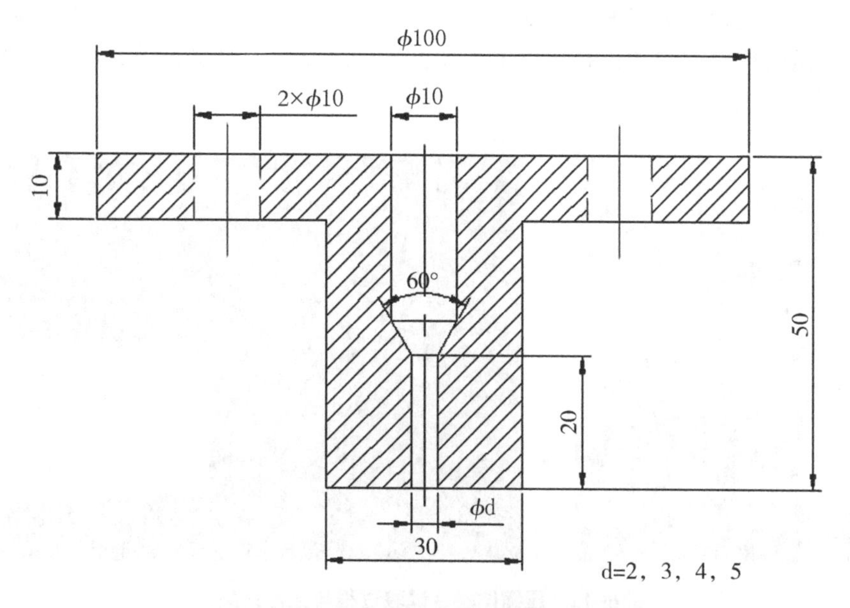

图 6-10　饲料单孔挤压成型模具结构尺寸

杆拆卸下来时，压缩成型腔一端是开放的，此为“开式”模式，与“闭式”模式不同，该模式下压杆不受封闭段的支撑阻力，同时物料在腔出口端因内部残余应力作用发生弹性形变，故压缩力和物料密度的情况较为复杂多变。

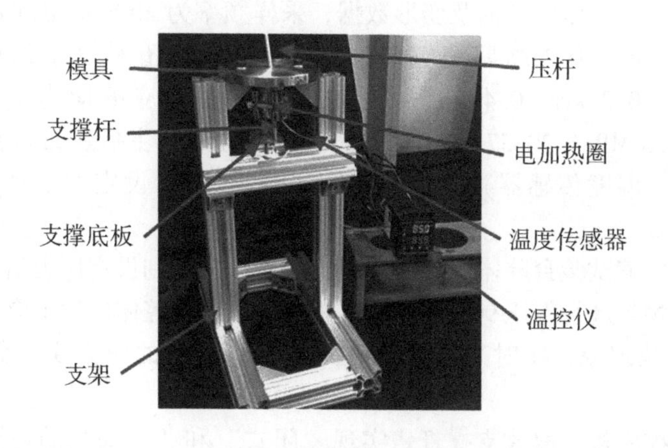

图 6-11　饲料压缩试验台

图 6-12 所示为压缩试验台试验过程与数据采集。试验时，将该装置平稳放置在万能材料试验机（Instron-4411 型，英斯特朗公司）的试验平台上，压杆上端与试验机的上活动模块固定，并随其上下垂直运动实现对物料的压缩；模具上端通过螺孔与支架固定连接；嵌套在外壁的电加热圈对模具加热，使得腔内物料达到压缩试验所需的温度。进行压缩试验前，调整压杆与成型模具之间的相对位置，进而保证压杆压入成型模具时不与孔壁有相互接触作用，同时保证压杆轴不偏心，对心性良好，空载压缩 3~5 次。

在试验前通过手动模式调整材料试验机的运动，当压杆底端面与成型模具上端面对齐时，将材料试验机程序内的位移值设置为零；接下来通过试验机自带的程序，设置压缩参数，控制压缩试验的进行。

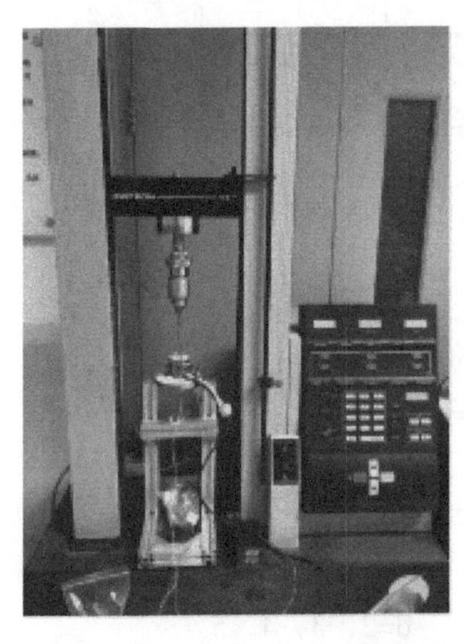

图 6-12　压缩试验台试验过程与数据采集

试验材料：材料为饲料原料（即第 2.3 节中仔猪料原料），通过赋水处理（彭飞等，2015），将其含水率处理为 10%、12%、14%、16%、18%、20%（w.b.）。

参数设置：在材料试验机自带软件中设定程序，控制压缩过程，加载速度为 20 mm/min，选用模孔直径为 5 mm 的模具，利用材料试验机中自带的测力系统实时采集并存储压杆受到的挤压力数据及变形数据，采样频率为 20 S/s，如图 6-12 所示。分别研究原料在不同压力压缩后的应力松弛情况，设定五种水平的载荷值分别为：0.1 kN、0.2 kN、0.3 kN、0.4 kN、0.5 kN，转换为对应的应力值为：5.09 MPa、10.18 MPa、15.28 MPa、20.37 MPa、25.46 MPa。通过自主搭建的温度控制装置（温控仪、电加热圈、温度传感器），对压缩模具进行加热，设定的三种温度值分别为：60℃、70℃、80℃。

饲料原料在压缩试验台腔体内挤压过程中，当载荷达到设定压力值时，压杆停止运动，之后对压缩物料进行保压 90 s，被挤压的饲料原料在腔体内发生应力松弛，作用力会发生一定的衰减现象，实时采集该段时间内饲料原料的应力变化数据，绘制应力曲线。

通过调整支撑底板，取放支撑杆，实现“闭式”和“开式”的切换。每次应力曲线绘制结束后，取出支撑杆，此时挤压模孔为“开式”；控制材料试验机带动压杆继续向下运动，将模孔内的颗粒饲料挤出，通过谷物硬度仪（型号 GW-1，浙江托普仪器有限公司）测定颗粒饲料的硬度。

6.3.2　颗粒饲料挤压应力松弛特性

6.3.2.1　挤压应力松弛特性

以该仔猪料为例，通过不同含水率、加热温度、挤压载荷条件模拟不同生产加工工艺条件，研究该物料应力松弛—时间关系。由图 6-13 可以看出，不同条件下物料压缩

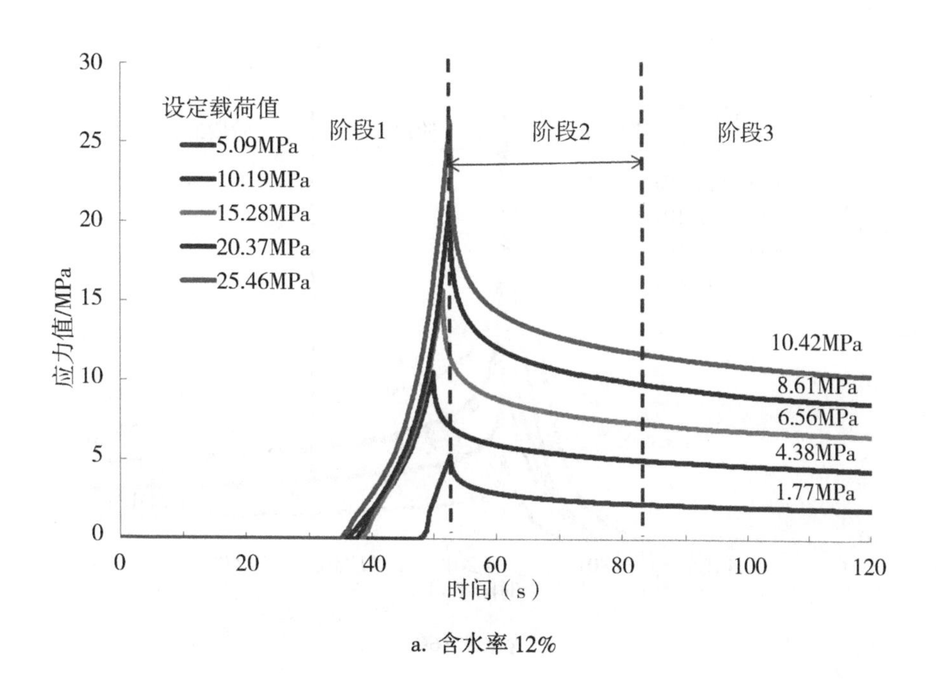

a. 含水率 12%

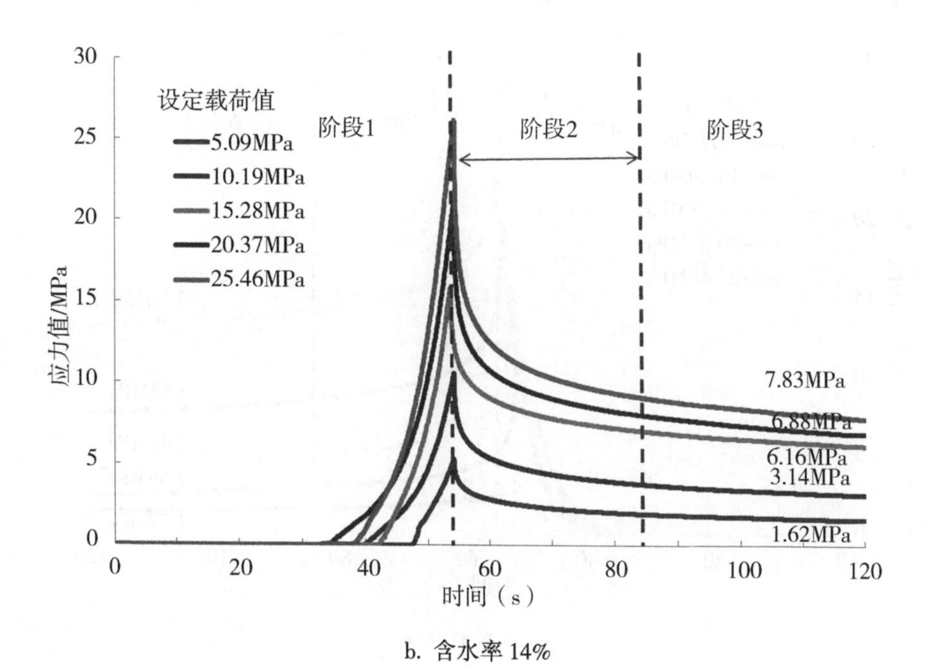

b. 含水率 14%

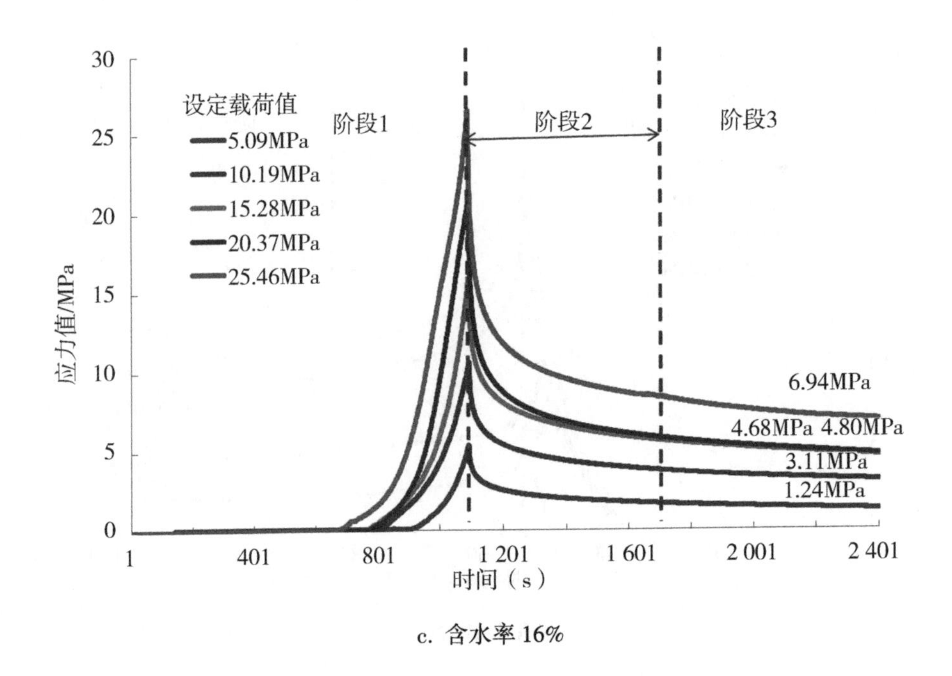

c. 含水率 16%

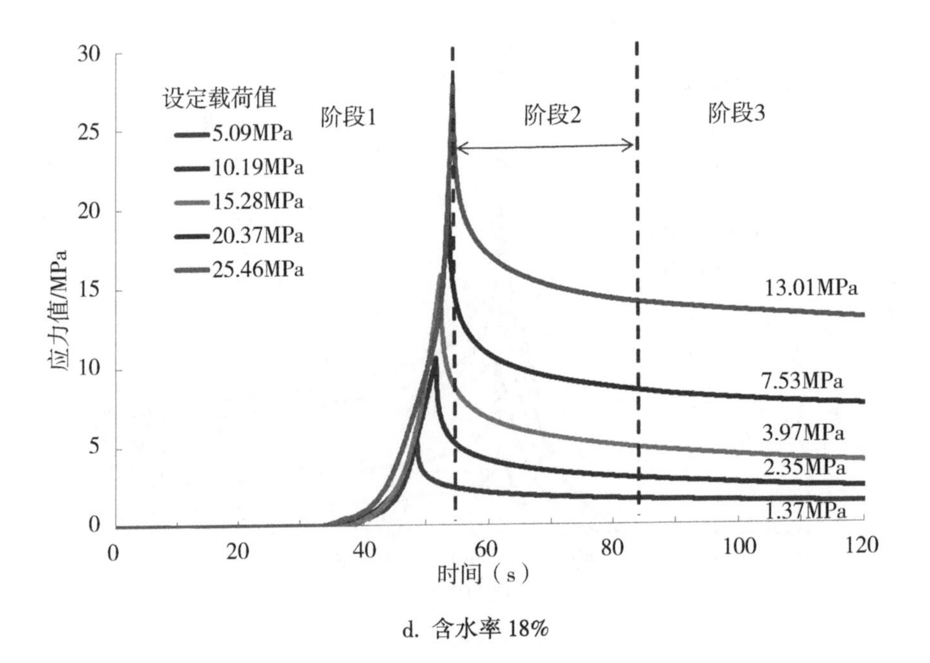

d. 含水率 18%

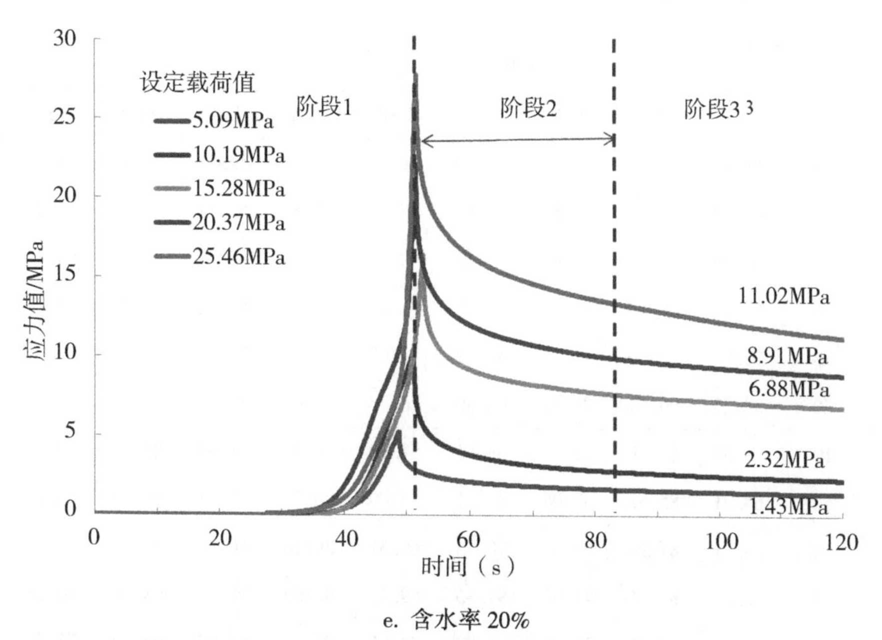

e. 含水率 20%

图 6-13　70℃时仔猪料的应力松弛—时间关系曲线

松弛过程相似，应力松弛曲线表示的应力随时间的关系与 Talebi 等（2011）、Tabil 等（1997）等研究相似。挤压过程结束后，迅速发生应力松弛现象，应力急速衰减；挤压载荷值对应力松弛影响显著，载荷值越大，松弛后残留在物料内的应力值越大，该现象与大麦、燕麦、油菜、小麦秆压块及苜蓿草粉的应力松弛等研究相似（郭磊，2016）。

研究中，根据挤压过程中应力曲线变化状态，将挤压过程划分为 3 个阶段，如图 6-13所示：

第一阶段（phase 1）：在开始阶段，通过多次填料将饲料原料填入到成型模具的单孔腔体内，压杆以恒定速度向下空载压缩，直至与原料接触，此时应力值为 0；接着，压杆继续向下运动，由于挤压处于闭式状态，随着压杆对原料持续挤压，挤压应力值持续增大，同时原料被向前推移，直至挤压力达到设定的载荷值；此后压杆停止运动，对原料进行保压。

第二阶段（phase 2）：此阶段为应力迅速衰减期，应力衰减曲线相似，主要发生在保压开始后的半分钟内。

第三阶段（phase 3）：此阶段为应力缓慢衰减期，随着保压不断进行，应力衰减缓慢，应力趋于某一个稳定值。

分析对比不同温度（60℃、70℃、80℃）、不同原料含水率（10%、12%、14%、16%、18%、20%）、不同载荷条件下（0.1 kN、0.2 kN、0.3 kN、0.4 kN、0.5 kN）原料的应力松弛量 PR 和应力松弛率 RR，结果如表 6-2 所示。

表 6-2　不同温度、含水率和载荷条件下仔猪料原料的应力松弛量

加热温度/℃	含水率/%	载荷/MPa									
		5.09		10.19		15.28		20.37		25.46	
		PSR	SRR	PSR	SRR	PSR	SRR	PSR	SRR	PSR	SRR
60	10	58.94	85.01	53.17	86.50	51.81	86.70	52.48	87.34	48.82	87.68
	12	61.72	87.16	59.81	86.54	57.05	86.51	56.37	87.74	52.96	87.98
	14	62.79	86.46	70.95	89.13	60.99	87.23	60.26	88.08	65.25	88.97
	16	69.37	88.18	68.06	89.27	67.42	89.51	66.51	90.06	72.23	90.93
	18	72.86	88.20	74.71	89.32	77.00	92.10	76.51	93.81	77.04	92.61
	20	80.25	90.64	78.13	93.30	76.38	93.03	56.47	93.47	59.56	91.25
70	10	53.39	89.19	52.36	86.81	51.19	89.25	53.55	88.79	59.08	89.46
	12	64.31	85.58	57.06	88.01	57.09	90.29	57.71	89.59	69.25	91.14
	14	69.31	87.96	69.47	90.73	60.31	89.10	66.2	91.53	72.74	92.60
	16	72.59	88.46	71.92	91.35	69.35	90.65	76.44	93.15	76.93	92.18
	18	76.98	92.45	73.00	91.99	74.05	91.36	63.02	92.60	56.72	91.77
	20	77.25	91.97	75.69	93.23	54.95	90.15	56.24	90.21	51.21	82.44
80	10	62.7	92.86	59.55	85.46	62.46	87.11	59.06	88.18	59.16	87.97
	12	65.75	82.42	67.8	87.33	63.98	87.97	58.59	88.03	66.3	89.47
	14	75.29	87.69	66.86	87.16	72.44	90.67	74.8	90.44	77.36	89.90
	16	75.84	89.29	68.39	87.64	73.87	91.28	74.23	90.41	66.95	89.00
	18	76.5	89.10	77.25	91.40	70.16	90.44	52.71	89.05	54.43	86.46
	20	78.37	90.76	64.31	88.10	60.14	86.90	58.48	86.80	55.91	84.72

注：PR 为应力松弛量，是指在 120 s 时的应力松弛量和施加载荷比值,%；
RR 为应力松弛率，是指应力松弛开始 30 s 内的松弛量和总松弛量比值,%。

饲料原料的应力松弛量是在试验结束即时间 $t=120$ s 时，通过下面公式求得：

$$PR = Y_1(t) = \frac{(\sigma_0 - \sigma_t)}{\sigma_0} \times 100\% \tag{6-27}$$

式中：PR（percentage stress relaxation）为应力松弛量，在松弛时间为 t 时，应力松弛总量与和施加载荷的比值,%；σ_0为施加载荷值，MPa；σ_t为时间为 t 时的残余应力值，MPa。

试验结果见表 6-2，在三种加热温度（60℃、70℃、80℃）条件下原料的松弛量范围分别为 48.82%~80.25%，51.19%~76.98%，58.59%~78.37%。由结果分析可知，在原料挤压过程中，随着载荷的增加，应力松弛量呈现先减小后增大的趋势。施加载荷增大，原料应力松弛量减小，在一定程度上提高压缩力有助于饲料在模孔内的挤压成型；但是残余应力也会较大，残余应力过大，不利于挤压成型后颗粒的稳定性，在颗粒饲料挤压出模孔、应力释放掉以后，可能会出现较高的裂纹率等缺陷。

随着含水率的增加，饲料颗粒应力松弛量呈现先增大后减小的趋势，该结果表明，适当提高含水率，有助于提高挤压颗粒的密度及稳定性，这可能是因为含水率增加使得淀粉糊化度增加，进而黏度增加，同时原料更容易软化成型，因此颗粒饲料稳定性提高。当含水率进一步提高时，松弛量呈现降低趋势，这和实际饲料加工生产现象一致，与张晓亮等（2006）、马文智（2005）、齐胜利等（2011）、李艳聪等（2011）等的研究结果也一致，这表明饲料在成型过程中，含水率过高不利于颗粒饲料的黏结成型。

对比三种加热温度条件可知，随着温度升高，应力松弛量呈现降低趋势。说明温度升高可以提高原料中淀粉糊化度，有助于饲料的黏结成型。胡彦茹等（2011）、张现玲等（2013）等通过实际生产加工研究，得到过相似的结论。

原料的应力松弛率在挤压应力达到最大值后的应力松弛 30 s 内的时间段内发生，此时超过 80%的残余应力释放。SRR（stress relaxation rate）反映了原料较短时间内应力松弛速度的快慢，其计算公式为

$$SRR = Y_2(t) = \frac{(\sigma_0 - \sigma_{t=30})}{(\sigma_0 - \sigma_{t=120})} \times 100\% \tag{6-28}$$

式中：SRR 是指应力松弛时间 30 s 内的应力松弛量与松弛总量的比值,%；σ_0为施加载荷值，MPa；$\sigma_{t=30}$为应力松弛时间为 30 s 的残余应力值，MPa；$\sigma_{t=120}$为应力松弛时间为 120 s 的残余应力值，MPa。

由图 6-13 可知，在应力开始后第一个阶段（phase 2），残余应力迅速衰减，由表 6-2中 SRR 值分析可知，在应力松弛开始后的 30 s 内有超过 80%的松弛量（SSR）发生。随着载荷增大和含水率降低，SRR 值呈现增大趋势，说明应力松弛速度较快。在应力松弛开始后第二个阶段（phase 3），残余应力缓慢衰减到某一数值且逐渐稳定，说明加载到原料上的应力没有完全衰减，此时物料处于密度相对稳定的状态。

6.3.2.2　松弛模型

目前国内外学者多通过单轴压缩平台研究物料特性及其制粒、压饼和压块等过程，涉及工业粉料、金属粉末、粉体及固体食品、生物质等领域（Talebi 等，2011）。Peleg 等（1979）通过改进固态食物压缩特性应力松弛模型，得到以下公式

$$\frac{F_0 \cdot t}{F_0 - F(t)} = k_1 + k_2 \cdot t \tag{6-29}$$

式中：F_0为应力松弛初始值，kN；$F(t)$ 为时间为 t 时的压力值，kN；t 为松弛时间，s；k_1和 k_2为常量。

Moreyra 等（1980）基于应力松弛试验，通过非线性回归分析确定了固态和粉态实物应力松弛过程的渐近线系数 E_A，该系数可用于表征物料压缩后保持应力的能力，其计算公式为

$$E_A = \frac{F_0}{A_\alpha \varepsilon}\left(1 - \frac{1}{k_2}\right) \tag{6-30}$$

式中：E_A为渐近线系数，MPa；ε 为应变；A_α为横截面积，m^2。

利用该模型对松弛数据进行非线性回归分析，分别得到 k_1 和 k_2 值。将该值代入到式（6-30）中可得到渐进线系数，即松弛模量 E_A。因为回归置信水平 R^2 都超过 90%，说明该模拟拟合松弛过程较好，可以用以表征原料的松弛特性。汇总不同温度、含水率和载荷条件下的拟合松弛模量，结果如表 6-3 所示。分析可知，原料松弛模量值随含水率的增高而减小，随温度的升高而减小；原料松弛模量值随载荷的增加而增大。

表 6-3　不同温度、含水率和载荷条件下物料拟合松弛模型的松弛模量

加热温度/℃	含水率/%	载荷/MPa				
		5.09	10.19	15.28	20.37	25.46
60	10	1.89	4.77	7.36	9.68	13.03
	12	1.95	4.10	6.56	8.89	11.98
	14	1.56	2.96	5.96	8.09	8.85
	16	1.97	3.25	5.37	6.82	7.07
	18	1.38	2.58	3.51	4.79	5.85
	20	1.01	2.23	3.61	8.87	10.30
70	10	2.37	4.85	7.46	9.46	12.42
	12	1.77	4.38	6.56	8.61	10.42
	14	1.51	3.11	6.06	6.88	7.83
	16	1.24	2.85	4.68	4.80	6.94
	18	1.37	2.35	3.97	7.53	13.00
	20	1.43	2.32	6.88	8.91	11.02
80	10	2.51	4.12	5.74	8.34	10.40
	12	1.74	3.28	5.50	8.44	8.58
	14	1.26	3.38	4.21	5.13	5.76
	16	1.26	2.35	3.99	5.25	11.60
	18	1.20	2.32	4.56	9.63	11.23
	20	1.10	3.64	6.09	8.46	8.42

6.3.2.3　松弛模量影响因素主效应分析

表 6-4　原料松弛模量值影响因素主效应分析

变异来源	平方和	自由度	均方	F 值	P 值
模型	834.399[a]	11	75.854	47.622	0.000
截距	2 763.463	1	2 763.463	1734.912	0.000
温度	3.033	2	1.517	0.952	0.390
载荷	770.857	4	192.714	120.987	0.000
含水率	60.508	5	12.102	7.597	0.000
误差	124.243	78	1.593		
总计	3 722.104	90			
总修正值	958.642	89			

注：R^2 = 0.870（调整 R^2 = 0.852）

为分析不同温度、含水率和载荷对原料松弛模量的影响，对原料松弛模量值做主效应分析，结果如表 6-4 所示。模型的 P 值小于 0.05，因此该模型有效。由表 6-4 可知，载荷和物料含水率对原料松弛模量有显著影响（$P<0.05$）。李永奎等（2015）、郭磊（2016）等通过对秸秆生物质粉料单孔挤压成型试验，研究结果也表明载荷和物料含水率对粉料松弛模量有显著的影响，这与本研究结论一致。温度因素的 P 值大于 0.05，说明温度对原料松弛模量的影响不显著。

6.3.2.4　松弛模量响应面分析

采用 Design-Expert 软件建立松弛模量随影响因素的响应面模型，由于温度因素影响不显著，因此只将载荷和含水率设置为变量，如图 6-14 所示。纵坐标为因变量松弛模量，横坐标为自变量加载载荷和含水率。由图 6-14 分析可知，松弛模量 E_A 随着含水率的增加而减小，随着载荷的增加而增大，这一结果与朱凯等（2014）、吕慧杰等（2016）等对粉料松弛模量研究的结论一致。

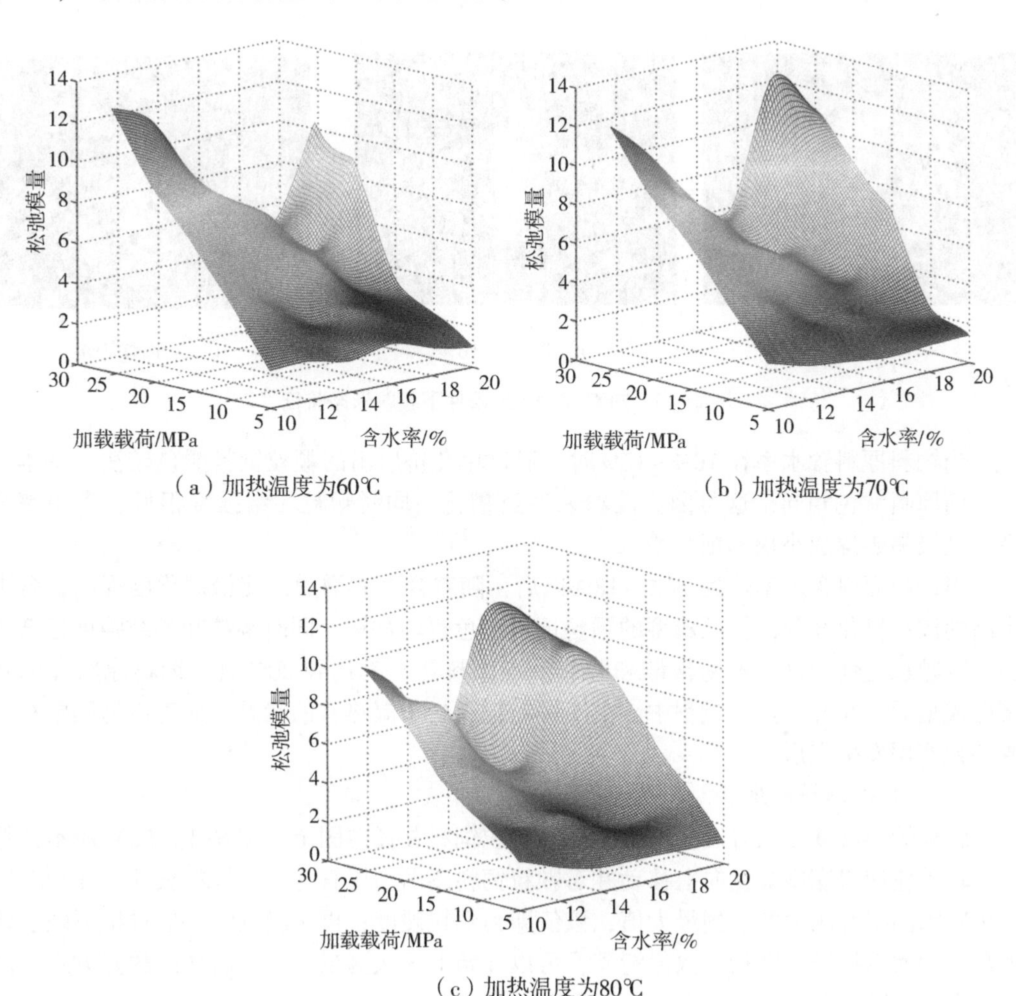

（a）加热温度为60℃

（b）加热温度为70℃

（c）加热温度为80℃

图 6-14　载荷-含水率对原料松弛模量的 3D 响应面图

6.3.3 颗粒饲料质量分析

6.3.3.1 颗粒形态特征

图 6-15 所示为模具加热温度 70℃，加载挤压 0.4 kN 时，将饲料原料经模具单孔挤压出来的颗粒形态。

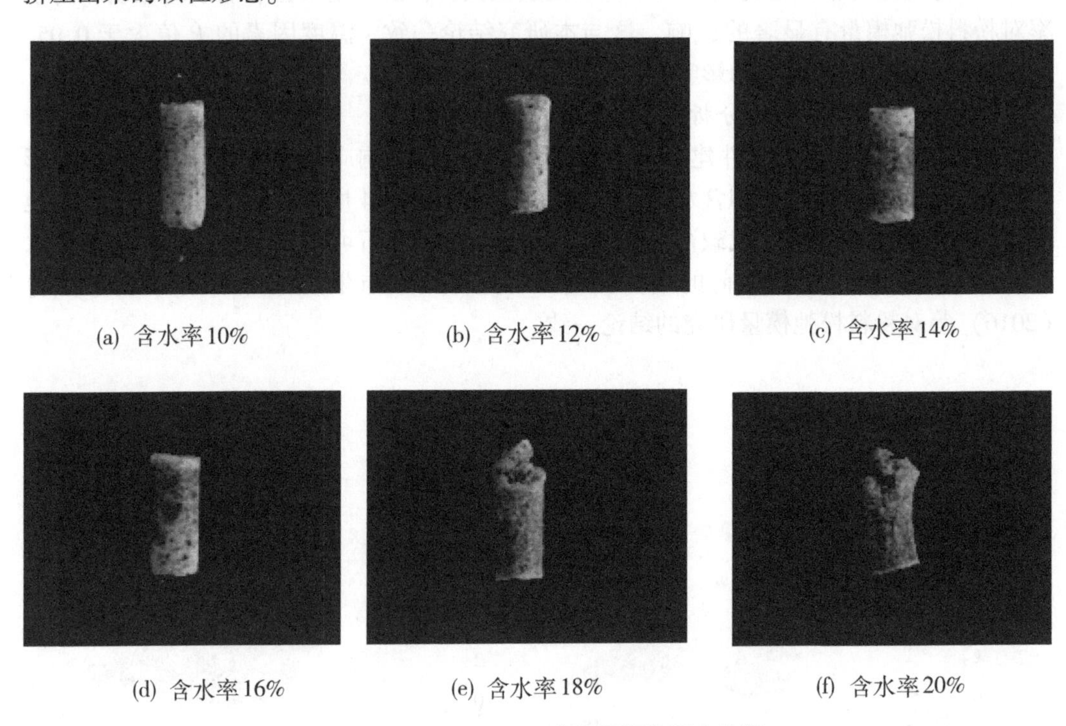

(a) 含水率10%　(b) 含水率12%　(c) 含水率14%

(d) 含水率16%　(e) 含水率18%　(f) 含水率20%

图 6-15　70℃-0.4 kN 条件下颗粒形态特征

当饲料原料含水率在10%~12%时，通过单孔挤压出的颗粒饲料颜色较浅，基本与挤压前原料颜色相同，这是因为淀粉未经过糊化，同时颗粒黏结强度很低，含粉率较高，且极易破碎成小块和细小粉末。

当饲料原料含水率达到14%~18%以后，随着含水率增加，淀粉糊化度提高，含水率高的淀粉糊化充分，挤压成型的颗粒饲料颜色逐渐加深，同时颗粒间黏结强度逐渐增强，颗粒稳定性变好，不易松散和碎裂。当原料含水率达到20%时，饲料原料经闭式挤压成型后，在开式挤出过程中，由于颗粒饲料处于湿热软的状态，此时极易因颗粒间或外力作用发生变形。

6.3.3.2 颗粒饲料硬度

颗粒饲料硬度测试方法：用镊子夹取颗粒饲料并径向固定，如 6-16（a）所示，然后旋转手轮使得底座缓慢向上移动并对颗粒饲料逐渐加压直至颗粒饲料破碎。在颗粒饲料压碎瞬间指针压力数达到最大值，该值即为颗粒硬度；再次测试时，通过按下硬度计表盘上的回零按钮，则指针数值清零，可以开始下一次测试。试验前样品放置方式和试验结束瞬间颗粒破碎形态如图 6-16 所示。

（a）测试前颗粒饲料放置方式

（b）测试结束瞬间饲料破碎形态

图 6-16　硬度仪测试

表 6-5　不同含水率和载荷条件下颗粒饲料的硬度（kg）

加热温度/℃	含水率/%	载荷/MPa				
		5.09	10.19	15.28	20.37	25.46
60	10	1.52	1.64	2.14	2.72	3.19
	12	4.79	3.04	4.93	5.81	6.68
	14	7.69	9.03	9.43	9.74	10.56
	16	9.21	11.13	13.35	14.21	16.18
	18	12.33	14.35	15.04	16.49	16.26
	20	14.17	15.82	16.38	16.52	17.25
70	10	1.91	1.88	2.77	3.66	3.68
	12	3.29	3.79	8.34	5.23	7.52
	14	7.72	8.51	9.82	10.76	11.83
	16	10.13	11.19	12.28	13.15	15.08
	18	11.28	12.06	14.39	15.44	17.89
	20	13.02	13.74	16.98	17.41	18.26
80	10	4.17	5.39	6.11	6.80	7.21
	12	5.38	5.77	6.36	7.51	8.22
	14	10.98	11.31	13.55	14.46	16.05
	16	14.13	14.85	15.16	15.92	17.44
	18	14.34	14.94	15.88	16.10	18.52
	20	15.66	16.22	17.36	17.98	19.47

表 6-6　颗粒饲料硬度影响因素主效应分析

变异来源	平方和	自由度	均方	F 值	P 值
模型	2 267.245[a]	11	206.113	243.783	0.000
截距	10 651.955	1	10 651.955	12 598.736	0.000
温度	109.944	2	54.972	65.019	0.000
载荷	176.595	4	44.149	52.218	0.000
含水率	1 980.706	5	396.141	468.541	0.000
误差	65.947	78	0.845		
总计	12 985.147	90			
总修正值	2 333.192	89			

注：R^2= 0.972（调整 R^2= 0.968）

不同温度、含水率和载荷条件下颗粒饲料的硬度如表 6-5 所示。为了分析各个因素对颗粒饲料硬度的影响，对颗粒饲料硬度做主效应分析，结果如表 6-6 所示。当 $P<0.05$ 时，模型有效，因此该分析结果是可靠的。由主效应分析结果可知，不同温度、含水率和载荷均对颗粒饲料硬度有极显著影响（$P<0.01$）。加热温度和物料含水率越高、加载载荷越大，颗粒饲料的硬度越大。韩浩月（2016）、Sorensen（2015）、Thomas 等（1996）、Thomas 等（1997）等通过对模辊挤压过程理论分析、饲料加工制粒成型试验等方法，研究结果表明调质时间、调质温度、模辊间隙对颗粒饲料硬度有一定影响，这与本研究单孔试验分析的结论基本一致。

6.4　小结

本章通过有限元分析软件 ANSYS，对单孔饲料挤压过程进行模拟与分析；基于自主设计搭建的单孔挤压试验台装置，通过单模孔挤压成型试验，研究饲料原料应力松弛特性和挤压成型的颗粒饲料硬度，分析不同温度、含水率和载荷条件对物料松弛模量和颗粒饲料硬度的影响。主要结论如下：

（1）通过研究饲料挤压过程中的力学行为，分析其应力、应变图和摩擦应力图，结果表明：物料越靠近模孔壁，应力和应变越大，且变化具有一定的层次性；物料进入倒角区开始，等效应力逐渐增大，进入通孔以后，等效应力变化平缓；物料外侧由于受到摩擦阻力的影响，流动性滞后于内部，可能会导致生产的颗粒饲料产生横向裂纹。

（2）挤压过程结束后的瞬间，迅速发生应力松弛现象，有超过 80%的应力松弛值在应力松弛开始后的 30 s 内，此阶段应力衰减速度较快；挤压载荷越大，应力松弛结束后物料残余的应力值越大。

（3）在原料挤压过程中，随着载荷的增加，应力松弛量呈现先减小后增大的趋势。说明在一定程度上提高压缩力有助于饲料在模孔内的挤压成型；随着含水率的增加，饲料颗粒松弛量呈现增大后减小趋势，表明提高含水率有助于提高挤压颗粒饲料的稳定性，这可能是因为含水率增加使得淀粉糊化度增加、物料黏度提高，同时原料更容易软化成型，因此颗粒饲料稳定性提高。当含水率进一步提高时，松弛量呈现降低趋势。

（4）挤压载荷和物料含水率对原料松弛模量有显著影响（$P<0.01$），温度因素对原料松弛模量的影响不显著（$P>0.05$）。松弛模量随载荷的增大而增大，随含水率的提高而减小。以模具加热温度 70℃为例，当载荷为 0.1 kN、含水率为 20%时，原料松弛模量值 E_A最小。

（5）不同温度、含水率和载荷均对颗粒饲料硬度有极显著影响（$P<0.01$）。加热温度高、物料含水率高，则淀粉糊化度越高，颜色越深，颗粒黏结强度越高，其硬度值越大。加载载荷大，颗粒致密程度高，其硬度值也越大。

第7章　小型制粒系统整机试制与性能试验

在第2章饲料原料摩擦和热物理特性研究，第3章、第4章、第5章分别对喂料器螺旋结构和工艺参数、调质器结构和工艺参数、环模与压辊结构关键部件设计和参数优化，以及第6章单孔挤压试验的基础上，完善了整机结构和功能。为检验优化后样机的生产性能，进行整机性能试验研究。

本章以仔猪料配料为例，分析研究整机生产加工出的颗粒饲料成品的含水率、耐久度（PDI）、硬度、整机的产量和耗能等指标，评估样机的改良效果。

7.1　整机设计与部件试制

优化后的样机（彭飞等，2014；彭飞等，2016；彭飞等，2017）结构原理，如图7-1所示。

样机由料斗、喂料器、调质器、制粒机等部分组成。螺旋喂料器为不连续加料装置，转速较低。在变频调速器和驱动电动机的带动下，饲料原料经料斗，由喂料器连续均匀地输送至调质器中。原料在调质器中经过水热反应，充分吸收热量、水分及液体，达到或接近制粒工艺的需求，进而进入制粒室中挤压成型。喂料器工作时，叶片在槽内旋转，加入料槽的物料由于自身重力及料槽摩擦力的作用，沿着料槽向前移动，完成喂料作业。调质器主要由进料单元和调质单元组成。蒸汽进口位于调质单元物料进入处，并与调质腔体连通。在调质器驱动电动机和变频器的带动下，进口螺旋叶片推动原料至调质腔内；蒸汽发生器产生蒸汽，经蒸汽腔、环形分布的蒸汽加工孔，进入到调质腔内；在调质腔内旋转扇形桨叶的搅拌作用下，饲料原料和蒸汽受到挤压、剪切、翻滚和抛出等强制混合作用，进而在剧烈的相对运动中均匀混合并产生水热反应，由出料口流出，完成调质过程。变频器驱动电动机，通过传动轮、传动带，传递动力到制粒机主轴上。当制粒机因堵塞等原因导致主轴扭矩过大时，主轴会与传动带产生摩擦打滑，从而避免因扭矩过大而破坏电动机。制粒机主轴与环模安装盘固定连接，环模和环模密封环均通过特制螺母与环模安装盘固接；制粒机主轴带动环模安装盘、环模、环模密封一起旋转；调质后松散的饲料原料进入环模和压辊间的空隙，在环模和压辊的挤压作用下，经环模孔挤出，由位于环模外沿的切刀切成一定长度的颗粒饲料。

样机的设计及颗粒生产工艺参数如表7-1所示。

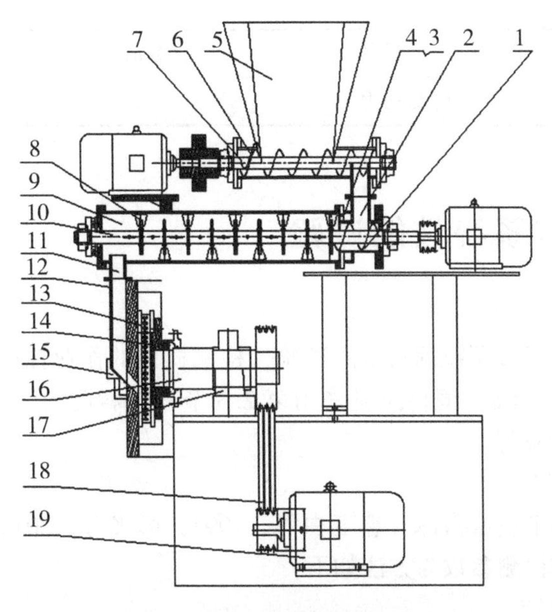

图 7–1　小型制粒系统结构原理图

1. 进料螺旋；2. 进料口；3. 蒸汽腔；4. 蒸汽添加口；5. 料斗；6. 螺旋叶片；7. 喂料主轴；8. 桨叶；9. 调质腔体；10. 调质器主轴；11. 调质器出料口；12. 门盖；13. 环模；14. 环模安装盘；15. 压辊安装套筒；16. 制粒机主轴；17. 轴承支座；18. 减速带；19. 电动机

表 7–1　二轮样机设计参数表

部件	项目	数值	单位
喂料器	喂料轴轴径	35	mm
	喂料轴螺距	57	mm
	喂料轴转速	23.2	r/min
调质器	蒸汽进口个数	10	个
	桨叶安装角度	38.1	°
	调质轴转速	220.6	r/min
制粒机	环模内径	180	mm
	环模长度	15	mm
	压辊个数	2	个
	压辊直径	70	mm
	压辊齿数	46	个
	压辊厚度	28	mm
	偏心安装距离	5	mm

（续表）

部件	项目	数值	单位
整机	配套动力	12	kW

7.2 小型制粒系统性能试验

7.2.1 试验准备

本试验的目的是通过颗粒饲料生产试验，检测样机的作业性能。选用孔径为 3 mm 的环模，其压缩比为 1∶6。饲料原料采用第 2.3 节仔猪料配料，具体成分和比例见表 2-23，其他物理指标良好。

7.2.2 试验指标测定

根据颗粒饲料加工质量指标（盛亚白等，1994；彭飞等，2013），作为评估样机改良效果的依据，试验检测参数与方法如下：

（1）生产率的测定

制粒系统工作稳定后，统计一段时间内生产的颗粒饲料质量，生产率 q_1 理论计算公式为：

$$q_1 = \frac{M}{t_1} \tag{7-1}$$

式中 q_1——生产率，kg/h；

M——料重，kg；

t_1——接料时间，h。

（2）含水率的测定

采用 ASAE 标准方法 S269.4 测定水分含量，具体操作为：将洁净空铝盒在（105±2）℃的电热干燥箱中烘 1 h 取出，在干燥器中冷却 30 min，采用分析天平称重（精确至 0.000 1 g）；再次在电热干燥箱中烘干 0.5 h，同样冷却并称重，直至前后两次称重之差小于 0.000 5 g，含水率 m 计算公式为

$$m = \frac{m_1 - m_2}{m_1 - m_0} \times 100\% \tag{7-2}$$

式中 m_1——105℃干燥前试样及称样铝盒质量，g；

m_2——105℃干燥后试样及称样铝盒质量，g；

m_0——洁净空铝盒质量，g。

（3）硬度的测定

调用质构仪内 Feed Hardness 程序，测定颗粒饲料硬度。压缩试样的速度为 10 mm/min，试验结束限制条件位移为 1.5 mm。由压缩测试结果可得到压缩载荷值，进而求得颗粒饲料的硬度。

（4）含粉率的测定

含粉率是指颗粒饲料样品所含粉料的质量（过 14 目筛的筛下物）占其总质量的百分比（盛亚白等，1994）。其测定方法为：将一定质量的颗粒饲料（计为 m_3）放置于标准试验筛中筛分测定（GB/T 6003. 1—2007，新乡市同心机械有限责任公司），称取筛上物（计为 m_4）。含粉率 y 计算公式（陈炳伟，2009）为：

$$y = \left(1 - \frac{m_4}{m_3}\right) \times 100\% \tag{7-3}$$

（5）颗粒耐久度（PDI）的测定

PDI 是衡量颗粒饲料成品在输送和搬运过程中抗破碎的相对能力（记为 I）。将生产的颗粒饲料冷却至室温，采用 14 层标准试验筛（GB/T 6003. 1—1997，新乡市同心机械有限责任公司）进行筛分测定，具体测定方法为：称取 500 g 完整颗粒饲料（记为 s_0）放入 PDI 箱体内；启动机器，运行 10 min 后，取出所有料并筛分，称量筛上颗粒饲料质量（记为 s_1）。则 PDI 为

$$I = \frac{s_1}{s_0} \times 100\% \tag{7-4}$$

图 7-2　样机试验过程

图 7-3　成型颗粒饲料

7.2.3 试验结果

样机试验过程如图 7-2 所示，生产出的颗粒饲料如图 7-3 所示。试验结果表明，生产的颗粒饲料成品经干燥箱冷却后，其水分为 13.53%，直径为 3 mm，颗粒含粉率为 3.27%，颗粒耐久度 PDI 为 94.34%，颗粒硬度为 176.03 N，生产率约为 42 kg/h，该样机进料出料稳定、调质效果理想、堵机现象较少，有利于小批量精细化的颗粒饲料加工生产。

7.3 本章小结

优化设计的样机，试验检测结果表明：

以仔猪料配料为例，生产的颗粒饲料成品水分为 13.53%，直径为 3 mm，颗粒含粉率为 3.27%，颗粒耐久度 PDI 为 94.34%，颗粒硬度为 176.03 N，生产率约为 42 kg/h，生产过程稳定，有利于小批量、精细化的颗粒饲料加工生产。

第 8 章　乳清粉吸湿特性及其数学模型

8.1　引言

乳清粉是以牛奶为原料加工生产干酪、酪蛋白或凝乳酪中产生的非常有价值的副产物，主要营养成分为乳糖、乳蛋白和矿物质（韩光烈，1995），具有营养丰富、易消化吸收等优点（Bulut 等，2012）。近年来，随着乳品行业的发展以及我国养殖业水平的提高，乳清粉已经被广泛应用于饲料中（高玉红等，2000；刘玉庆等，2007）。由于乳清粉具有疏松多孔的结构，且粒度小，致使乳清粉吸湿性很强，在高温高湿环境下贮存容易腐败变质和产生安全隐患（田河山等，2008）。

国内外对农产品的吸湿特性做了一定的研究（李彦坡等，2007；Zhou 等，2014；杨玲等，2014），Sinija 等（2008）采用静态重量法研究了绿茶粉和绿茶颗粒的水分吸附线，结果表明绿茶粉和绿茶颗粒的水分吸附属于Ⅱ型吸附等温线，Peleg 模型是预测绿茶粉和绿茶颗粒平衡含水率的最佳模型。彭桂兰等（2006）利用静态吸附法，测得了玉米淀粉在 30℃、45℃ 和 60℃ 时不同水分活度下的吸湿和解吸等温线。Toğrul 等（2007）分析评价了 8 种吸附模型与试验得到的核桃仁在不同相对湿度和温度下的解吸等温线与吸附等温线的拟合程度，并确定了最佳拟合模型。多人研究（李彦坡等，2007；Zhou 等，2014；杨玲等，2014；彭桂兰等，2006；Toğrul 等，2007）表明，温度和相对湿度是影响农产品物料吸湿特性的重要因素；为农业物料的平衡含水率测定及其吸附模型的建立提供了参考依据（Sinija 等，2008；Toğrul 等，2007）。国内外文献为探索乳清粉的吸湿特性提供了研究方法和模型验证等理论基础。目前国内外对乳清粉的研究主要集中在其在饲料、食品的营养价值及功能特性、质量评价分析等，对于影响乳清粉加工和贮藏品质的吸湿性的研究很少。因此，本试验通过测定乳清粉在不同温度和相对湿度下的吸湿特性，研究温度、相对湿度对乳清粉的水分吸附情况的影响，并通过非线性拟合比较得出最适宜描述乳清粉水分吸附的模型。研究数据、规律和模型对乳清粉的贮藏和生产加工具有重要的指导作用。

8.2　材料和方法

8.2.1　材料与试剂

乳清粉：原产地为 Tillamook County Creamery Assn，其粗蛋白含量约为 12%，含水

率约为 5%；基于静态吸附法测定乳清粉吸湿性的试剂如表 8-1 所示。

表 8-1　主要试剂与药品

药品名称	级别	生产厂家
百里香酚	分析纯	天津市津科精细化工研究所
六水合氯化镁	分析纯	西陇化工股份有限公司
六水合硝酸镁	分析纯	西陇化工股份有限公司
氯化钠	分析纯	北京化工厂
氯化钾	分析纯	北京化工厂
氯化铜	分析纯	天津市津科精细化工研究所
无水氯化锂	分析纯	北京化工厂
无水碳酸钾	分析纯	北京化工厂
硝酸钾	分析纯	北京化工厂
乙酸钾	分析纯	西陇化工股份有限公司

8.2.2　试验仪器和设备

AL204 型电子精密天平：梅特勒—托利多仪器有限公司；LRH-250 型生化培养箱：上海一恒科学仪器有限公司；DHG-9240A 型电热恒温鼓风干燥箱：上海精宏实验设备有限公司；HT-853 型温湿度计：广州市宏诚集业电子科技有限公司。

8.2.3　不同相对湿度溶液的配制

为了在密闭环境下获得不同的相对湿度，在不同的温度下分别配制不同饱和盐溶液，在不同温度下产生的相对湿度如表 8-2 所示。

表 8-2　不同饱和盐溶液在 25℃、35℃和 45℃下产生的相对湿度

饱和盐溶液	25℃	35℃	45℃
氯化锂	11.3%	11.2%	11.2%
乙酸钾	22.5%	22.4%	21.9%
氯化镁	32.8%	32.1%	31.1%
碳酸钾	43.2%	42.2%	42.0%
硝酸镁	54.4%	51.4%	48.4%
氯化铜	66.4%	65.6%	65.3%
氯化钠	75.3%	74.9%	74.5%
氯化钾	84.3%	83.0%	81.7%
硝酸钾	93.6%	90.8%	87.0%

8.2.4　试验方法

8.2.4.1　吸湿率的测定

采用静态吸附法进行测定：利用密封干燥器形成密闭的平衡环境，快速、准确地称取 0.8~1.0 g 干燥好的乳清粉样品，放入已恒重的称量瓶中，然后放置于干燥器上层，下层放置不同相对湿度的饱和盐溶液（每个样品设 3 个重复）。将干燥器分别放在温度为 25、35 和 45℃的恒温箱中保温（±1℃）。密封干燥器内置入约 0.3~0.5 g 百里香酚，以抑制霉菌。定期取出称量瓶测定乳清粉的吸湿率，直至达吸湿平衡状态。吸湿率计算公式为：

$$A = \frac{m_1 - m_2}{m_0} \times 100\% \qquad (8-1)$$

其中：A 为乳清粉的吸湿率,%；m_1 为吸湿后乳清粉及称量瓶的总质量，g；m_2 为吸湿前乳清粉及称量瓶的总质量，g；m_0 为吸湿前乳清粉的质量，g。

8.2.4.2　吸湿率曲线和吸附等温线的绘制

以时间为横坐标，以相对应的吸湿率为纵坐标，绘制不同温度和相对湿度条件下乳清粉的吸湿率曲线；达到吸湿平衡时，物料的吸湿率即为平衡含水率；以平衡含水率为纵坐标，以水分活度为横坐标作图，即为吸附等温线。

8.2.4.3　临界相对湿度

临界相对湿度常应用于水溶性药物上，当相对湿度增大到一定值时吸湿率急剧增加，吸湿率开始急剧增加时的相对湿度称为临界相对湿度。在吸附等温线上，以曲线两端的曲线点分别作切线，两切线交点所对应的横坐标值即为物料的临界相对湿度。

8.2.4.4　预测模型

农产品常用的吸湿平衡模型及参数见表 8-3（Fennema，2003），其中 *EMC* 表示乳清粉平衡含水率，*Aw* 表示水分活度，*A*、*B*、*C* 和 *D* 表示各模型中的常数。

表 8-3　农产品常用的吸湿模型

模型名称	模型表达式
Chung-Pfost	$EMC = \left(\frac{-1}{B}\right) In\left(\frac{InAw}{-A}\right)$
GAB	$EMC = \frac{ABCAw}{(1 - BAw)(1 - BAw + BCAw)}$
Halsey	$EMC = \left(\frac{-A}{InAw}\right)^{1/B}$
Hendenson	$EMC = \left[\frac{-In(1 - Aw)}{A}\right]^{1/B}$
Oswin	$EMC = A\left(\frac{Aw}{1 - Aw}\right)^{B}$

（续表）

模型名称	模型表达式
Peleg	$EMC = A(Aw)^{B} + C(Aw)^{D}$
Smith	$EMC = A - BIn(1 - Aw)$

8.2.4.5 数据分析

运用 Origin 软件绘制乳清粉的吸湿平衡曲线和切线。通过 Matlab 软件对试验所得（EMC，Aw）数据系列分别采用表 8-3 中的 7 个模型进行非线性拟合处理，求得各模型中的常数 A、B、C 和 D。采用表 8-4 中的 4 个统计参数进行评判，其中：X_{eq}为实际测得的平衡含水率，X_{pre}为模型预测的平衡含水率，N 为试验测定数据点数。

表 8-4 吸湿模型拟合效果的统计参数及其描述

统计参数	计算式	参数描述
决定系数（R-square）	$R^2 = 1 - \frac{\sum_{i=1}^{N}(X_{eq} - X_{pre})^2}{\sum_{i=1}^{N}(X_{eq} - \overline{X_{eq}})^2}$	表明模型与等温线数据拟合程度，其值越接近 1，拟合越好
残差平方和（residual sum-of-square，R_{SS}）	$R_{SS} = \sum_{i=1}^{N}(X_{eq} - X_{pre})^2$	表明模型与等温线数据拟合程度，其值越小拟合越好
均方根误差（root mean square error，RMSE）	$R_{MSE} = \sqrt{\frac{1}{N}\sum_{i=1}^{N}(X_{eq} - X_{pre})^2}$	表明观测值与模型预测值的平均偏差程度，其值越小两者越接近
平均相对偏差（mean relative deviation，MRD）	$M_{RD} = \frac{1}{N}\sum_{i=1}^{N}\frac{\mid X_{eq} - X pre\mid}{X_{eq}}$	表明观测值与模型预测值的平均偏差程度，其值越小两者越接近

8.3 试验结果与分析

8.3.1 乳清粉的吸湿曲线

采用静态吸附法，测得不同温度和相对湿度条件下乳清粉的吸湿曲线，如图 8-1 所示。

由图 8-1 可知，在 25℃、35℃和 45℃条件下，乳清粉吸湿曲线的变化趋势基本一致：随着时间的增长，乳清粉吸湿率逐渐增大，说明其具有较强的吸湿性。相对湿度对乳清粉的吸湿性影响显著：在相同的时间内，环境相对湿度越高，曲线斜率越大，即乳清粉吸湿率越大。湿度越高，乳清粉吸湿速率越快，达到平衡时乳清粉的吸湿率也就越大。这是因为：湿度越大时，封闭空间内溢出的水分子越多，乳清粉接触和吸收水分子的机会也越大，且水分子会由表层乳清粉向内部分子转移，直到这乳清粉全部达到吸湿

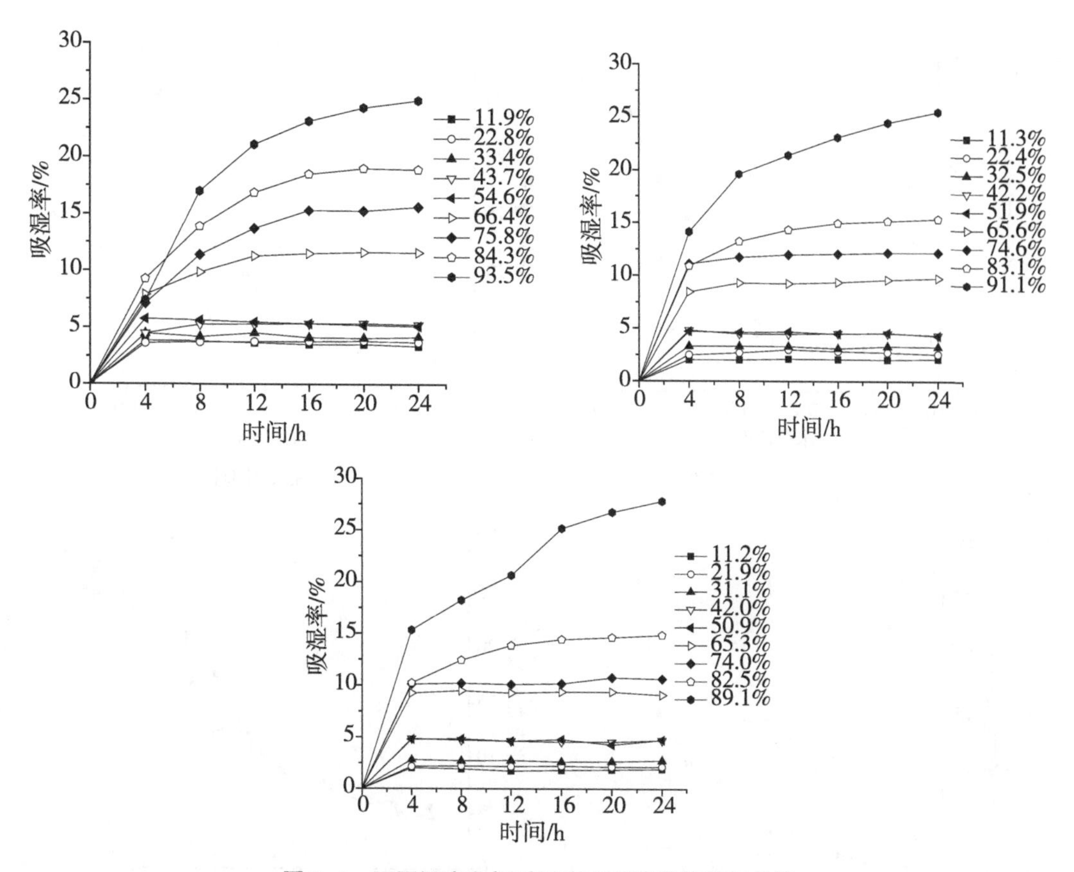

图 8-1　不同温度和相对湿度下乳清粉的吸湿曲线

平衡。

温度对乳清粉的吸湿性有一定的影响，主要表现在吸湿速率的差异：相对湿度为 11%~55%时，三种温度下乳清粉的吸湿速率差异不大，达到吸湿平衡时基本都为 4 h；湿度为 65%~90%时，随着温度的增加，达到吸湿平衡的时间缩短，吸湿速度增大：温度为 25℃、35℃和 45℃时，达到吸湿平衡的时间分别约为 16 h、13 h、12 h。结果表明，在相对湿度高的条件下，高温会增强乳清粉的吸湿速率。这是因为：温度升高，水分子的活性增强，水分子在乳清粉中的扩散速度增大，乳清粉吸湿速率也就增大。

8.3.2　乳清粉的吸附等温线和临界相对湿度

以平衡含水率为纵坐标，以水分活度为横坐标作图，绘制 25、35 和 45℃温度条件下的吸附等温线（图 8-2）。

由图 8-2 可知，在 25、35 和 45℃条件下，吸附等温线的变化趋势基本一致，均是随着水分活度的增大，乳清粉平衡含水率逐渐增大。在不同的水分活度区间范围内，乳清粉的平衡含水率变化速率不一致：当水分活度 $A_W<0.65$ 时，平衡含水率随水分活度的增加，增幅不大；当水分活度 $A_W>0.65$ 时，增幅显著增大。这是因为随着乳清粉颗粒微孔上的水层越来越厚，凝结水会在空隙间形成球面，导致颗粒孔隙上受到的实际压力随着外界附加压力的增大而减小（Fennema，2003）。研究表明具有微孔的乳清粉有

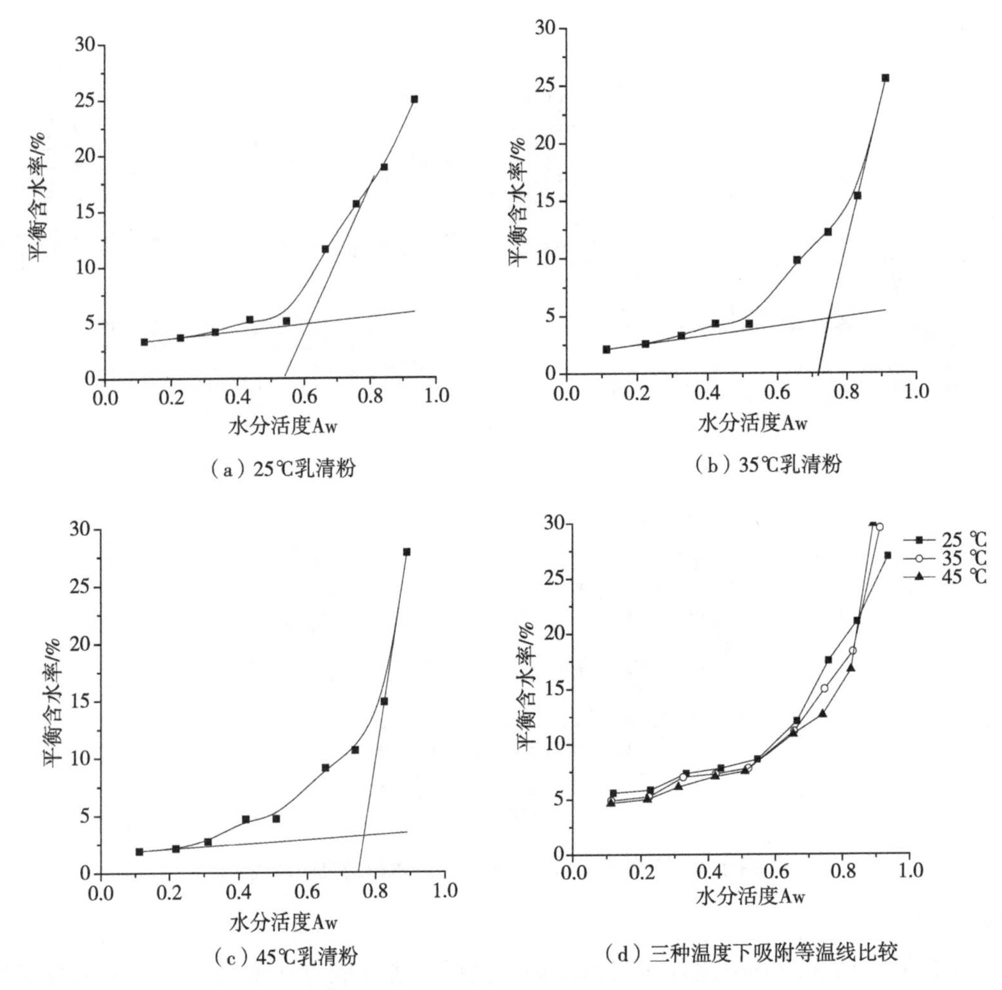

（a）25℃乳清粉

（b）35℃乳清粉

（c）45℃乳清粉

（d）三种温度下吸附等温线比较

图 8-2　乳清粉的水分吸附等温线

着不受束缚的单层和多层吸附位点，在进行物理吸附时曲线呈“S”形，属于Ⅱ型等温线，乳清粉可以进行多层吸附。

图 8-2d 中可以看出，在一定的水活度下，随着温度的升高，平衡含水率下降。这种趋势是由于温度引起物质理化性质的变化而导致水的亲和活性点减少的结果（Palipane，1993）。这是因为：温度升高，水分子的活性能提高，使物料亲水力破坏，变得不再稳定，因而导致平衡含水率降低；随着温度的变化，处于不同激发态的分子距离会发生变化，因为分子间的引力也会变化，导致在一定的水活度下，随着温度的变化吸收的水分子数量也会发生变化（Mazza，1980）。

临界相对湿度是吸湿物质的特征参数及贮藏条件控制的重要参数。乳清粉在 25℃、35℃和 45℃的临界相对湿度分别为 63.5%、75.1%和 77.8%（图 8-3），说明温度的变化会影响乳清粉的临界相对湿度：温度越高，乳清粉临界相对湿度越大。当环境相对湿度大于临界相对湿度时，乳清粉吸湿率迅速增加。因此，为保持乳清粉粉体稳定，要求严格控制环境相对湿度，避免超过其临界相对湿度。

8.3.3　乳清粉吸附等温线的模型拟合

采用国际上有关农业物料的 7 种常见的数学模型，对水分活度 0.11~0.94 范围内乳清粉的吸附等温线进行了拟合和统计分析，表 8-5 为拟合得到的预测模型与试验测定的吸附等温线的对比。

表 8-5　乳清粉吸附等温线统计学参数与模型参数

模型	参数	25℃	35℃	45℃
Chung-Pfost	A	2.238	1.841	1.727
	B	14.42	13.75	12.67
	R^2	0.928 7	0.900 1	0.827 8
	R_{MSE}	0.021 1	0.024 7	0.034 9
	R_{SS}	0.003 1	0.004 3	0.008 5
	M_{RD}/%	28.365 89	39.452 89	47.558 91
GAB	A	0.101 6	0.037 72	0.030 07
	B	0.750 6	0.941 2	1
	C	1.213	3.945	5.588
	R^2	0.959	0.984 2	0.987 9
	R_{MSE}	0.016	0.009 8	0.009 2
	R_{SS}	0.001 5	5.798 4e-004	5.988 2e-004
	M_{RD}/%	19.722 72	12.308 79	11.533 76
Halsey	A	0.006 185	0.015 84	0.029 7
	B	1.815	1.313	1.041
	R^2	0.908 7	0.981 7	0.987 5
	R_{MSE}	0.023 9	0.010 6	0.009 4
	R_{SS}	0.004	7.824 3e-004	6.199 8e-004
	M_{RD}/%	25.933 79	14.262 31	9.330 533
Hendenson	A	11.87	7.52	5.324
	B	1.081	0.810 4	0.647 5
	R^2	0.958 6	0.978 2	0.952 4
	R_{MSE}	0.016 1	0.011 5	0.018 4
	R_{SS}	0.001 8	9.331 9e-004	0.002 4
	M_{RD}/%	19.959 89	21.495 73	30.489 34

（续表）

模型	参数	25℃	35℃	45℃
Oswin	A	0.075	0.056 37	0.047 75
	B	0.474 3	0.649 9	0.819 6
	R^2	0.932 3	0.987 1	0.980 3
	R_{MSE}	0.020 6	0.008 9	0.011 8
	R_{SS}	0.003	5.548 8e-004	9.759 0e-004
	M_{RD}/%	21.037 11	11.743 19	16.128 81
Peleg	A	0.019 14	0.078 07	1.488
	B	-0.282	0.723 2	20.08
	C	0.281 6	0.31	0.155 3
	D	2.893	6.037	1.42
	R^2	0.980 5	0.975 9	0.990
	R_{MSE}	0.011	0.012 2	0.008 4
	R_{SS}	6.095 8e-004	7.381 4e-004	3.549 5e-004
	M_{RD}/%	9.521 602	10.543 52	13.907 75
Smith	A	0.009 017	-0.008 33	-0.016 55
	B	0.091 28	0.100 1	0.111 8
	R^2	0.960 7	0.961 8	0.902 1
	R_{MSE}	0.015 7	0.015 3	0.026 3
	R_{SS}	0.001 7	0.001 6	0.004 8
	M_{RD}/%	18.000 48	22.744	31.821 6

由表8-5所示的统计学参数和模型参数进行分析，乳清粉吸附等温线拟合模型的拟合效果依次为Peleg>GAB>Oswin>Halsey>Hendenson>Smith>Chung-Pfost模型，说明在水分活度0.11~0.94范围内，Peleg模型对乳清粉的水分吸附过程描述较好。代入模型常数，获得乳清粉在25℃、35℃和45℃下的吸附拟合模型方程：

$$EMC = 0.01914A_W^{-0.282} + 0.2816A_W^{2.893} \tag{8-2}$$

$$EMC = 0.07807A_W^{0.7232} + 0.31A_W^{6.037} \tag{8-3}$$

$$EMC = 1.488A_W^{20.08} + 0.1553A_W^{1.42} \tag{8-4}$$

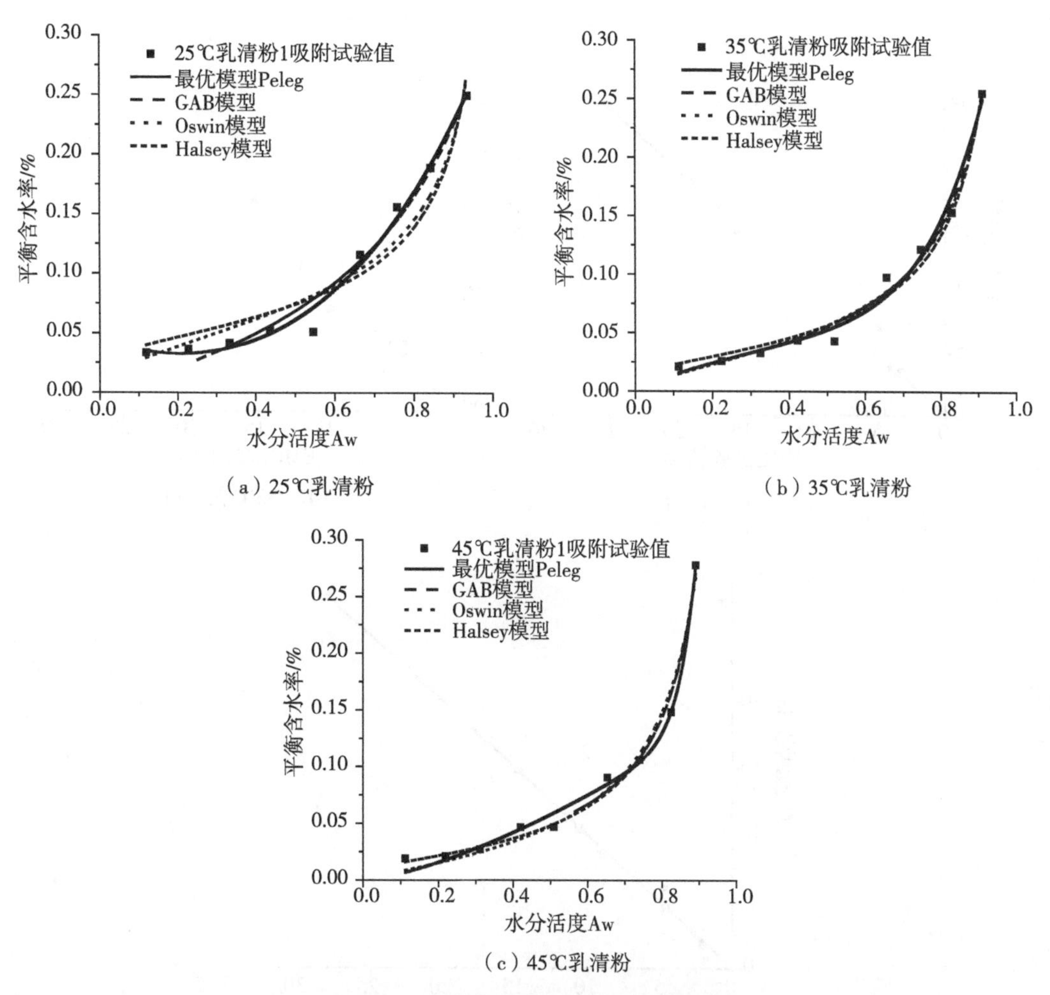

（a）25℃乳清粉　（b）35℃乳清粉　（c）45℃乳清粉

图 8-3　乳清粉吸附等温线与预测模型

8.3.4　乳清粉吸附等温线模型的验证

根据式（8-2）~（8-4），通过 Peleg 模型得到乳清粉吸附等温的预测值，建立吸附试验数据与模型预测值之间的关系（彭桂兰等，2006；Toğrul 等，2007）。为验证 Peleg 模型对乳清粉的拟合效果，以平衡含水率（EMC）试验值为横坐标，EMC 预测值为纵坐标作图，如图 8-4 所示。

图 8-4 表示最优化 Peleg 模型拟合乳清粉吸附试验数据与模型预测值之间的关系，可以看出，由试验值与模型预测值组成的数据点，都分布在 $r=1$ 的线上或其附近，说明试验值与预测值有高度线性关系，具有很好的拟合效果，因此 Peleg 模型对预测乳清粉的平衡含水率有重要指导意义。

8.4　结论

试验研究了不同温度（25℃、35℃ 和 45℃）和相对湿度（11%~94%）下乳清粉

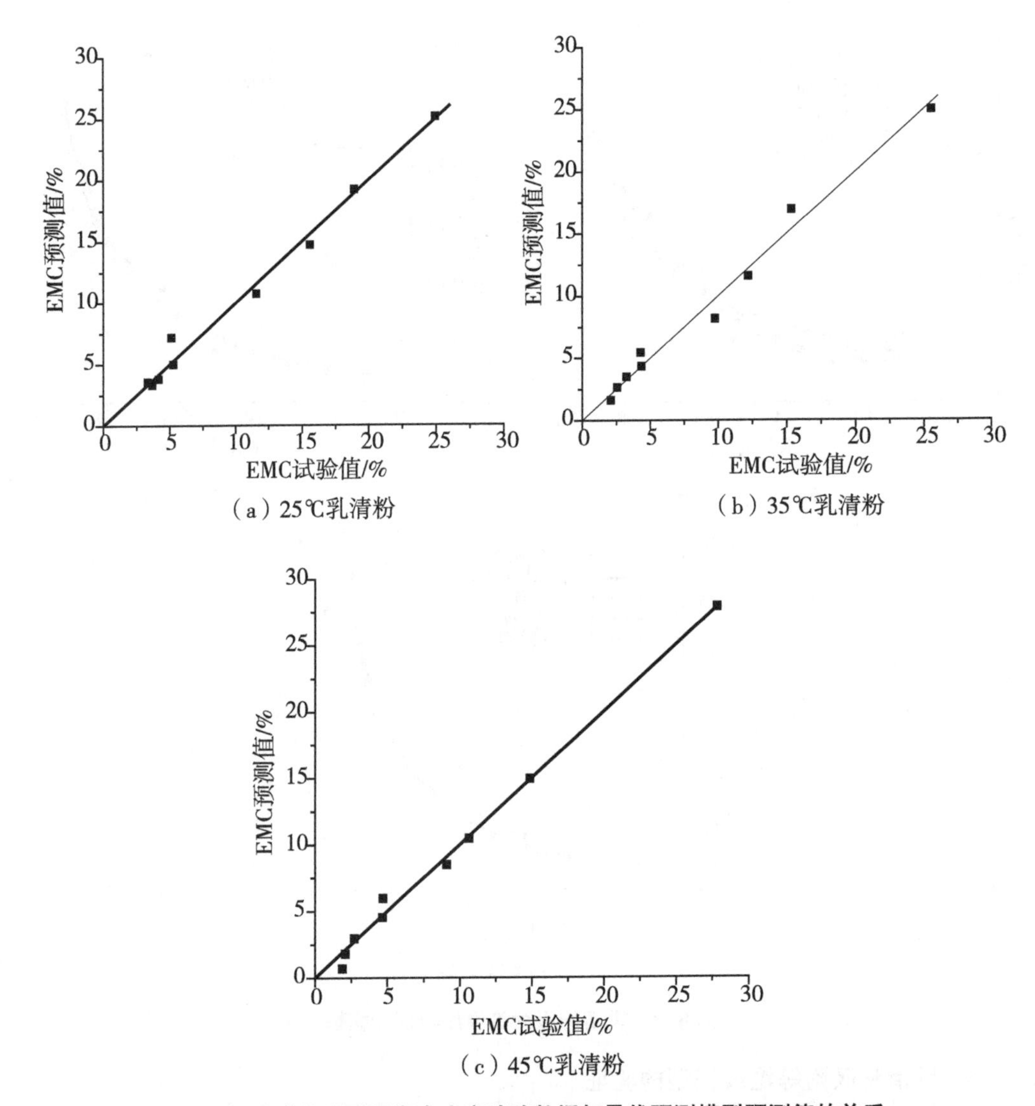

（a）25℃乳清粉

（b）35℃乳清粉

（c）45℃乳清粉

图 8-4　乳清粉吸附平衡含水率试验数据与最优预测模型预测值的关系

的吸湿特性，分析了吸湿性随温度和相对湿度的变化规律，对本质原因进行了探讨，并对乳清粉的水分吸附过程进行了拟合，得到了乳清粉最优的吸附模型，主要结论如下：

（1）乳清粉具有较强的吸湿特性，且温度与相对湿度对其吸湿性影响显著。温度越高、湿度越大，则乳清粉的吸湿速率越快；平衡含水率随湿度的增大而增加，随温度的升高而减小；平衡含水率随着水分活度的增加而增大，乳清粉的吸附等温线呈“S”形，属于Ⅱ型等温线。

（2）温度的变化会影响乳清粉的临界相对湿度。该乳清粉在25℃、35℃和45℃条件下的临界相对湿度分别为63.5%、75.1%、77.8%。为保持乳清粉粉体稳定，要求在制备、分装、运输和贮藏过程中严格控制环境相对湿度，避免超过其临界相对湿度。

（3）乳清粉吸附等温线拟合模型的效果依次为 Peleg > GAB > Oswin > Halsey >

Hendenson>Smith>Chung-Pfost 模型。因此，在水分活度 0. 11~0. 94 范围内，Peleg 模型对乳清粉的水分吸附过程描述效果最好。该乳清粉在 25℃、35℃和 45℃条件下的吸附拟合 Peleg 模型方程分别为：$EMC = 0.01914A_W^{-0.282} + 0.2816A_W^{2.893}$；$EMC = 0.07807A_W^{0.7232} + 0.31A_W^{6.037}$；$EMC = 1.488A_W^{20.08} + 0.1553A_W^{1.42}$。结果表明，Peleg 模型能够很好地预测乳清粉的平衡含水率，对乳清粉的干燥、贮藏和包装有一定的指导意义。

第9章　基于三维激光扫描的大麦籽粒模型构建

9.1　引言

大麦（*Hordeum vulgare* L.），别名牟麦、饭麦、赤膊麦，种植历史悠久，是全球第四大禾谷类、第五大农作物，产量仅次于玉米、小麦、水稻和大豆，高于土豆和薯类等作物（曹文等，2016）。其具有生育周期相对较短、适应性广、抗逆性强（耐瘠、抗旱、抗寒和抗盐碱）等特性（夏岩石等，2010），长久以来都是欧洲东部、非洲北部、亚洲喜马拉雅地区和其他极端气候地区居民的主食和主要碳水化合物来源。大麦含有较高的蛋白质、膳食纤维、维生素、矿物质元素等，包括65%~68%淀粉，10%~17%蛋白质，11%~34%总膳食纤维，4%~9% β-葡聚糖，2%~3%脂类和1.5%~2.5%矿物质以及多种功能性成分（张敏等，2016），在动物饲料、麦芽饮料（啤酒）、食品等行业应用广泛（陈明贤等，2010；申德超等，2007）。

国内外学者在农产品领域尤其是谷物及种子的力学特性方面做了一定的研究（张锋伟等，2016；Salarikia 等，2017；吴亚丽等，2009），对象如哈密瓜（Seyedabadi 等，2015）、龙眼（卿艳梅等，2011）、番茄（Li 等，2016）、荔枝（陈燕等，2011）、苹果（Ahmadi 等，2016）等瓜果，又如玉米（李心平等，2007）、小麦（张克平等，2010）、谷子（杨作梅等，2015）等谷物。研究表明，含水量和加载方式是影响谷物及种子力学特性的重要因素（周祖锷，1994），研究为探索大麦的力学特性提供了模型建立和研究方法等理论基础（Aghajani，2011）。大麦籽粒在收获、脱粒、贮藏及运输等作业过程中均受到载荷作用，从而引起大麦籽粒内部应力，产生破裂或永久变形等机械损伤，进而影响其品质和利用率、降低经济效益及种子的发芽率。因此研究大麦籽粒的力学特性具有重要意义，但是国内外结合试验与有限元分析方法对大麦力学特性的研究鲜有报道。

精确地获得农业物料的三维形貌特征数据，有助于更深入的研究与农业物料表面结构相关的性质（周祖锷，1994）。传统方法在构建农产品及其谷物种子几何模型过程中，大都对研究对象的物理形态进行简化并作近似处理，即通过游标卡尺对研究对象的几何尺寸进行测定，基于所测的尺寸再将其简化为球体、椭球体等规则形状（张锋伟等，2016；陈燕等，2011；张克平等，2010；杨作梅等，2015）。实际上，绝大多数农业物料为非规则形状，特别是大麦籽粒体积较小、形状不规则、有腹沟等凹陷（Aghajani 等，2011），若采用传统方法测定并建立大麦模型，存在测量难度高、所需时间长、数据误差大、仿真结果精度低等缺陷。

针对此问题，首先以不同含水率的大麦籽粒为试验材料，在常温静态加载下进行压缩力学试验并分析其力学特性；接着基于三维激光扫描的建模方法，提取大麦籽粒三维尺寸及整体轮廓几何特征参数，依据实际外形轮廓特征建立非规则大麦籽粒有限元模型并进行压缩仿真试验，验证了该建模方法的精确性和可靠性。研究为大麦种植、收获、储运和加工等相关机械设计及加工工艺参数优化提供参考，同时为精确建立非规则农副产品模型提供一种新方法。

9.2　材料与方法

9.2.1　大麦籽粒力学参数的试验测定

9.2.1.1　试验材料

大麦籽粒：品种为鲁啤1号，取自山东枣庄，原始水分10.56%，容重647.50 g/L。大麦籽粒饱满、无损伤、无病虫害。利用数显游标卡尺（精度为0.01 mm，张家口市锦丰五金工具制造有限公司）对随机选取的50粒进行几何尺寸测定（如图9-1所示），最后测得其平均几何参数：长8.26 mm，宽3.41 mm，高2.57 mm。取样后将大麦筛选去除杂质，自然晾干，待大麦的含水率降到13%左右时放入到自封袋中，在4℃的环境下进行贮藏。

（a）大麦籽粒形态

（b）大麦尺寸测定

图9-1　大麦籽粒形态及其尺寸测定

9.2.1.2　试验仪器

PL2002型电子天平：上海梅特勒—托利多仪器有限公司；DHG-9240A型电热恒温鼓风干燥箱：上海精宏实验设备有限公司；Instron-4411型万能材料试验机（最大载荷5 000 N，位移误差±0.05%，载荷误差±1.0%）：英斯特朗公司。

9.2.1.3　试验样品的制备

为研究含水率对大麦力学特性的影响，通过赋水法（彭飞等，2015）对大麦进行赋水处理。含水率的测定采用130℃±3℃烘箱干燥法，参考GB/T 21305—2007（食品安全国家标准，2017)。不同水分的调节方法如下：由公式（9-1）计算出调节到目标水分所需添加蒸馏水的质量，然后将蒸馏水均匀喷洒到大麦上，将加过水的大麦置于密封袋中一昼夜期使水分均匀。据此将大麦质量含水率处理为 7.94%、11.02%、14.29%、16.85%、20.37%（大麦收获时含水率通常在 18%~20%）。

$$Q = \frac{w_i(m_f - m_i)}{(100 - m_f)} \tag{9-1}$$

式中 Q——所需添加蒸馏水的质量，g；

w_i——大麦的质量，g；

m_i——大麦含水量,%；

m_f——调节后大麦含水量,%。

9.2.1.4 籽粒压缩力学性能试验

谷物及种子在贮藏、运输及加工等作业过程中，一般是在自然状态下承受各种外力的作用，因此在自然状态下对其进行整体力学研究有重要意义。由于大麦籽粒形状不规则，且一侧带有腹沟（陈明贤等，2010），为保证试验方案的可靠性和数据结果的准确性，对大麦籽粒进行平放（H 方向）、侧放（W 方向）、立放（L 方向）共 3 种方式的力学加载，如图 9-2 所示。为避免应力集中，3 种方式加载试验前，分别用锉刀磨去大麦籽粒与加载平板和支撑面两端 0.3 mm 的尖端部分。

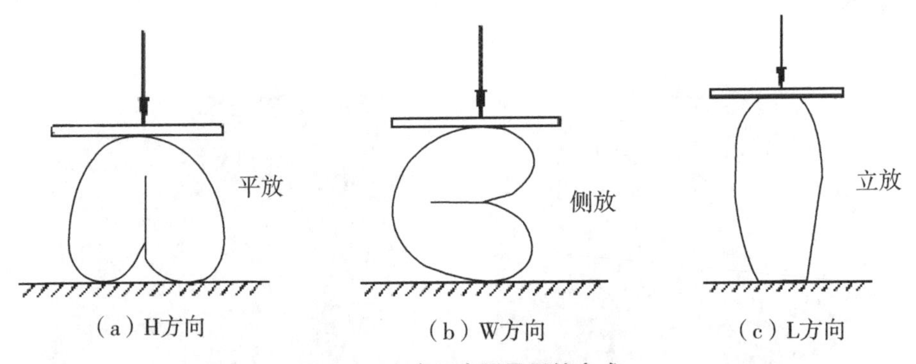

图 9-2 大麦示意图及压缩方式

试验选用刚性平板压头，底部直径为 30 mm，试验时将大麦籽粒放置于压头中心位置，调整压头底部至接触到大麦籽粒。万能材料试验机以 1 mm/min 速度对不同含水率、不同加载方向的大麦籽粒进行施压试验；当压头接触到大麦后，显示器开始记录并显示压力和位移数据，直至大麦因受力增大而破裂，压力急速降低而自动停机，实时动态显示力、位移、形变和力—位移试验曲线等。每组试验重复 10 次，最后取试验结果的平均值。

弹性模量是反映材料抵抗弹性变形能力的指标，基于赫兹接触应力理论，用刚性压板对球形或椭球形农业物料加载时，其试验材料的弹性模量为（周祖锷，1994）

$$E = \frac{3F(1 - \mu^2)}{4D^{1.5}} \left(\frac{1}{R}\right)^{0.5} \tag{9-2}$$

式中 E——试样的弹性模量，MPa；

F——大麦籽粒平均破碎负载，N；
μ——泊松比；
R——物料的曲率半径，mm；
D——试样的压缩变形，mm。

9.3　试验结果与分析

9.3.1　方差分析

分别对 5 种含水率、3 种加载方式（平放、侧放、立放）的大麦籽粒进行压缩试验，对测得的各项力学参数求平均值，试验结果如表 9-1 所示。

表 9-1　大麦静态压缩试验结果

加载方式	含水率/%	弹性模量/MPa	最大应变/%	破碎负载/N	屈服强度/MPa
平放	7.94	167.84	0.88	150.36	1.62
	11.02	141.51	0.96	110.41	1.27
	14.29	128.37	0.75	98.39	1.13
	16.85	124.44	1.15	92.65	0.94
	20.37	116.95	0.92	72.18	0.85
侧放	7.94	152.96	0.95	157.32	2.12
	11.02	135.08	0.90	122.51	1.95
	14.29	130.07	1.15	115.76	1.63
	16.85	102.25	0.90	95.27	1.47
	20.37	94.04	0.26	84.18	1.18
立放	7.94	142.49	0.95	146.58	1.92
	11.02	123.54	1.12	105.21	1.86
	14.29	116.13	1.06	102.58	1.53
	16.85	100.11	0.75	85.62	1.45
	20.37	87.39	0.73	70.40	1.27

9.3.2　各因素对力学参数的影响

利用 SPSS 数据统计软件对大麦力学参数试验结果作方差分析，模型中因变量为弹性模量、破碎负载、最大应变、屈服强度，固定因子为加载方式和含水率，分析结果如表 9-2 所示。

表 9-2　大麦籽粒加载力学结果方差分析

变异来源	因变量	平方和	自由度	均方	F 值	P 值
加载方式	弹性模量	1 211.224	2	605.612	20.292	0.001
	破碎负载	456.296	2	228.148	20.949	0.001
	最大应变	0.030	2	0.015	0.304	0.746
	屈服强度	0.765	2	0.383	58.539	0.000

（续表）

变异来源	因变量	平方和	自由度	均方	*F* 值	*P* 值
含水率	弹性模量	5 530.900	4	1 382.725	46.331	0.000
	破碎负载	9 733.206	4	2 433.302	223.428	0.000
	最大应变	0.262	4	0.065	1.311	0.344
	屈服强度	1.185	4	0.296	45.329	0.000

由表 9-2 分析可知，加载方式对大麦籽粒的弹性模量（$P<0.01$）、破碎负载（$P<0.01$）、屈服强度（$P<0.01$）该三项力学参数影响极显著，加载方式对大麦籽粒的最大应变影响不显著（$P=0.746$）。含水率对大麦籽粒的弹性模量（$P<0.01$）、破碎负载（$P<0.01$）、屈服强度（$P<0.01$）该三项力学参数影响极显著，含水率对大麦籽粒的最大应变影响不显著（$P=0.344$）。固定因子对大麦的最大应变影响不显著，这可能是大麦籽粒较小，个体力学性质差异较大造成的。3 种不同加载方式下，弹性模量、破碎负载、屈服强度都随着含水率的增大呈递减趋势，这一现象与其他谷物籽粒力学参数随含水率变化的规律相似（李心平等，2007；张克平等，2010），这可能是因为籽粒的含水率越低，其内部组织结合越紧密，硬度越高，因此承受载荷和抵抗破裂的能力也越强；随着含水率增大，内部组织软化，因此承受载荷和抵抗破裂载荷的能力减弱，故大麦的弹性模量、破碎负载、屈服强度呈降低趋势。基于降低大麦机械损伤的角度，当大麦播种器、排种器、收获机等农业机械作业时，作用力应小于大麦的破碎负载；由于较低含水率的大麦抵抗机械损伤的能力更强，大麦播种前应尽量晾晒充分。该力学数据和规律对大麦的播种、生产加工具有一定的指导作用。

9.4 基于三维激光扫描的大麦籽粒建模

9.4.1 三维激光扫描原理

三维激光扫描技术是新兴的数据获取方式，利用全自动立体高精度立体扫描仪，获取实物表面的位置坐标点数据，通过点云数据处理、去噪、逆向建模等后续操作，获得精确的实物模型及其物理参数，能够克服传统测量技术的局限性，具有扫描速度快、实时性强、精度高、主动性强、数据密度大、非接触测量等特点（魏学礼等，2010；温维亮等，2016），快速重构被扫描实体的点云模型，且输出格式可以在多种软件中进行后处理、便于将现实中的目标结构信息转换成可以处理的数据，现在广泛应用于工程测量、逆向工程、虚拟建模等领域（刘彩玲等，2016；王佳等 2013）。本章将三维激光扫描技术应用到大麦籽粒建模，为重建其三维形态结构提供一种全新有效的方法。

9.4.2 大麦籽粒模型的构建

采用北京博维恒信科技发展有限公司生产的三维扫描仪（MSC 五/四轴全自动扫描系统，工作台面直径为 200~500 mm，扫描精度≤0.03 mm，最大转速为 35°/s），通过高精度数控转台多角度扫描精确自动拼接，生成三维点云数据，利用自动化逆向工程软件 Geomagic Studio 将点云数据转换成精确的数字模型，作为有限元三维建模的模型基础。图 9-3(a) 为生成的点云集合，依次对其进行着色、除噪、点云注册、点云三角片化、合并、模型修正操作，最终得到大麦籽粒多边形模型如图 9-3(b) 所示。

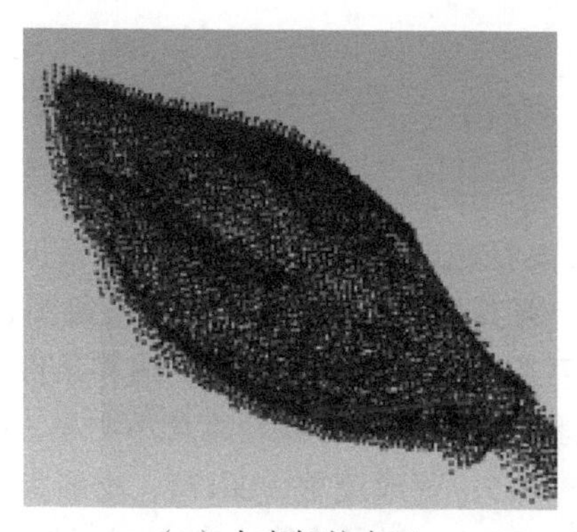

(a) 大麦籽粒点云

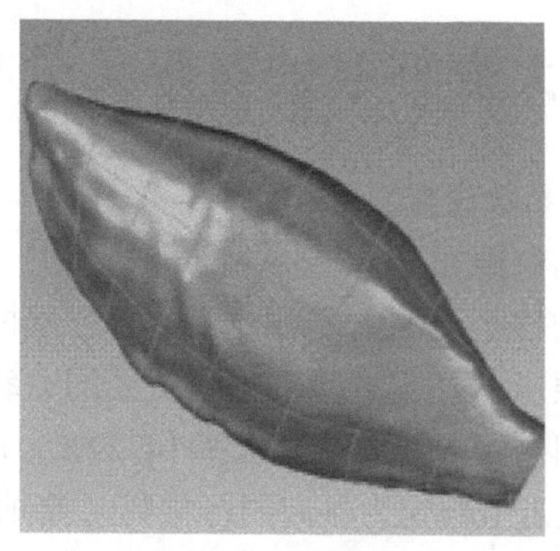

(b) 多边形模型

图 9-3　大麦籽粒三维模型的建立

扫描时，三维扫描仪对大麦设定一个坐标系来记录点云空间数据。在 Geomagic Studio 中继续沿用这一坐标系，利用该软件自带测量工具测定大麦籽粒体积、三维尺寸等几何特征参数。将 Geomagic Studio 中创建的籽粒三维模型保存为 igs 格式，导入到三维软件 Pro/E 中，通过逆向建模构建大面籽粒的轮廓曲面，得到 Pro/E 三维模型如图 9-4(a) 所示。

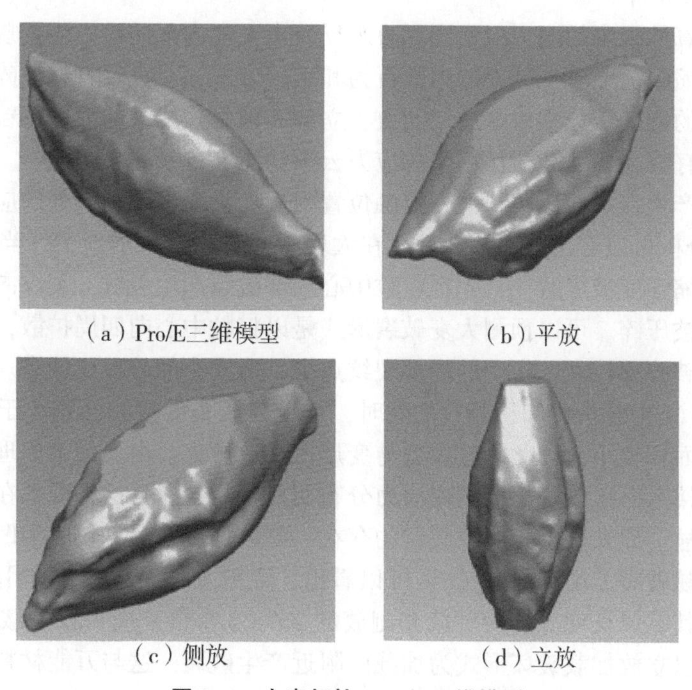

(a) Pro/E三维模型　(b) 平放

(c) 侧放　(d) 立放

图 9-4　大麦籽粒 Pro/E 三维模型

为避免压缩时接触点的应力集中，与真实试验相一致，将大麦籽粒的 Pro/E 三维模型两端去掉 0.3 mm 的尖端部分，建立大麦籽粒的 Pro/E 几何模型如图 9-4(b)~4(d)所示。

9.5 大麦籽粒的有限元分析

9.5.1 参数设置

利用有限元分析软件 Abaqus 13.0，对大麦籽粒的压缩过程进行仿真模拟。基于三维激光扫描生成的大麦籽粒 Pro/E 三维模型，将其保存为 stp 格式，导入到 Abaqus 软件中，按照压缩真实试验中籽粒所受的力和约束条件设置仿真环境下的边界条件。

选用初始条件下（含水率 14.29%）的试验数据，大麦籽粒纤维化不明显，因此可以将其材质近似假定为各向同行材料（涂灿等，2015；曹成茂等，2017），材料类型选用线弹性材料，类比小麦、水稻和坚果（张克平等，2010；刘彩玲等，2016；涂灿等，2015），材料属性中泊松比取 0.3，弹性模量选用试验测得数据：平放加载时为 128.37 MPa，侧放加载时为 130.07 MPa，立放加载时为 116.13 MPa。考虑到有限元网格划分的特点以及大麦籽粒的几何尺寸，选用三维 Tet 中的 C3D4 类型对大麦籽粒模型进行网格划分。在大麦上端中心加载垂直于压头的大麦籽粒破碎负载，根据试验测得的压缩试验数据设置加载载荷，平放加载时为 102.58 N，侧放加载时为 115.76 N，立放加载时为 98.39 N，大麦模型下端采用固定约束。

9.5.2 结果与分析

有限元仿真结果中的应力应变图可直观反映出大麦内部的应力应变规律，并据此来分析大麦在压缩载荷下产生破碎的力学行为和破碎方式，对大麦籽粒破碎和机械损伤的研究具有重要的意义。分别对平放、侧放、立放 3 种方式压缩的大麦籽粒进行有限元模拟，得到大麦籽粒在压缩载荷作用下的应力云图如图 9-5 所示。

最大应变产生在平板压头与大麦接触位置附近，大麦上端加载处的应变最大。从云图 9-5（a）分析可以看出，平放加载时在大麦中心受到最大的应力，当应力峰值超过大麦材料的压缩强度极限时，首先在籽粒中心局部破裂产生裂纹，裂纹向周围延伸最终导致整个籽粒被压碎。可以预测大麦破裂形式是以籽粒中心向四周扩散，这样导致其籽粒整体破裂，破碎率较大，产生的局部裂纹点少，造成小的碎粒比较多。

由图 9-5（b）分析可知，侧放加载时，籽粒与压头的接触面积小于平放加载，沿加载方向接触面积较小，因此侧放应力与变形比平放更大，由圣维南原理可知，在加载载荷作用下，接触面区域局部范围内应力分布明显不均匀，且这种现象在侧放加载时比横向加载更明显。此外，由于籽粒腹沟的存在，侧放加载时沿籽粒腹沟凹陷的方向，较其他方向更容易破裂。由图 9-5（c）可以看出，立放加载时，载荷作用在籽粒长度方向的两端，且其有效长度分别为平放和侧放的 2.7~3.9 倍，应力在加载面接触附近的应力更大，所以立放加载破坏形式为加载面附近产生破裂，这与万能材料试验机加载破碎现象一致。

对比以上 3 种加载方式可知，侧放加载时的最大应力大于平放加载，立放加载时最

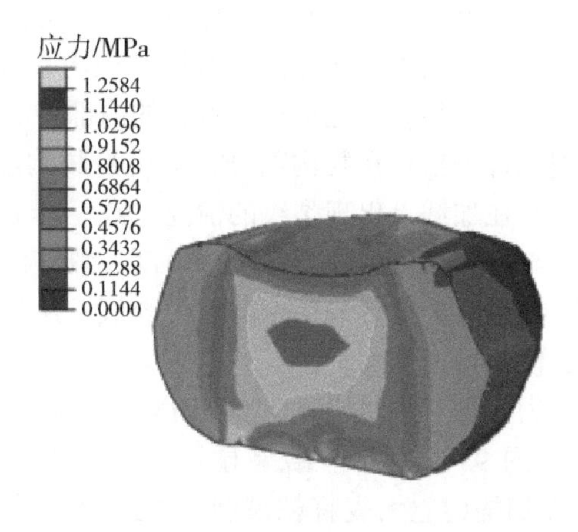

（a）平放

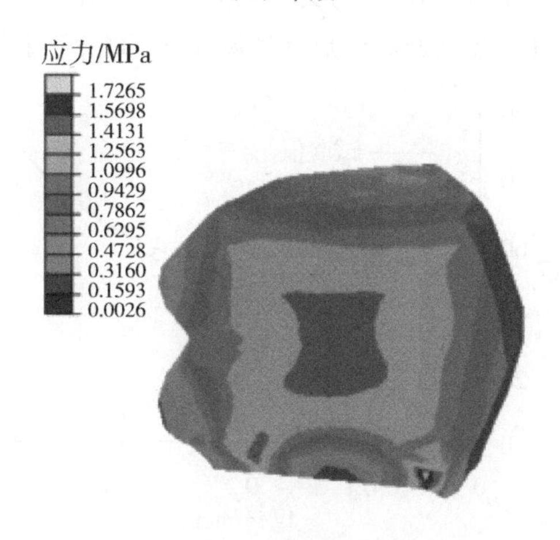

（b）侧放

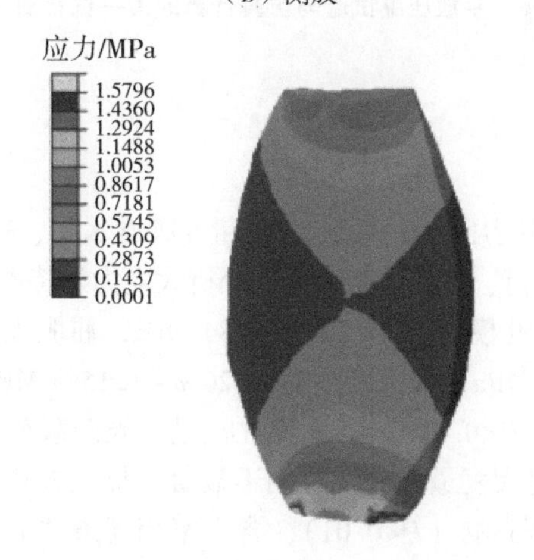

（c）立放

图 9-5　大麦籽粒在压缩载荷下的应力分布云图

小，这与试验结果相同。大麦籽粒在平放和侧放加载时，应力沿加载面延伸至整个大麦籽粒断面，应力在籽粒中心部位较大；而立放加载时，应力在加载面附近的部位较大。由此可分析：大麦平放加载时，裂纹首先出现在籽粒的内部中心，之后沿着截面方向扩展至四周；侧放加载时裂纹首先出现在腹沟部分，随后沿腹沟经内部中心延伸至四周，大麦破裂。这与实际试验时在加载点出现裂纹的情况一致。本部分基于三维激光扫描建立的大麦籽粒几何模型，与真实大麦籽粒形态尺寸高度一致，模型能够反映出真实大麦籽粒的凹凸等形态，仿真模拟时会出现局部点的应力峰值，这与大麦籽粒实际压缩试验情况高度吻合，因此仿真模拟精度更高。

将有限元计算得到的力—位移曲线与大麦籽粒压缩试验得到力—位移曲线进行比较，以平放加载为例，如图 9-6 所示。结果显示模拟值和试验值二者最大偏差为 7.2%，表明基于三维激光扫描建立大麦籽粒模型并据此模型进行有限元法研究分析大麦的压缩力学特性的可行性与精确性。形成误差的可能原因有：①大麦黏弹性材料简化为各向同性线性弹性材料；②模型加载点与实际工况加载点间的误差。

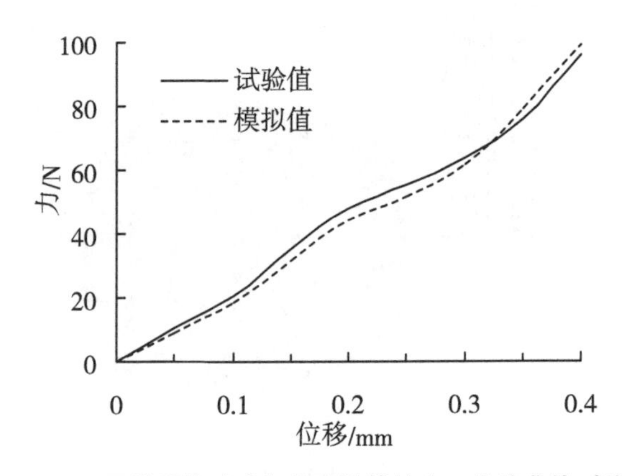

图 9-6　平放压缩试验与仿真计算的力—位移曲线对比

9.6　结论

（1）通过大麦籽粒进行压缩力学试验，测量 5 种含水率、3 种加载方式下大麦的弹性模量、屈服强度、破碎载荷、最大应变参数，分析大麦力学特性参数随含水率、加载方式的变化规律。具体是：弹性模量为 87.39～167.84 MPa，屈服强度为 0.85～2.12 MPa，破碎载荷为 70.40～157.32 MPa，最大应变为 0.26%～1.15% MPa。含水率对大麦力学特性参数均有极显著影响（$P<0.01$），大麦弹性模量、破碎载荷、屈服强度随含水率的增大呈递减趋势，含水率对大麦最大应变影响不显著。加载方式对大麦弹性模量、破碎载荷、屈服强度具有极显著影响（$P<0.01$），含水率相同条件下，侧放加载时破碎负载最大，立放加载时破碎负载最小。

（2）提出了一种基于三维激光扫描的大麦籽粒建模方法，通过点云处理、逆向建模等技术得到与真实大麦籽粒外形尺寸高度相近的大麦籽粒三维模型，能够解决目前常规建模方法中将非规则农产品近似处理为规则几何形状而导致的测量难度高、所需时间长、失真度高、仿真误差大的问题。同时该方法可以为提高其他非规则农产品建模精度提供参考。

（3）基于三维激光扫描构建的大麦籽粒模型，通过有限元计算法进行与真实压缩条件尽量一致的压缩力学试验，对比仿真值与试验值，得到最大偏差为7.2%，比常规建模方法具有更高的仿真精度，表明大麦籽粒三维激光建模方法及进一步运用有限元法研究大麦籽粒压缩力学特性的有效性和精确性。

第10章　基于离散元法的颗粒饲料离散元参数标定

10.1　引言

离散元法（discrete element method，DEM）是由美国Cundall教授在1971年基于分子动力学原理提出的一种颗粒离散体物料分析方法，在农产品及农业装备研究中应用广泛（Lenaerts等，2014；刘月琴等，2016；王瑞芳等，2013）。饲料作为动物主要的食物来源，是畜禽和水产养殖业的物质基础，2010年国内饲料总产量达到1.62亿吨，成为全球第一大饲料生产国，2015年全国饲料总产量突破2亿吨（中国饲料工业协会信息中心，2015）。其中，颗粒饲料是最主要的饲料形态，具有广泛的适用性，与粉状饲料相比，具有避免动物挑食，饲料报酬率高，贮存运输和管理方便，能杀灭有害菌等优点，其应用市场和研究前景广阔（Abdollahi等，2013；曹康等，2003；Larsson等，2008）。全面系统的建立颗粒饲料离散元仿真参数，有助于离散元法在颗粒饲料后喷涂、冷却、输送、仓储、饲喂等关键环节及相关设备研发与改进中的应用。

基于离散元法构建颗粒饲料模型，需要定义其物性参数，主要包括颗粒本征参数（密度、弹性模量、泊松比等）以及颗粒与颗粒间、颗粒与作用材料间的接触参数（滑动摩擦系数、碰撞恢复系数、滚动摩擦系数等）（Kruggel等，2007；Cleary等，2009）。国内外关于颗粒饲料离散元模型构建方面的研究和报道较少，由于颗粒模型与真实颗粒的差异性、颗粒间接触特性的复杂性，需要建立颗粒饲料模型，并对其相关的离散元参数进行标定。

颗粒休止角也称堆积角，是表征颗粒物料流动、摩擦等特性的宏观参数，能够反映散体颗粒群综合作用的宏观特征（吴爱祥等，2002），有助于认识堆积的微观力学机理和评估所用模型的适应性（李艳洁等，2005）。因此，国内外学者大都基于休止角堆积试验进行颗粒物料的离散元参数标定（刘凡一等，2016；Geldart等，2006；李婉宜等，2012；张锐等，2017）。贾富国等（2014）模拟无底圆筒内稻谷颗粒的堆积过程，并结合图像处理技术对堆积图进行图像轮廓处理，进而获取其堆积休止角数值；韩燕龙等（2014）等构建了粳稻脱壳后产物的离散元模型，采用Matlab图像处理技术获取颗粒堆单侧图像边界轮廓线，并对选取边界拟合来得到其堆积休止角。为获取物料堆积的休止角数值，尚需对堆积情况进行边界分析、图像处理等后续操作，且存在物料用量较多、休止角数值读取不直观等情况。

针对此问题，本研究提出一种基于注入截面法的离散元模型参数标定方法，通过颗粒堆积的截面轮廓线直接获取休止角，标定颗粒接触参数。以颗粒饲料为例，构建其离散元模型和基于注入截面法的休止角测定装置几何模型，通过 3 因素 5 水平正交回归模拟试验，优化颗粒饲料的离散元模型参数，为标定散粒体物料离散元参数提供一种新方法。

10.2　材料与方法

10.2.1　颗粒饲料离散元模型构建

本试验所用颗粒饲料为饲料厂正常生产的大猪料，取自北京市密云区昕三丰饲料厂。饲料原料经粉碎、混合、调质，在制粒机压模的模孔内挤压成型，由切刀切成单个的颗粒。其形状如图 10-1(a) 所示近似圆柱体，长短不一，利用数显游标卡尺（精度为 0.01 mm，张家口市锦丰五金工具制造有限公司）对随机选取的 50 粒进行直径、长度测量，如图 10-1(b) 所示，最后得到其平均直径为 6.4 mm，平均长度为 5.2 mm。

（a）颗粒饲料形态

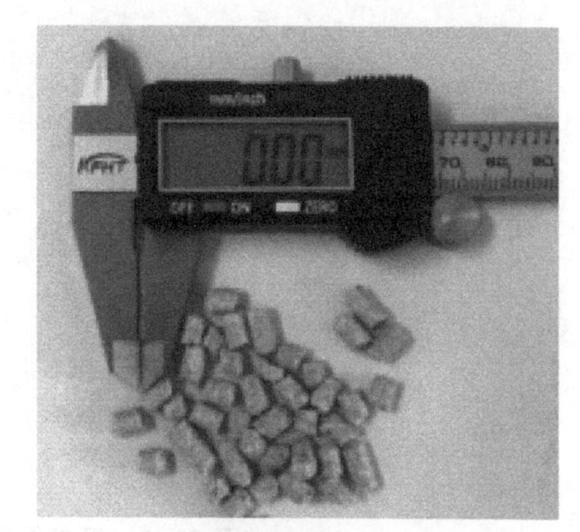

（b）颗粒饲料尺寸测定

图 10-1　颗粒饲料形态及其尺寸测定

基于测得的尺寸，利用基本球单元组合的方法刘彩玲等，2016；于亚军等，2012；刘连峰等，2015，在 EDEM 2.6 软件中组建颗粒饲料离散元模型。由于颗粒饲料为非球体，本研究使用模板（Template）辅助完成模型的创建。首先在 Pro/E 中创建圆柱体三维模型（直径为 6.4 mm，长度为 5.2 mm），以 STL 格式导出；接着导入到 EDEM 中如图 10-2(a) 所示，确认 x，y，z 轴分别与模型尺寸方向匹配，便于后续生成圆柱体填充模型。采用 27 球填充（每层由呈环形对称分布的 8 球和 1 个中心球组成，共 3 层），如图 10-2(b) 所示，其轴向视图和径向视图分别如图 10-2(c) 和图 10-2(d) 所示，可以看出采用多球组合后的颗粒与真实物料外形基本接近。

10.2.2　接触模型的选取

依据仿真对象的不同，选择相应的接触模型。常用的接触模型有 Hertz-Mindlin、Hertz-Mindlin with JKR、Hertz-Mindlin with RVD Rolling Friction、Hertz-Mindlin with bonding、Linear Cohesion 等（胡国明，2010），不同模型适用范围各有差异。考虑到颗粒饲料形状较为规则、含水率较低、颗粒间无粘附力的特点，本研究采用 Hertz-Mindlin

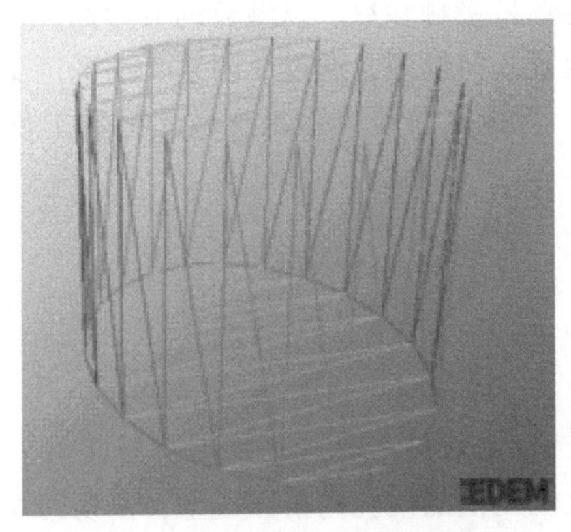

（a）模板导入到EDEM中

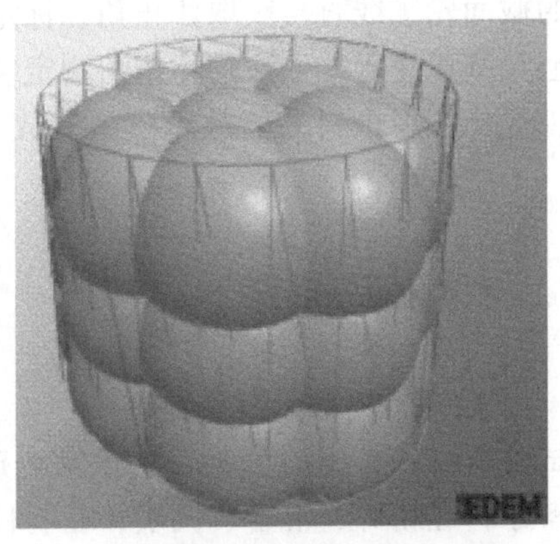

（b）颗粒饲料离散元模型

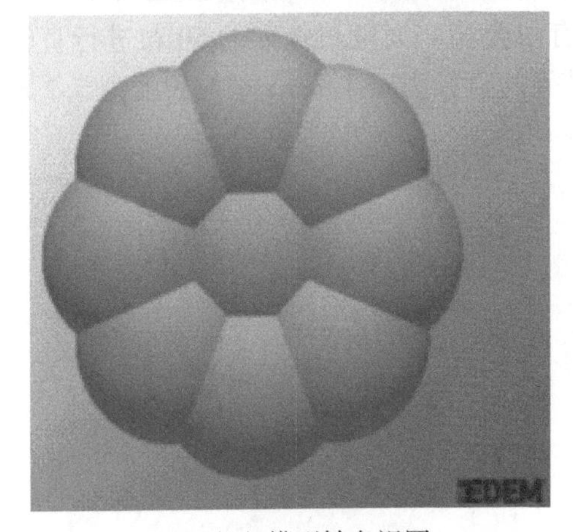

（c）模型轴向视图

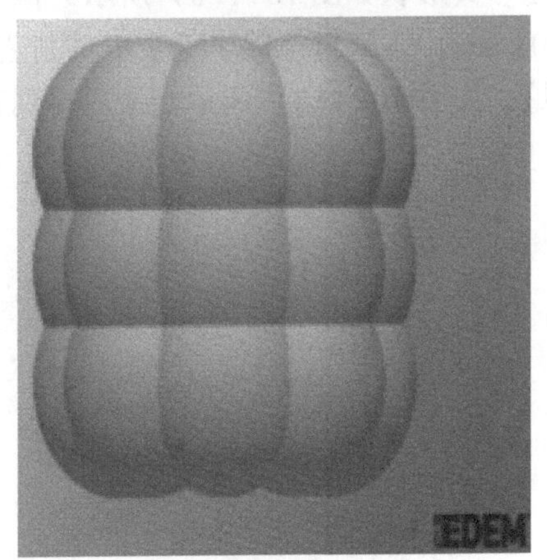

（d）模型径向视图

图 10-2　颗粒饲料离散元模型的构建

接触模型作为颗粒与颗粒之间及颗粒与接触材料间的接触模型，如图 10-3 所示。分析该模型下颗粒饲料受力情况，根据力的合成及颗粒接触碰撞中能量的损耗，模型中将每个颗粒的碰撞接触力及阻尼都分解为法向和切向方向（刘扬等，2015）。该接触模型通过迭代耦合计算与分析，可得到颗粒群在仿真时间内的位置等信息。

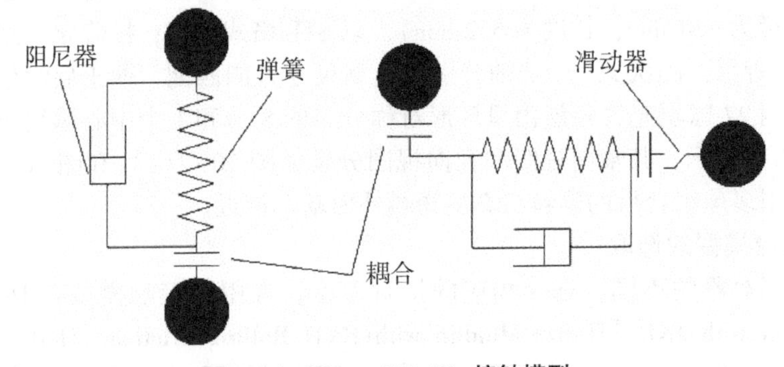

图 10-3　Hertz-Mindlin 接触模型

设该接触模型中法向接触力为 F_n，N；切向接触力为 F_t，N；法向阻尼力为 F_n^d，N；切向阻尼力为 F_t^d，N。力学关系可以通过以下公式计算：

$$F_n = \frac{4}{3}E_0\sqrt{R_0\alpha^3} \tag{10-1}$$

其中 $\frac{1}{E_0} = \frac{1-v_1^2}{2G_1(1+v_1)} + \frac{1-v_2^2}{2G_2(1+v_2)}$

$$\frac{1}{R_0} = \frac{1}{R_1} + \frac{1}{R_2}$$

式中 E_0——等效弹性模量；

R_0——等效接触半径，m；

α——法向重叠量，m；

G_1、G_2——2 个颗粒的弹性模量；

v_1、v_2——2 个颗粒的泊松比。

$$F_t = -S_t\delta \tag{10-2}$$

式中 S_t——切向刚度，N/m；

δ——切向重叠量，m。

$$F_n^d = -2\sqrt{\frac{5}{6}}\frac{\ln\varepsilon}{\sqrt{\ln^2\varepsilon + \pi^2}}\sqrt{S_n m_0}v_n^{rel} \tag{10-3}$$

$$F_t^d = -2\sqrt{\frac{5}{6}}\frac{\ln\varepsilon}{\sqrt{\ln^2\varepsilon + \pi^2}}\sqrt{S_t m_0}v_t^{rel} \tag{10-4}$$

其中 $\frac{1}{m_0} = \frac{1}{m_1} + \frac{1}{m_2}$

式中 ε——恢复系数；

S_n——法向刚度，N/m；

m_0——等效质量，Kg；

v_n^{rel}——接触点相对速度的法向分量，m/s；

v_t^{rel}——接触点相对速度的切向分量，m/s。

模型中切向力与摩擦力 $\mu_s F_n$ 有关，μ_s 为静摩擦因数，滚动摩擦可以通过接触表面的力矩来表示（陈进等，2011）

$$T_i = -\mu_r F_n R_i \hat{\omega}_i \tag{10-5}$$

式中 μ_r——滚动摩擦因数；

R_i——质心到接触点的距离，mm；

$\hat{\omega}_i$——接触点处物体单位角速度矢量，rad/s。

10.2.3　基于注入截面法的休止角测定装置及模型构建

利用自主研发的基于注入法原理的休止角测定装置进行测量：将散粒体物料经漏斗缓慢添加至空间狭长的长方体容器内形成截面接近三角形的堆积体，待堆积体形状稳定后停止添加；然后以截面的轮廓线为参照作直线与轮廓线重合，此直线与水平线的夹角即为物料的休止角。设计并制作该休止角测定装置，简图如图 10-4 所示（彭飞等，2015；王红英等，2013），其有效容积空间尺寸为 400 mm（长）×40 mm（宽）×200 mm（高），用以实际试验中对颗粒饲料休止角进行测定。该装置主要结构部分的材料选用木材，观察与测定部分选用透明有机玻璃板，整体结构精巧、轻便易携，同时加工和制造较为方便。

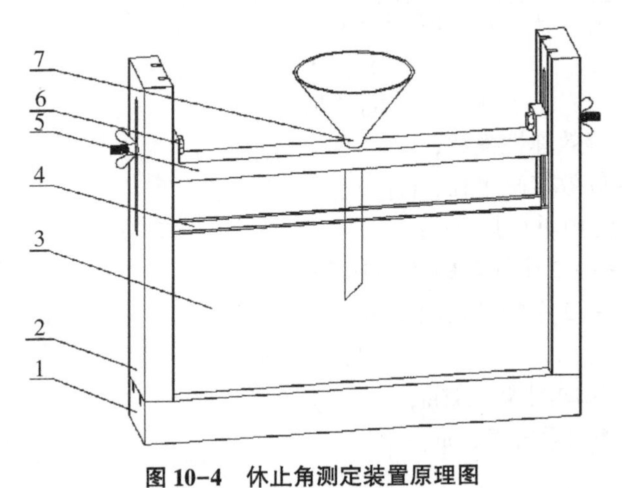

图 10-4　休止角测定装置原理图

1. 底梁　2. 侧梁　3. 前有机玻璃　4. 后有机玻璃　5. 上梁　6. 调节螺栓　7. 漏斗

10.2.3.1　装置特点

该休止角测定装置与方法的特点：

（1）使用与测定方便。物料在一个狭长的封闭空间内堆积成形，物料斜面紧靠透明有机玻璃板，操作人员在透明板上绘制颗粒堆轮廓线，测量绘制线与水平线的夹角，即可读取休止角。

（2）便于重复测量。透明板上水笔的痕迹可以被轻松擦去，方便进行下一次的测量。

（3）节省物料。相比传统的堆积法，狭长空间堆积所用物料明显要比圆锥体物料节省很多，当样品物料有限时本装置优越性更加突出。在达到相同堆积高度（h）时，本装置与传统装置堆积物料体积分别为：

传统装置形成的圆锥体如图 10-5(a) 所示体积为：

$$V_1 = \frac{1}{3}Sh = \frac{1}{3}\pi r^2 h \tag{10-6}$$

本装置形成的圆锥截面体如图 5(b) 所示体积为：

$$V_2 = \frac{1}{2}2rhl = rhl \tag{10-7}$$

两种方式堆积颗粒体积比为：

$$\theta = \frac{V_2}{V_1} = \frac{3l}{\pi r} \tag{10-8}$$

以本设计的休止角测定装置为例（l=40 mm），假设形成的圆锥底部半径 r=150 mm，

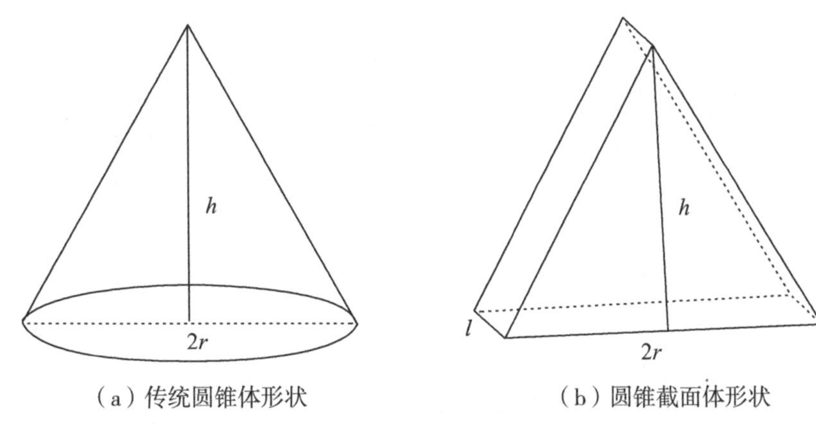

（a）传统圆锥体形状　　（b）圆锥截面体形状

图 10-5　两种方式堆积形状示意图

计算可得两种方式堆积体积比 $\theta=25.5\%$，即本研究中注入截面法所需物料体积仅为传统方法形成的圆锥体积的 25.5%。结果表明，注入截面法堆积形成的狭长空间所需物料明显要比圆锥体所需物料节省很多，尤其在样品物料有限时本装置及方法优越性更加突出。此外，基于本装置构建的仿真模型，可以显著减少计算模拟量，缩短仿真时间，从而提高仿真效率。

10.2.3.2　模型构建

在 Pro/E 软件中建立该装置的几何模型，然后保存为 igs 并导入到 EDEM 软件中；为减少模拟计算量，对模型进行简化处理，模型主要由漏斗和容器空间组成，如图 10-6 所示。该几何模型作业空间尺寸与真实试验（长 400 mm，宽 40 mm，高 200 mm）相同，颗粒在漏斗形颗粒工厂内生成并自由下落至狭长的长方体容器内，形成截面接近三角形的锥形颗粒堆，直至在容器底部形成的堆积体形状稳定。模型构建及颗粒饲料休止角测定过程如图 10-7 所示。

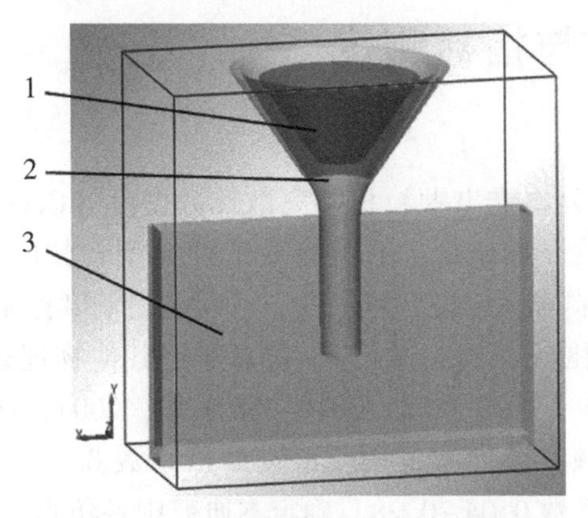

图 10-6　休止角虚拟试验几何模型

1. 颗粒工厂　2. 锥形漏斗　3. 长方体容器

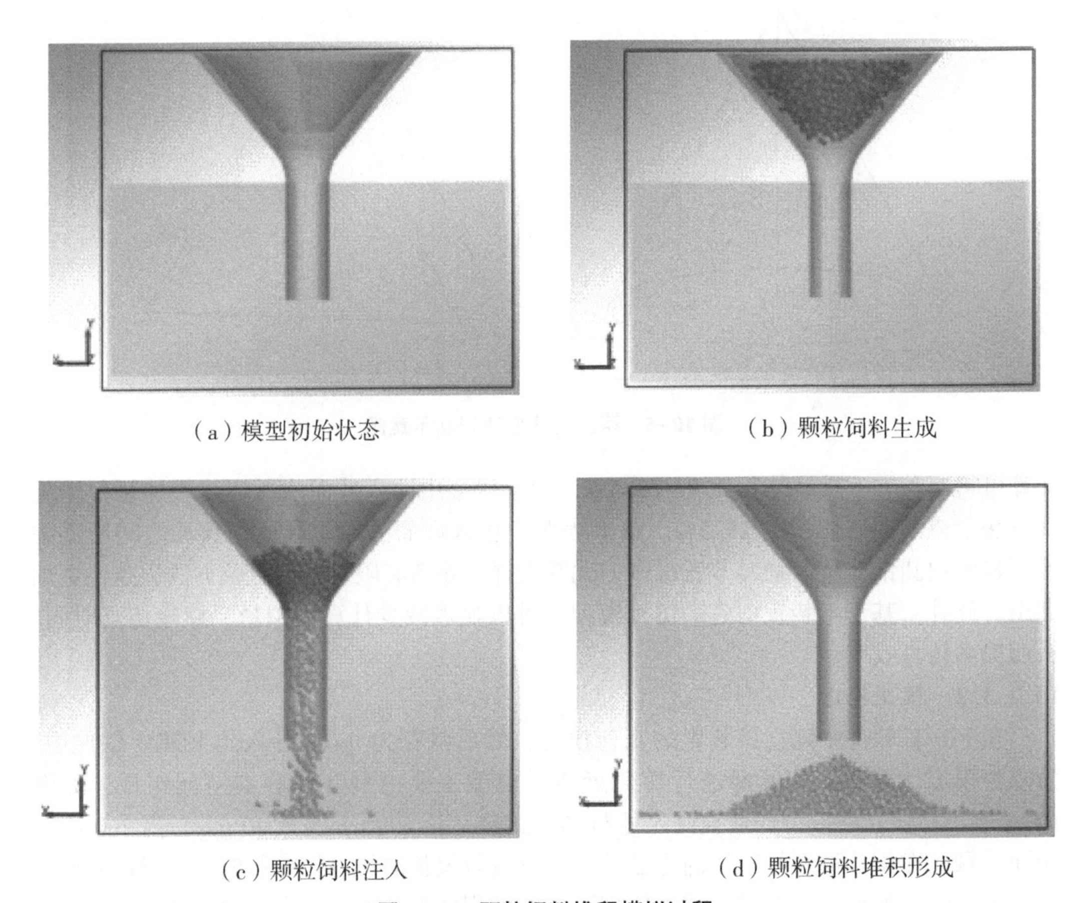

（a）模型初始状态　（b）颗粒饲料生成

（c）颗粒饲料注入　（d）颗粒饲料堆积形成

图 10-7　颗粒饲料堆积模拟过程

10.3　试验设计与指标测定

10.3.1　仿真参数

英国 DEM Solution 公司推出颗粒材料离散元数据库（Generic EDEM material model database，GEMM），包含了如矿石、土壤等数千种典型颗粒的物性参数。基于该数据库，输入仿真规模、材料堆积密度和堆积角，可得到滑动摩擦系数、碰撞恢复系数、滚动摩擦系数的参考值范围（杨杰，2012）。仿真所选其他物理参数尽量接近实际情况，部分参数参考相关研究（王国强等，2010；张旭华，2004；沈杰，2016；闫银发等，2016），得到离散元接触参数参考范围：滑动摩擦系数 0.16～0.80；碰撞恢复系数为 0.10～0.90；滚动摩擦系数 0.04～0.28。确定本研究中各仿真参数的数值及变化范围如表 10-1 所示。

表 10-1　仿真物料和仿真装置主要物理参数

离散元参数	数值
颗粒饲料泊松比	0.4
木材泊松比	0.33
颗粒饲料弹性模量/MPa	110
木材弹性模量/GPa	11
颗粒饲料密度/(kg/m^3)	700
木材密度/(kg/m^3)	0.52
饲料与饲料碰撞恢复系数	0.10~0.90[a]
饲料间滑动摩擦系数	0.16~0.80[a]
饲料间滚动摩擦系数	0.04~0.28[a]

注：a 表示该参数为试验变量。

结合表 10-1 中离散元参数数值及范围，利用 Design-Expert 8.0.6 软件，基于正交旋转组合试验原理，以滑动摩擦系数 X_1、碰撞恢复系数 X_2、滚动摩擦系数 X_3为试验变量，建立因素水平表如表 10-2（x_1~x_3为各变量真实值，X_1~X_3为各变量编码值）。构建自主设计的注入截面原理的休止角虚拟试验模型，选用堆积稳定后的颗粒休止角 Y_1 为评价指标。

表 10-2　二次回归正交试验设计因子水平

水平	因素		
	滑动摩擦系数 x_1	碰撞恢复系数 x_2	滚动摩擦系数 x_3
-1.682	0.16	0.10	0.04
-1	0.29	0.26	0.09
0	0.48	0.50	0.16
1	0.67	0.74	0.23
1.682	0.80	0.90	0.28

10.3.2 休止角的测定

10.3.2.1 休止角模拟试验测定

在虚拟模拟仿真中，待模拟试验堆积体形状稳定后，利用 EDEM 软件内的后处理界面应用 Tools 选项下的 Protractor 功能分析颗粒饲料堆积图像，依据其堆积情况测得休止角数值。模拟结果如图 10-8 所示。

10.3.2.2 休止角真实试验测定

在真实试验中，待颗粒饲料堆积体形状稳定后，形成截面接近三角形的堆积体。在透明玻璃板上做与截面轮廓线重合的直线，该直线与水平线的夹角即为颗粒饲料的堆积休止角，如图 10-9 所示。测定大猪料的休止角，试验重复 5 次，得到其休止角均值为

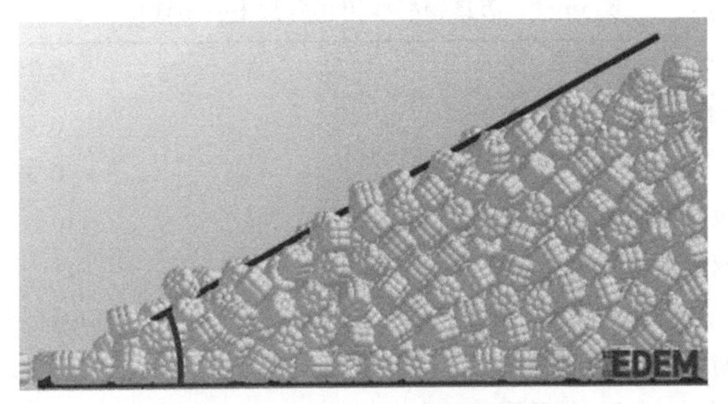

图 10-8　颗粒饲料单侧堆积模拟图

28.55°，标准差为 0.37°，即休止角实测值为 28.55°±0.37°。

图 10-9　真实测定

10.4　实验结果与分析

10.4.1　回归模型建立

以各影响因素水平编码值为自变量，以仿真结果测得的休止角 Y_1 为评价指标，构建不同试验组的几何体模型导入到 EDEM 中进行仿真试验，结果如表 10-3 所示。

表 10-3　二次回归正交旋转组合设计及试验结果

试验序号	X_1	X_2	X_3	Y_1/(°)
1	1	1	1	35.20
2	1	1	−1	32.34
3	1	−1	1	40.75
4	1	−1	−1	36.87
5	−1	1	1	29.10
6	−1	1	−1	27.34
7	−1	−1	1	33.50
8	−1	−1	−1	31.85
9	1.682	0	0	38.75

（续表）

试验序号	X_1	X_2	X_3	Y_1/(°)
10	−1. 682	0	0	30. 53
11	0	1. 682	0	36. 51
12	0	−1. 682	0	38. 25
13	0	0	1. 682	36. 45
14	0	0	−1. 682	32. 50
15	0	0	0	30. 15
16	0	0	0	28. 08
17	0	0	0	29. 25
18	0	0	0	28. 64
19	0	0	0	27. 83
20	0	0	0	30. 15
21	0	0	0	29. 10
22	0	0	0	27. 95
23	0	0	0	28. 82

如表 10−4 所示，对 Y_1的方差分析结果显示，$F=12.03$，$P<0.001$，回归是极显著的；决定系数 $R^2=0.89$，校正决定系数 adj−$R^2=0.82$，说明回归方程的拟合度较好，可以用该回归方程对试验结果进行分析。对决定系数进行显著性检验，由回归方程中 P 值可知，X_1和 X_2对休止角 Y_1的影响极显著，X_3对 Y_1的影响显著。各因素影响顺序由大到小依次为 X_1、X_2、X_3。

表 10−4　休止角回归方程系数显著性检验结果

变异来源	平方和	自由度	均方	F	P
常数项	324. 03	9	36. 00	12. 03	<0. 001
X_1	101. 30	1	101. 30	33. 86	<0. 001
X_2	35. 17	1	35. 17	11. 75	0. 0045
X_3	20. 65	1	20. 65	6. 90	0. 0209
X_1X_2	0. 17	1	0. 17	0. 06	0. 8147
X_1X_3	1. 39	1	1. 39	0. 46	0. 5080
X_2X_3	0. 10	1	0. 10	0. 04	0. 8553
X_1^2	36. 23	1	36. 23	12. 11	0. 0041
X_2^2	97. 63	1	97. 63	32. 63	<0. 001
X_3^2	33. 49	1	33. 49	11. 19	0. 0053

采用 Design−Expert 软件对试验进行回归分析，得到滑动摩擦系数 X_1、碰撞恢复系数 X_2、滚动摩擦系数 X_3与颗粒饲料休止角 Y_1的回归方程

$$Y_1=28.94+2.72X_1-1.60X_2+1.23X_3-0.15X_1X_2+0.42X_1X_3-0.11X_2X_3+1.51X_1^2+2.48X_2^2+1.45X_3^2 \quad (10-9)$$

10.4.2 回归模型的寻优

由 Design-Expert 软件绘制响应面图，分析各因素对休止角的影响，通过依次固定 3 个因素中的 1 个因素为零水平，考察其他 2 个因素对颗粒饲料休止角的影响规律，结果如图 10-10(a)~10-10(c) 所示，可以直观地看到两两参数之间的交互效应。

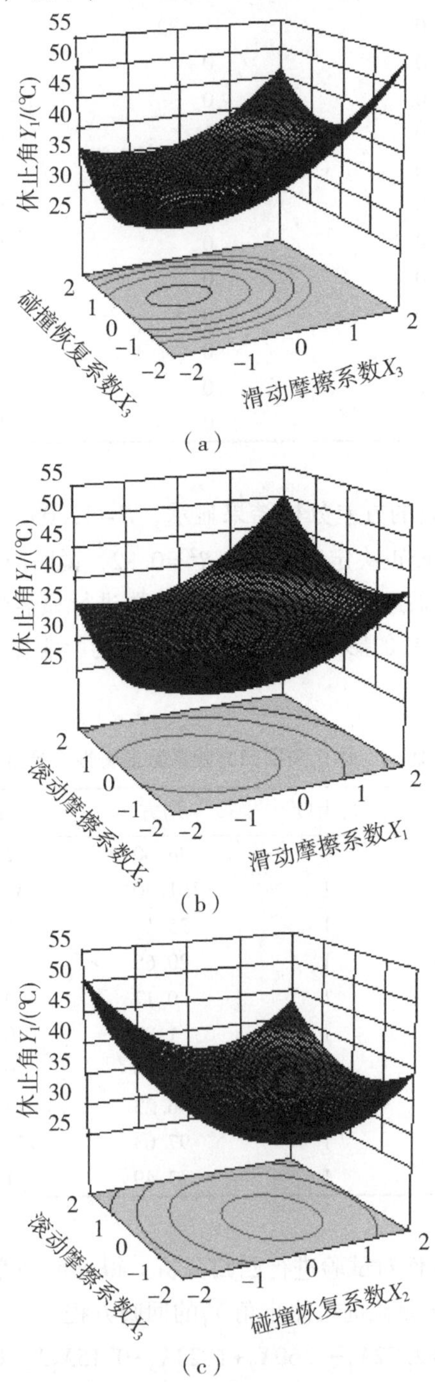

图 10-10 基于响应面法对参数组寻优

由图 10-10(a) 和图 10-10(b) 分析可以看出，随着颗粒间滑动摩擦系数 X_1 的增大，颗粒饲料休止角呈现增大趋势，这可能是因为，滑动摩擦系数越大，颗粒与颗粒间接触部分的滑动摩擦阻力越大，颗粒越不易滑动散落，形成的堆积体越趋向稳定，因此休止角随滑动摩擦系数的增大而增大。由图 10-10(a) 和图 10-10(c) 分析可知，随着颗粒间碰撞恢复系数 X_2 增大，颗粒饲料休止角呈现减小趋势。碰撞恢复系数是指物体碰撞分开后，分开的相对速度与碰撞前相对速度的比值，碰撞系数越小，表明颗粒饲料碰撞分开后的相对速度较小，越不易被弹开向四周散落，颗粒堆积休止角稳定性越好，因此堆积形成的休止角越大。武涛等（2017）通过对不同碰撞恢复系数下黏性土壤堆积休止角进行研究，有过相似的结论和规律。由图 10-10(b) 和图 10-10(c) 分别可以看出，随着滚动摩擦系数 X_3 增大，颗粒饲料休止角呈现增大趋势。这可能是因为，当滚动摩擦系数较小时，堆积过程中边界颗粒会受到中心颗粒排挤作用，边界扩散更明显（韩燕龙等，2014）；滚动摩擦系数较大情况下，不利于边界颗粒的扩散，颗粒会在颗粒堆的高度方向（即 Z 轴方向）堆积，这是休止角随滚动摩擦系数增大而增大的微观解释。

10.4.3 最优参数组合的确定及验证

将实际试验的目标参数休止角 $Y_1=28.55°$ 代入到 Design-Expert8.0.6 软件，由响应面法在 $-1.682 \leqslant X_i \leqslant 1.682$（i=1，2，3）范围内对各参数进行进一步寻优，最终得到休止角最优标定参数组合为：$X_1=-0.38$、$X_2=0.11$、$X_3=-1.09$，即 $x_1=0.41$、$x_2=0.53$、$x_3=0.08$，此时颗粒饲料休止角 Y_1 可获得最优目标值。对比颗粒饲料真实个体与颗粒饲料仿真模型，由于仿真中颗粒饲料模型由多球组合而成，模型外表面存在一定的曲面和凹凸，其表面面积与实际颗粒饲料相比较大，同时由于表面凹凸的存在使得在一定程度上阻碍了颗粒的滚动，当颗粒饲料堆积时，颗粒间摩擦阻力增大，颗粒流动性变差。因此，为满足堆积休止角仿真结果与实际结果较高的吻合度，模型中颗粒间滑动摩擦系数和滚动摩擦系数的离散元标定值相对于实际情况有所减小。在离散元模拟试验标定时，基于颗粒饲料、颗粒饲料模型及其物性参数的内在关系和等效原则，使得休止角仿真结果与真实试验基本相同。

为验证最优参数组合的准确性，采用上述参数值进行仿真试验，模拟颗粒饲料堆积情况。5 次重复模拟试验，得到颗粒饲料休止角分别为 30.55°、28.87°、29.68°、28.95°、29.10°。其均值为 29.43°，标准差为 0.70°，即颗粒饲料休止角的预测值（记作 θ_1）为 29.43°±0.70°。对比上述休止角实测值（记作 θ_2）28.55°±0.37°。休止角预测值误差 δ 计算公式为：

$$\delta = \frac{|\theta_1 - \theta_2|}{\theta_2} \times 100\% \tag{10-10}$$

代入颗粒饲料休止角预测值与实测值，可求得其休止角模拟值误差为 3.1%，表明经过模型参数标定与优化，颗粒饲料离散元模型较为准确。由以上分析可知，基于注入截面法的休止角测定装置及方法可用于颗粒饲料休止角的实际试验与预测模拟。

10.5 结论

（1）提出了一种基于注入法原理的休止角测定装置及方法，通过物料在一个狭长的封闭空间堆积成形，物料斜面线紧靠透明板，来读取休止角。相对于常规测定装置及方法，其具有测定方便、节省物料、便于重复等优点。该装置及使用方法可以用于散粒体物料休止角的实际试验测定，基于该装置的几何结构可以用于堆积休止角模拟过程中的模型构建。

（2）以大猪料为例，基于颗粒聚合理论在EDEM软件构建了颗粒饲料的三维离散元模型。通过3因素5水平正交组合试验，得出各因素对其休止角的影响显著性顺序依次为：滑动摩擦系数、碰撞恢复系数、滚动摩擦系数。通过Design-Expert软件对试验结果进行回归分析和响应面分析，得到优化后的颗粒饲料离散元标定参数组合：颗粒间滑动摩擦系数为0.41，碰撞恢复系数为0.53，滚动摩擦系数为0.08。通过对比实测值和预测值，验证了仿真试验与回归模型的有效性，为标定散粒体物料离散元仿真参数提供了一种途径。

第 11 章 统计过程控制在饲料质量管理中的应用

11.1 引言

饲料行业的竞争日趋激烈。如何提高和稳定饲料产品的质量，已经越来越受到饲料企业的高度关注。颗粒饲料质量指标包括营养成分和物理指标两个方面。营养成分是指水分、蛋白质、氨基酸、脂肪、能量和灰分等营养物质的含量，物理指标是指颗粒饲料耐久度指数 PDI、含粉率、硬度、表观（颜色、表面光洁度等）、几何尺寸（粒径、粒长）等（李军国，2007；代发文等，2011）。

SPC 是美国休哈特博士在 20 世纪 20 年代提出的理论（蒋家东等，2011），是一种借助数理统计方法进行过程控制的工具，基于统计分析技术，对生产过程实施实时监控，科学地判别生产过程中产品质量的系统波动和随机波动，即是否处于受控状态，从而对生产过程中的异常和隐患及时警告，以便生产管理人员及时采取措施，消除异常，恢复过程的稳定，达到提高产品一致性、减少返工和浪费、改善企业的运行效率、提高客户满意度等目标，从而获得可观的经济效益。有关 SPC 的应用在卫生、纺织、烟草、农产品等领域均有相关的研究（Bersimis 等，2007；万毅等，2009；Irfan 等，2009；邓斌等，2006；齐林等，2011），而在饲料领域方面，国内外鲜有报道。本章以颗粒饲料用户最为关注的颗粒耐久度 PDI 这一指标为研究对象，将 SPC 技术应用于颗粒饲料产品质量的评价、控制和管理中用于提高和稳定颗粒饲料产品的质量。

11.2 材料与方法

11.2.1 试验材料

试验材料为某饲料企业 2013 年 4 月连续生产的大鸭料（颗粒料径为 4.2 mm）。采样时间间隔 20 min，样本容量为 4，为保证数据的可靠性，共抽取 25 个样本。

11.2.2 试验仪器与设备

（1）回转箱一台，按照美国标准定制。

（2）标准试验筛一套，GB/T 6003.1—1997，新乡市同心机械有限责任公司。

（3）电子精密天平一台，PL2002，梅特勒—托利多仪器（上海）有限公司。

11.2.3 指标测定方法

PDI 是衡量颗粒饲料成品在输送和搬运过程中抗破碎的相对能力，是养殖户最为关注的指标之一，因此选取 PDI 作为颗粒饲料质量特性指标和控制对象。将样品筛选后取筛上物 500 g；将 500 g 筛上物放入 PDI 箱；启动机器（转速 50 rpm，运行 10 min）；10 min 后，取出所有料，进行筛选（粒径为 4. 2 mm，所用筛网为 6 目筛），称筛上物颗粒料质量。计算方法：假设筛上物为 *X* g，计算 PDI 值，PDI =（*X*/100）×100% 。样品测定标准详见国家推荐标准 GB/T 16765—1997《颗粒饲料通用技术条件》。标准中规定颗粒饲料粉化率≤10%，PDI 与粉化率之间关系为：PDI = 100% - 粉化率（曹康等，2003），要求 PDI 值≥90% 。

11. 2. 4 试验数据统计处理

SPC 的实施主要包括数据的正态性检验、控制图的绘制、稳态判断和过程能力分析。所有数据用 Excel 软件进行初步整理后，然后采用统计软件 minitab16 进行数据的分析统计。

11. 3 试验结果与分析

11. 3. 1 样品的 PDI 数据和数据的正态检验

样品量 25 个，子组容量为 4，将计算所得的 PDI 数据输入 Excel 表，计算出 $\overline{X}$ 和 *R*，如表 11-1 所示。

表 11-1 试验样品 PDI 测试数据和计算

序号	*X*1	*X*2	*X*3	*X*4	$\overline{X}$	*R*
1	0. 93	0. 92	0. 93	0. 92	0. 93	0. 02
2	0. 91	0. 92	0. 92	0. 93	0. 92	0. 01
3	0. 91	0. 92	0. 93	0. 89	0. 92	0. 03
4	0. 92	0. 92	0. 90	0. 92	0. 92	0. 02
5	0. 91	0. 91	0. 92	0. 92	0. 92	0. 01
6	0. 92	0. 92	0. 93	0. 92	0. 92	0. 01
7	0. 92	0. 93	0. 92	0. 92	0. 92	0. 01
8	0. 92	0. 93	0. 92	0. 92	0. 93	0. 01
9	0. 91	0. 91	0. 90	0. 93	0. 91	0. 03
10	0. 92	0. 92	0. 92	0. 92	0. 92	0. 01
11	0. 92	0. 91	0. 91	0. 91	0. 91	0. 01
12	0. 91	0. 92	0. 92	0. 93	0. 92	0. 02
13	0. 92	0. 92	0. 91	0. 93	0. 92	0. 03
14	0. 91	0. 91	0. 91	0. 94	0. 92	0. 04
15	0. 92	0. 92	0. 92	0. 91	0. 92	0. 01
16	0. 90	0. 91	0. 93	0. 92	0. 91	0. 03

（续表）

序号	$X1$	$X2$	$X3$	$X4$	$\overline{X}$	R
17	0. 92	0. 93	0. 93	0. 93	0. 93	0. 01
18	0. 92	0. 92	0. 90	0. 91	0. 91	0. 03
19	0. 92	0. 92	0. 91	0. 92	0. 92	0. 01
20	0. 92	0. 93	0. 92	0. 93	0. 92	0. 02
21	0. 92	0. 91	0. 92	0. 92	0. 92	0. 01
22	0. 93	0. 93	0. 93	0. 93	0. 93	0. 00
23	0. 93	0. 93	0. 91	0. 92	0. 92	0. 02
24	0. 92	0. 91	0. 92	0. 92	0. 91	0. 01
25	0. 92	0. 91	0. 92	0. 92	0. 92	0. 01

注：$\overline{X}$ 和 R 分别为子组均值和极差，$\overline{X}=(X1+X2+X3+X4)/4$；$R=MAX(X1, X2, X3, X4)-MIN(X1, X2, X3, X4)$；$X1$，$X2$，$X3$，$X4$ 分别为 PDI 值。

在进行统计分析之前首先对数据进行正态检验，因为正态性假设是 SPC 的理论基础（蒋家东等，2011），用 minitab16 软件对上述 PDI 值进行正态检验，结果见图 11-1。

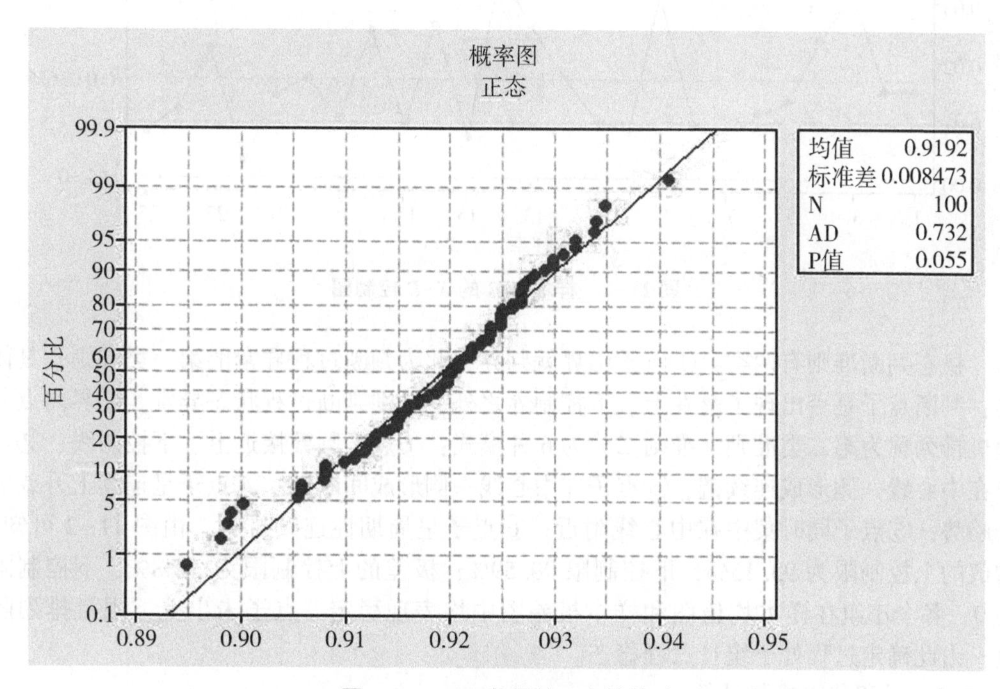

图 11-1　PDI 数据的正态性检验

由图 11-1 可知，样品 PDI 指数的平均值为（91. 92±0. 8473）%，计算的结果 $P=0.055>0.05$，在 95%的置信区间之内，数据接近一条直线，基本符合正态分布，接下来可以进行控制图绘制和分析。如果数据不服从正态分布，可以采用一些方法，如非正态参数检验方法或指数加权移动平均（EWMA）等控制图，作为常规控制图的补充。

11.3.2 控制图绘制和分析

根据控制图选定原则（蒋家东等，2011），所研究的颗粒饲料 PDI 为计量型数值，其特征符合均值-极差图的要求，由采集到的数据绘制 $\overline{X}-R$ 控制图，进行统计过程分析，如图 11-2 所示。

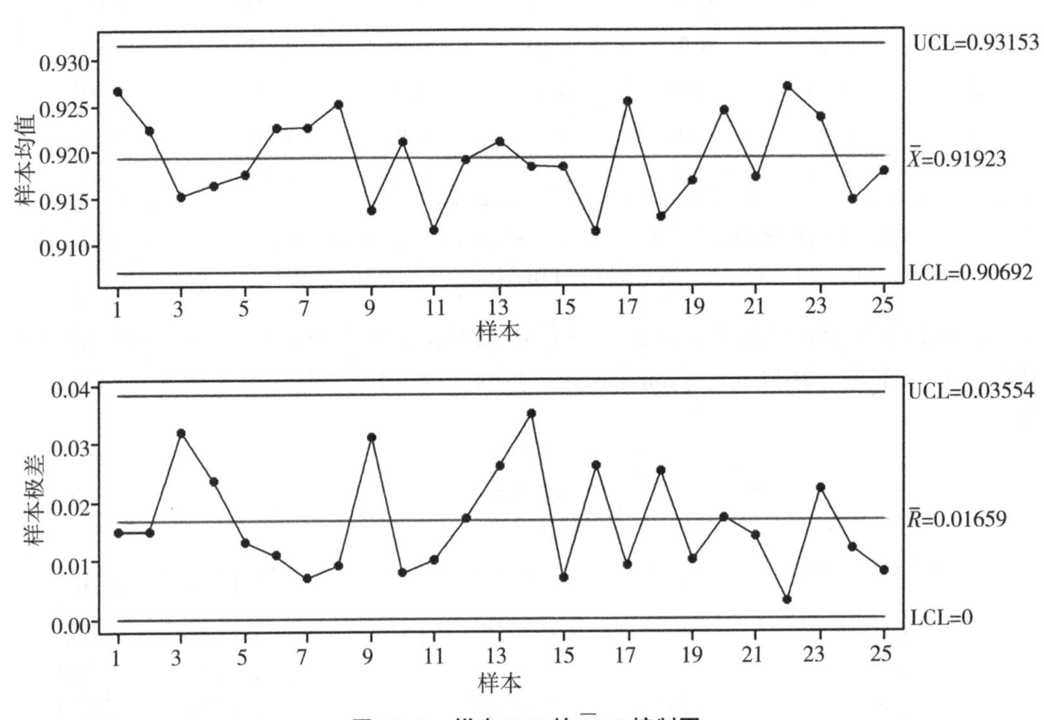

图 11-2 样本 PDI 的 $\overline{X}-R$ 控制图

稳态判断准则有两类：①点子出界就判异，此为判断过程异常的第一类准则，具体是：判断点子是否出现了落在上、下控制界之外，是则判断过程状态异常。②界内点非随机排列称为第二类准则。准则二分为 6 种模式：①点子频繁接近上、下控制线；②点子在中心线一侧形成连续链；③点子在中心线一侧形成间断链；④点子呈连续上升或下降趋势；⑤点子同时集中在中心线附近；⑥点子呈周期性连续排列。由图 11-2 可知，均值的上控制限为 93.15%，下控制限 90.59%；极差的上控制限为 3.88%，下控制限为 0。各个小组在样本均值图和样本极差图中均表现稳定，点子未出上下限且排列随机，由此确定过程处于统计过程稳态。

11.3.3 过程能力指数计算

过程进入统计过程稳态以后，便可进行过程能力指数计算。应用 minitab16 软件进行分析如图 11-3 所示。

过程能力判断的准则：当 $C_{pk}>1.67$ 时，表明过程能力过高，可以放宽对质量的上

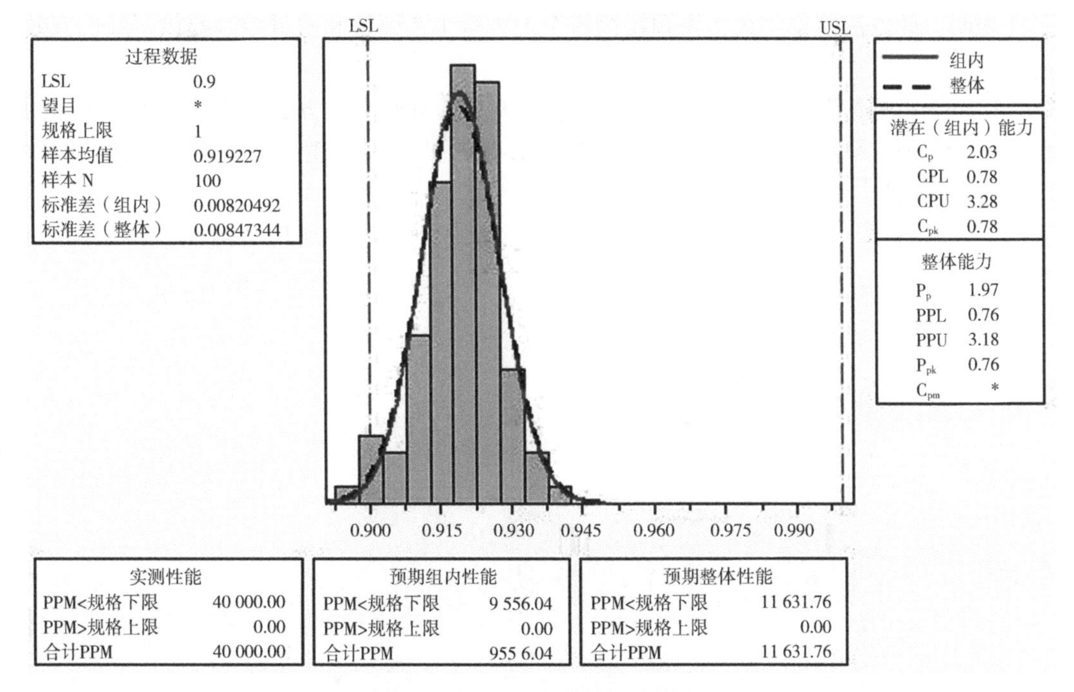

图 11-3 加工过程能力分析图

注：1. C_p、C_{pk}是指过程能力指数，CPU 和 CPL 是计算 C_{pk}时的最大值和最小值。C_{pk}选最小值；2. P_p、P_{pk}是指过程性能指数，PPU 和 PPL 是计算 P_{pk}时的最大值和最小值。P_{pk}选最小值。

下界限制；也可以改用精度稍差的设备，以降低成本。当 $1.33<C_{pk}<1.67$ 时，表明过程能力充足，是一种理想的状态。当 $1.00<C_{pk}<1.33$ 时，能力尚可，注意控制，防止发生大的波动；当 C_{pk}接近 1.00 时，不合格产品的概率增大，应加强生产过程检查和样品抽样检测。

本试验中 $C_p=2.03$ 可知，数据集中度很好，但过分集中于控制下限 LSL，导致 C_{pk}偏低，其值为 0.78，由此表明生产过程处于失控状态，需进行改进。进一步分析，颗粒饲料 PDI 指数为最终产品指标，影响因素较多，结合饲料加工过程特点查找失控原因，影响饲料稳定性的主要因素为原料品质、配方、粉碎粒度、混合均匀度、制粒工艺参数等。由 5MIE（人、机、料、法、测、环）方法分析，引起失控的主要原因是新制的饲料配方在成型能力上有待进一步改进，经合理改进配方使过程处于稳定的状态，统计过程控制（SPC）有助于发现问题。

11.4 结论和展望

通过本研究分析可知，SPC 方法可以应用于颗粒饲料质量管理，实现对加工过程的稳态和过程能力大小的判断，判断生产过程是否满足企业产品质量要求标准，达到保证颗粒饲料产品质量的目的。随着传感器技术、在线检测技术和计算机的快速发展，可以在短时间内实时监测和采集饲料加工过程中的各个指标数据，更加有利于 SPC 的应用。研究表明，此方法前景广阔，为颗粒饲料企业进行工艺评价和质量控制提供了新的有效途径。

但由于影响饲颗粒料质量的因素较多：原料的多样性、配方的变化性、加工工序的相关性、管理水平高低等。因此，需要在 SPC 基础上进一步建立各个因素与颗粒饲料质量的关系模型。

参考文献

曹成茂，蒋兰，吴崇友，等. 2017. 山核桃破壳机加载锤头设计与试验 [J]. 农业机械学报，48 (10)：307-315.

曹康，金征宇. 2003. 现代饲料加工技术 [M]. 上海：上海科学技术文献出版社.

曹康，郝波. 2014. 中国现代饲料工程学 [M]. 上海：上海科学技术文献出版社.

曹丽英，张跃鹏，张玉宝，等. 2016. 筛片参数优化对饲料粉碎机筛分效率的影响 [J]. 农业工程学报，32 (22)：284-288.

曹文，叶晓汀，谢静，等. 2016. 大麦营养品质及加工研究进展 [J]. 粮油食品科技 (2)：55-59.

查世彤，马一太，魏东. 2001. 食品热物性的研究与比较 [J]. 工程热物理学报，22 (3)：275-277.

陈炳伟. 2009. 环模制粒机高效制粒机理与性能分析 [D]. 南京：南京理工大学.

陈进，周韩，赵湛，等. 2011. 基于 EDEM 的振动种盘中水稻种群运动规律研究 [J]. 农业机械学报，42 (10)：79-83.

陈竞，王萍. 1999. 小型系列软颗粒机的研究与设计 [J]. 农机与食品机械 (4)：7-10.

陈明贤，张国平. 2010. 大麦的利用现状及前景探讨 [J]. 大麦与谷类科学 (3)：11-14.

陈燕，蔡伟亮，邹湘军，等. 2011. 荔枝鲜果挤压力学特性 [J]. 农业工程学报，27 (8)：360-364.

陈义厚. 2014. 环模制粒机调质器设计与研究 [J]. 长江大学学报：自然科学版，11 (4)：63-67.

陈忠加，俞国胜，王青宇，等. 2015. 柱塞式平模生物质成型机设计与试验 [J]. 农业工程学报，31 (19)：31-38.

程丽蓉. 1985. 国内中小型饲料加工机组的发展及对今后工作的几点建议 [J]. 粮油加工与食品机械 (7)：62-65.

程绪铎，陆琳琳，石翠霞. 2012. 小麦摩擦特性的试验研究 [J]. 中国粮油学报，27 (4)：15-19.

初琪洋. 2014. 不同调质温度对仔猪颗粒饲料质量及制粒生产率的影响 [J]. 猪业观察 (4)：106-108.

崔清亮，郭玉明. 2007. 农业物料物理特性的研究及其应用进展 [J]. 农业现代化化研究，28 (1)：124-127.

代发文，陈林生，周响艳，等. 2011. 浅述颗粒饲料外在品质的控制 [J]. 饲料工业，32 (5)：60-62.

戴思慧，李明，姚君，等. 2011. 三倍体西瓜种子重要物理特性测定及应用 [J]. 农机化研究，33 (9)：165-168.

邓斌，范梅，刘洪. 2006. SPC 技术在烟叶打叶复烤质量管理中的应用 [J]. 湖南农业科学（6）：96-98，101.
董玉平，王理鹏，邓波，等. 2007. 国内外生物质能源开发利用技术 [J]. 山东大学学报：工学版，37（3）：64-69.
范文海，范天铭，王祥，等. 2011. 环模制粒机生产率理论计算及其影响因素分析 [J]. 粮食与饲料工业，12（6）：34-36.
费康，张建伟. 2010. ABAQUS 在岩土工程中的应用 [M]. 北京：中国水利水电出版社.
冯俊小，林佳，李十中，等. 2015. 秸秆固态发酵回转筒内颗粒混合状态离散元参数标定 [J]. 农业机械学报，46（3）：208-213.
高耀东. 2010. ANSYS 机械工程应用精华 30 例 [M]. 第二版. 北京：电子工业出版社：177-178.
高玉红，李同洲. 2000. 乳清粉含量对刚断奶仔猪生产性能的影响 [J]. 饲料工业，21（8）：19-20.
顾平灿. 2012. 电磁振动给料器给料速度的研究 [J]. 机电工程，29（7）：790-794.
郭飞强，董玉平，景元琢，等. 2012. 主动配气式生物质气化炉流场模拟与试验 [J]. 农业机械学报，43（3）：93-96.
郭健. 2007. 浅析差示扫描量热法测定材料的比热容 [J]. 太原科技，165（10）：19-20.
郭磊. 2016. 秸秆压块成型因素与压模腔体的优化研究 [D]. 北京：中国农业大学.
郭胜，赵淑红，杨悦乾，等. 2010. 除芒稻种摩擦特性测定 [J]. 东北农业大学学报，41（7）：118-121.
韩光烈. 1995. 谈谈扩大乳清粉利用范围及其现实意义 [J]. 中国乳品工业，23（1）：43-47.
韩浩月. 2016. 颗粒饲料硬度的调控手段 [J]. 国外畜牧学：猪与禽，36（9）：41-43.
韩燕龙，贾富国，唐玉荣，等. 2014. 颗粒滚动摩擦系数对堆积特性的影响 [J]. 物理学报，63（17）：174501-174507.
何伟，武凯. 2013. 鱼饲料环模颗粒机模孔导料孔锥角的优化 [J]. 粮食与饲料工业，12（2）：37-39.
胡国明. 2010. 颗粒系统的离散元素法分析仿真 [M]. 武汉：武汉理工大学出版社.
胡建平，周春健，侯冲，等. 2014. 磁吸板式排种器充种性能离散元仿真 [J]. 农业机械学报，45（2）：94-98.
胡雷芳. 2007. 五种常用系统聚类分析方法及其比较 [J]. 浙江统计（4）：36-37.
胡彦茹，何余湧，陆伟，等. 2011. 不同调质温度对肉鸡颗粒饲料加工质量的影响 [J]. 饲料工业，32（23）：34-36.
胡彦茹. 2011. 不同调质温度对颗粒饲料质量和肉鸡生产性能的影响 [D]. 南昌：江西农业大学.
胡友军，周安国，杨凤，等. 2002. 饲料淀粉糊化的适宜加工工艺参数研究 [J]. 饲料工业，23（12）：5-8.
黄传海. 1996. 环模制粒机的主要技术参数 [J]. 广东饲料（5）：30-32.
黄会明. 2006. 栝楼籽粒的物理机械特性研究 [D]. 杭州：浙江大学.
霍丽丽，田宜水，孟海波，等. 2010. 模辊式生物质颗粒燃料成型机性能试验 [J]. 农业机械学报，41（12）：121-125.
贾富国，韩燕龙，刘扬，等. 2014. 稻谷颗粒物料堆积角模拟预测方法 [J]. 农业工程学报，30（11）：254-260.
姜瑞涉，王俊. 2002. 农业物料物理特性及其应用 [J]. 粮油加工与食品机械（1）：35-37.
蒋家东，冯允成. 2011. 统计过程控制 [M]. 第一版. 北京：中国质检出版社：134-136，151-153.

李海兵. 2009. 我国饲料机械市场需求特性分析与研究 [D]. 无锡：江南大学.
李恒，李腾飞，高扬，等. 2013. 基于离散元法的多层刮板式清粪机仿真优化 [J]. 农业机械学报，44（增刊1）：131-137.
李洪昌，李耀明，唐忠，等. 2012. 风筛式清选装置振动筛上物料运动 CFD-DEM 数值模拟 [J]. 农业机械学报，43（2）：79-84.
李辉，闫飞，边远. 2016. 饲料调质设备的发展研究现状 [J]. 农业机械（7）：120-123.
李军国. 2007. 饲料加工质量评价指标及控制技术 [J]. 饲料工业，28（1）：2-6.
李奇. 2011. 原料特性对饲料制粒性能的影响 [J]. 饲料研究（10）：80-81.
李启武. 2002. 不同加工工段对淀粉糊化度的影响 [J]. 饲料工业，23（1）：7-9.
李婉宜，曾攀，雷丽萍，等. 2012. 离散颗粒流动堆积行为离散元模拟及实验研究 [J]. 力学与实践，34（1）：20-26.
李心平，高连兴，马福丽. 2007. 玉米种子力学特性的有限元分析 [J]. 农业机械学报，38（10）：64-67.
李彦坡，麻成金，黄群，等. 2007. 鸡蛋粉等温吸附特性研究 [J]. 现代食品科技，23（9）：24-28.
李艳聪，万志生，单慧勇，等. 2011. 影响颗粒饲料质量和制粒性能的因素分析 [J]. 安徽农业科学，39（10）：5929-5930.
李艳聪，万志生，李书环，等. 2011. 环模线速度与饲料加工产量关系试验探究 [J]. 饲料工业，32（21）：4-6.
李艳洁，徐泳. 2005. 用离散元模拟颗粒堆积问题 [J]. 农机化研究（2）：57-59.
李永奎，孙月铢，白雪卫. 2015. 玉米秸秆粉料单模孔致密成型过程离散元模拟 [J]. 农业工程学报，31（20）：212-217.
李云飞，殷涌光，徐树来，等. 2011. 食品物性学 [M]. 北京：中国轻工业出版社.
李振亮，付长江，李亚. 2010. 定量螺旋给料机的结构研究 [J]. 盐业与化工，39（1）：27-29.
李震，俞国胜，陈忠加，等. 2015. 齿辊式环模生物质成型机设计与试验 [J]. 农业机械学报，46（5）：220-225.
李忠平. 2001. 粉碎粒度对饲料加工生产性能的影响 [J]. 饲料工业，22（4）：5-7.
刘彩玲，王亚丽，宋建农，等. 2016. 基于三维激光扫描的水稻种子离散元建模及试验 [J]. 农业工程学报，32（15）：294-300.
刘凡. 2012. 桨叶式饲料调质器性能试验方法研究及其行业标准制定 [D]. 郑州：河南工业大学.
刘凡一，张舰，李博，等. 2016. 基于堆积试验的小麦离散元参数分析及标定 [J]. 农业工程学报，32（12）：247-253.
刘佳，崔涛，张东兴，等. 2012. 机械气力组合式玉米精密排种器 [J]. 农业机械学报，43（2）：43-47.
刘连峰，廖淑芳. 2015. 弹塑性自黏结颗粒聚合体碰撞破损的离散元法模拟研究 [J]. 应用力学学报，32（3）：435-440.
刘扬，韩燕龙，贾富国，等. 2015. 椭球颗粒搅拌运动及混合特性的数值模拟研究 [J]. 物理学报，64（11）：114501-114501.
刘玉庆，张秀美，武英，等. 2007. 大豆乳清粉的营养价值及在肉鸡饲料中的饲养试验 [J]. 饲料工业，28（5）：41-42.
刘月琴，赵满全，刘飞，等. 2016. 基于离散元的气吸式排种器工作参数仿真优化 [J]. 农业机械学报，47（7）：65-72.

吕慧杰，刘涵奇，罗蓉. 2016. 基于单轴压缩蠕变试验求解沥青混合料松弛模量 [J]. 武汉理工大学学报：交通科学与工程版，40（6）：1067-1072.
马文智. 2005. 颗粒饲料质量影响因素分析 [J]. 中国饲料（2）：30-33.
苗健. 2007. 几种常见调质器的工作机理 [J]. 渔业现代化，34（1）：44-47.
穆松牛，黄福州，瞿明仁. 2007. 如何运用小型饲料颗粒机生产优质的实验动物全价颗粒料 [J]. 江西饲料（5）：19-21.
欧阳双平，侯书林，赵立欣，等. 2011. 生物质固体成型燃料环模成型技术研究进展 [J]. 可再生能源，29（1）：14-18.
潘振海，王昊，王习东，等. 2008. 油砂干馏系统的 DEM-CFD 耦合模拟 [J]. 天然气工业，28（12）：124-126.
庞利沙，孟海波，赵立欣，等. 2013. 立式环模秸秆压块成型机作业参数优化 [J]. 农业工程学报，29（23）：166-172.
彭飞，杨洁，王红英，等. 2015. 小麦粉摩擦特性的试验研究 [J]. 中国粮油学报，30（8）：7-12.
彭飞，康宏彬，王红英，等. 2016. 小型轴向多点进气式饲料制粒调质器设计与试验 [J]. 农业机械学报，47（11）：121-127.
彭飞，李腾飞，康宏彬，等. 2016. 小型制粒机喂料器参数优化与试验 [J]. 农业机械学报，47（2）：51-58.
彭飞，王红英，高蕊，等. 2013. 统计过程控制（SPC）在颗粒饲料质量管理中的应用 [J]. 饲料工业，34（17）：13-16.
彭飞，王红英，康宏彬，等. 2017. 小型可调间隙饲料制粒机设计与试验 [J]. 农业机械学报，48（4）：103-110.
彭飞，王红英，杨洁，等. 2014. 基于 ANSYS 的颗粒饲料挤压过程仿真分析 [J]. 饲料工业，35（7）：8-12.
彭飞，杨洁，王红英，等. 2015. 小麦粉摩擦特性的试验研究 [J]. 中国粮油学报，30（8）：7-12.
彭飞，张国栋，杨洁，等. 2016. 温度和水分对 DDGS 比热和热导率的影响 [J]. 饲料工业（8）：45-49.
彭桂兰，陈晓光，吴文福，等. 2006. 玉米淀粉水分吸附等温线的研究及模型建立 [J]. 农业工程学报，22（5）：176-179.
齐林，田东，张健，等. 2011. 基于 SPC 的农产品冷链物流感知数据压缩方法 [J]. 农业机械学报，42（10）：129-134.
齐胜利，岳新军. 2011. 颗粒饲料质量控制及其研究进展 [J]. 粮食与饲料工业（10）：36-38.
乔宁宁. 2007. 挤压蒸煮机调质器的试验研究 [D]. 哈尔滨：东北农业大学.
卿艳梅，李长友，黄汉东，等. 2011. 龙眼力学特性的有限元分析 [J]. 农业机械学报，42（6）：143-147.
全国饲料工作办公室，中国饲料工业协会. 2011. 中国饲料工业年鉴 [M]. 北京：中国商业出版社.
全国饲料工作办公室，中国饲料工业协会. 2016. 中国饲料工业年鉴 [M]. 北京：中国商业出版社.
沙小伟，黎向锋，左敦稳，等. 2010. 飞机起落架内螺纹冷挤压成形过程的研究 [J]. 航空制造技术（2）：75-78.

尚海波，杨坚，陈世凡. 2011. 水稻芽种摩擦特性的试验研究 [J]. 农机化研究，33 (11)：157-160.

申德超，李杨，吴勃. 2007. 挤压蒸煮大麦作啤酒辅料的糖化试验研究 [J]. 农业机械学报，38 (1)：100-103.

沈杰. 2016. 平底仓桨叶取料过程分析与试验研究 [D]. 南京：南京理工大学.

盛亚白，程宏典. 1994. 畜禽颗粒饲料加工质量指标的研究 [J]. 粮食与饲料工业 (8)：19-22.

施水娟，武凯，蒋爱军. 2011. 制粒过程中环模力学模型的建立及有限元分析 [J]. 机械设计与制造 (1)：38-40.

石林榕，吴建民，赵武云，等. 2014. 基于 CFD-EDEM 耦合的小区玉米帘式滚筒干燥箱数值模拟 [J]. 干旱地区农业研究，32 (6)：273-278.

石永峰. 1997. 颗粒饲料调质系统中蒸汽的质量控制 [J]. 西部粮油科技，22 (2)：49-51.

食品安全国家标准. GB 5009. 3—2016. 食品中水分的测定. 2017-03-01.

史丽娟，李平，曲爱丽. 2011. 大型畜牧养殖场饲料加工及传送装置方案创新设计 [J]. 宁夏工程技术，9 (4)：319-321.

舒根坤. 1995. 制粒前调质的重要性 [J]. 中国饲料 (12)：30-31.

宋春风，王红英，李书红. 2010. 乳猪颗粒料加工工艺对产品品质影响的研究 [J]. 粮食与饲料工业 (6)：38-40.

宋春风，王红英. 2010. 加工工艺参数对仔猪料产品品质影响的试验研究 [J]. 饲料工业，31 (13)：5-7.

宋江峰，李大婧，刘春泉，等. 2010. 甜糯玉米软罐头主要挥发性物质主成分分析和聚类分析 [J]. 中国农业科学，43 (10)：2122-2131.

宋祁群. 1993. 水平螺旋输送机输送机理的研究 [J]. 武汉理工大学学报：交通科学与工程版，17 (3)：375-382.

孙其诚，王广谦. 2009. 颗粒物质力学导论 [M]. 北京：科学出版社.

孙清，白红春，赵旭，等. 2009. 蜂窝状生物质燃料固化成型有限元分析 [J]. 农业机械学报，40 (2)：107-109.

孙旭清. 2009. 环模制粒机的主体结构优化研究 [D]. 无锡：江南大学.

孙营超. 2009. 环模制粒机制粒工艺研究与控制系统开发 [D]. 南京：南京理工大学.

汤芹. 1998. 适宜的饲料原料粒度可提高猪鸡的生产性能 [J]. 国外畜牧科技 (2)：13-14.

田河山，赵小阳，李兰，等. 2008. 乳清粉在饲料中的使用以及存在的问题 [J]. 饲料广角 (10)：25-27.

田鹏飞. 2002. 制粒机压制室料层分布浅析 [J]. 渔业现代化 (1)：37-41.

涂灿，杨薇，尹青剑，等. 2015. 澳洲坚果破壳工艺参数优化及压缩特性的有限元分析 [J]. 农业工程学报，31 (16)：272-277.

万毅，陈万，李妮，等. 2009. 质量控制图在卫生质量管理中的应用：医学文献定量分析 [J]. 中国卫生质量管理 (16)：47-49.

王东洋，金鑫，姬江涛，等. 2016. 典型农业物料机械特性研究进展 [J]. 农机化研究，38 (7)：1-8.

王国强，郝万军，王继新，等. 2010. 离散元法及其在 EDEM 上的实践 [M]. 西安：西北工业大学出版社.

王红英，陈啸，杨洁，等. 2015. 数学模型与方法在颗粒成型质量预测领域的研究进展 [J]. 饲料工业 (23)：2-10.

王红英，李倪薇，高蕊，等. 2012. 不同前处理对饲料玉米比热的影响［J］. 农业工程学报，28（14）：269-276.
王红英，彭飞，康宏彬，等. 一种基于注入法原理的休止角测定装置［P］. 中国，实用新型专利，201320101172. 9，2013-03-06.
王佳，杨慧乔，冯仲科. 2013. 基于三维激光扫描的树木三维绿量测定［J］. 农业机械学报，44（8）：229-233.
王京法. 1992. 正确控制颗粒机蒸汽供给量［J］. 中国饲料（3）：32-33.
王敏. 2005. 颗粒饲料压制机模辊间隙的探讨［J］. 农业机械（12）：102-103.
王瑞芳，李占勇，窦如彪，等. 2013. 水平转筒内大豆颗粒随机运动与混合特性模拟［J］. 农业机械学报，44（6）：93-99.
王卫国，邓金明. 2000. 饲料粉碎粒度与蛋白质消化率的体外消化试验研究［J］. 粮食与饲料工业（11）：16-19.
王卫国. 2000. 饲料粉碎粒度研究［J］. 粮食与饲料工业（8）：22-23.
王以龙. 2013. 高稳定低能耗环模制粒关键技术研究［D］. 南京：南京理工大学.
王永昌. 2005. 饲料调质工艺与设备的讨论［J］. 饲料工业，26（15）：1-6.
魏诗榴. 2006. 粉体科学与工程［M］. 广州：华南理工大学出版社.
魏学礼，肖伯祥，郭新宇，等. 2010. 三维激光扫描技术在植物扫描中的应用分析［J］. 中国农学通报（20）：373-377.
温维亮，王勇健，许童羽，等. 2016. 基于三维点云的玉米果穗几何建模［J］. 中国农业科技导报，18（5）：88-93.
吴爱祥，孙业志，刘湘平，等. 2002. 散体动力学理论及其应用［M］. 北京：冶金工业出版社.
吴劲锋. 2008. 制粒环模磨损失效机理研究及优化设计［D］. 兰州：兰州理工大学.
吴亚丽，郭玉明. 2009. 果蔬生物力学性质的研究进展及应用［J］. 农产品加工（学刊）（3）：34-37.
武凯，孙宇，彭斌彬，等. 2013. 环模制粒粉体旋转挤压成型扭矩模型构建及试验［J］. 农业工程学报，29（24）：33-39.
武涛，黄伟凤，陈学深，等. 2017. 考虑颗粒间黏结力的黏性土壤离散元模型参数标定［J］. 华南农业大学学报，38（3）：93-98.
夏岩石，冯海兰. 2010. 大麦食品及其生理活性成分的研究进展［J］. 粮食与饲料工业（6）：27-30.
谢正军，盛亚白，陆齐波. 1993. 制粒工艺参数分析与选择［J］. 饲料工业，14（7）：21-24.
谢正军，易炳权. 2002. 蒸汽与调质［J］. 中国饲料（11）：26-27.
熊先安，宗力. 1999. 影响颗粒饲料颗粒质量的因素分析［J］. 饲料研究（7）：23-25.
熊易强. 2000. 制粒作业水分控制指南［J］. 饲料工业，21（5）：7-8.
徐泳，孙其诚，张凌，等. 2003. 颗粒离散元法研究进展［J］. 力学进展，33（2）：251-260.
薛冰. 2014. 生物质成型机环模结构参数对其寿命和成型质量影响研究［D］. 包头：内蒙古科技大学.
闫飞. 2010. 饲料调质器性能参数的试验研究［D］. 北京：中国农业机械化科学研究院.
闫银发，孟德兴，宋占华，等. 2016. 槽轮式补饲机颗粒动力学数值模拟与试验［J］. 农业机械学报，47（增刊1）：249-253.
杨慧明. 1996. 颗粒饲料压制机模辊间隙的探讨［J］. 现代农业装备（1）：12-15.
杨杰. 2012. 基于DEM的立式干燥机颗粒流仿真模拟研究［D］. 武汉：华中农业大学.

杨洁，陈啸，沈祥，等. 2016. 不同品种大麦热物理特性参数的研究［J］. 中国粮油学报，31（4）：28-34.

杨玲，陈建，徐武明，等. 2014. 甘蓝型油菜籽吸湿特性及其数学模型［J］. 现代食品科技，30（10）：30-35.

杨毅. 2009. 环模的制造工艺研究［D］. 无锡：江南大学.

杨洲，罗锡文，李长友. 2003. 稻谷热特性参数的试验测定［J］. 农业机械学报，34（4）：76-78.

杨作梅，孙静鑫，郭玉明. 2015. 不同含水率对谷子籽粒压缩力学性质与摩擦特性的影响［J］. 农业工程学报，31（23）：253-260.

叶协锋，魏跃伟，杨宇熙，等. 2009. 基于主成分分析和聚类分析的烤烟质量评价模型构建［J］. 农业系统科学与综合研究，25（3）：268-271.

殷波，丁贤. 2001. 制粒工艺对饲料品质的影响［J］. 饲料博览（5）：26-27.

尹忠俊，孙洁，陈兵，等. 2010. 开式螺旋输送机输送机理分析与参数设计［J］. 矿山机械（11）：66-71.

于恩中. 2004. 水稻芽种物料特性的试验研究［D］. 长春：吉林农业大学.

于建群，付宏，李红，等. 2005. 离散元法及其在农业机械工作部件研究与设计中的应用［J］. 农业工程学报，21（5）：1-6.

于亚军，周海玲，付宏，等. 2012. 基于颗粒聚合体的玉米果穗建模方法［J］. 农业工程学报，28（8）：167-174.

余汝华. 2000. 原料的制粒性能对颗粒饲料制粒质量的影响［J］. 畜禽业，8：30.

张锋伟，谢军海，张雪坤，等. 2016. 鲜枣整果力学特性研究及其有限元分析［J］. 食品科学，37（23）：100-104.

张桂花，汤楚宙，熊远福，等. 2004. 包衣稻种物理特性的测定及其应用［J］. 湖南农业大学学报：自然科学版，30（1）：68-70.

张克平，黄建龙，杨敏，等. 2010. 冬小麦籽粒受挤压特性的有限元分析及试验验证［J］. 农业工程学报，26（6）：352-356.

张利庠. 2006. 中国饲料产业发展报告［M］. 北京：中国农业出版社.

张亮，许艳芬，杨在宾，等. 2013. 饲料原料对颗粒饲料制粒质量的影响［J］. 饲料与畜牧（1）：13-17.

张琳. 2004. 我国饲料企业竞争力研究［D］. 杨凌：西北农林科技大学.

张敏，赵兵，梁杉. 2016. 大麦及其制品质量安全风险及控制［J］. 食品科学技术学报（5）：21-25，32.

张敏，张雷杰，张杰. 2007. 温度和糖度对橙汁热导率的影响［J］. 西北农林科技大学学报（自然科学版），35（12）：177-180.

张锐，韩佃雷，吉巧丽，等. 2017. 离散元模拟中沙土参数标定方法研究［J］. 农业机械学报，48（3）：49-56.

张铁英，曹振辉，葛长荣. 2003. 制粒工艺对饲料质量影响的研究［J］. 江西饲料（6）：27-29.

张现玲，秦玉昌，李俊，等. 2013. 调质温度对肉鸡颗粒饲料质量影响的实验研究［J］. 饲料工业，34（21）：24-28.

张晓亮，王红英. 2006. 颗粒饲料加工质量影响因素分析及改善方法［J］. 农机化研究（8）：71-73.

张旭华. 2004. 颗粒饲料冷却过程计算机数值模拟［D］. 武汉：华中农业大学.

赵学伟，李昌文，申瑞玲. 2009. 小麦面团及其制品的热导率［J］. 中国粮油学报，24（2）：24-30.

中国农业机械化科学研究院. 2007. 农业机械设计手册［M］. 北京：中国农业科学技术出版社.

中国饲料工业协会信息中心. 2016. 2015年全国饲料工业生产形势简况［J］. 中国饲料（10）：1-2.

钟启新，齐广海. 1999. 制粒机理及其影响因素［J］. 中国饲料（14）：8-10.

周飞，苏丹，彭颖红，等. 2003. 有限体积法模拟铝型材挤压成形过程［J］. 中国有色金属学报，13（11）：65-70.

周继承，黄伯云. 1997. 粉末挤压成型的进展［J］. 材料导报，11（6）：13-15.

周庆安，姚军虎，刘文刚，等. 2002. 粉碎工艺对饲料加工，营养价值以及动物生产性能的影响［J］. 西北农林科技大学学报（自然科学版），30（6）：247-252.

周祖锷，赵世宏，曹崇文. 1988. 谷物和种子的热特性研究［J］. 北京农业工程大学学报，8（3）：31-39.

周祖锷. 1994. 农业物料学［M］. 北京：农业出版社.

朱凯，牛智有. 2014. 粉体棉花秸秆的应力松弛特性与模型建立［J］. 华中农业大学学报（5）：130-134.

朱萌萌，沈旭，陈江琳，等. 2013. 主成分及聚类分析用于洽洽香瓜子的快速鉴别［J］. 食品与发酵工业，39（10）：227-234.

朱明善. 2011. 工程热力学［M］. 北京：清华大学出版社.

朱勇. 2014. 双层单轴桨叶式饲料调质器关键技术研究［D］. 武汉：武汉轻工大学.

宗力，彭小飞. 2004. 颗粒饲料热特性参数的试验测定［J］. 粮食与饲料工业（12）：34-35.

Abdollahi M R，Ravindran V，Svihus B. 2013. Pelleting of broiler diets：an overview with emphasis on pellet quality and nutritional value［J］. Animal Feed Science and Technology，179（1）：1-23.

Aghajani N，Ansaripour E，Kashaninejad M. 2011. Effect of moisture content on physical properties of barley seeds［J］. Journal of Agricultural Science and Technology，14（1）：161-172.

Ahmadi E，Barikloo H，Kashfi M. 2016. Viscoelastic finite element analysis of the dynamic behavior of apple under impact loading with regard to its different layers［J］. Computers and Electronics in Agriculture，121：1-11.

Artoni R，Zugliano A，Primavera A，et al. 2011. Simulation of dense granular flows：comparison with experiments［J］. Chemical Engineering Science，66（3）：548-557.

Behnke K C. 1994. Factors affecting pellet quality. Maryland Nutrition Conference. Dept of Poultry Science and animal Science，collage of Agricultural，University of Maryland，collage Park.

Behnke K C. 2001. Factors influencing pellet quality［J］. Feed Tech，5（4）：19-22.

Bersimis S，Psarakis S，Panaretos J. 2007. Multivariate statistical process control charts：An overview［J］. Quality and Reliability Engineering International，23（5）：517-543.

Bitra V S P，Banu S，Ramakrishna P，et al. 2010. Moisture dependent thermal properties of peanut pods，kernels，and shells［J］. Biosystems Engineering，106（4）：503-512.

Bulut Solak B，Akm N. 2012. Functionality of whey protein［J］. International Journal of Health and Nutrition，3（1）：1-7.

CLEARY P W. 2009. Industrial particle flow modeling using discrete element method［J］. Engineering Computations，26（6）：698-743.

Cutlip S E，Hott J M，Buchanan N P，et al. 2008. The effect of steam-conditioning practices on pellet quality and growing broiler nutritional value [J]. The Journal of Applied Poultry Research, 17 (2): 249-261.

Deshpande S D, Bal S, Ojha T P. 1996. Bulk thermal conductivity and diffusivity of soybean [J]. Journal of Food Processing and Preservation, 20 (3): 177-189.

Dincer I, Dost S. 1995. Thermal diffusivities of geometrical objects subjected to cooling [J]. Applied Energy, 51 (2): 111-118.

Fennema O R. 2003. 食品化学 [M]. 王璋, 许时婴, 江波, 等译. 北京: 中国轻工业出版社.

Fernandez J W, Cleary P W, McBride W. 2011. Effect of screw design on hopper drawdown of spherical particles in a horizontal screw feeder [J]. Chemical Engineering Science, 66 (22): 5585-5601.

Geldart D, Abdullah E C, Hassanpour A, et al. 2006. Characterization of powder flowability using measurement of angle of repose [J]. China Particuology, 4 (3-4): 104-107.

Gharibzahedi S M T, Ghahderijani M, Lajevardi Z S. 2014. Specific heat, thermal conductivity and thermal diffusivity of red lentil seed as a function of moisture content [J]. Journal of Food Processing and Preservation, 38 (4): 1807-1811.

Gilpin A S, Herrman T J, Behnke K C, et al. 2002. Feed moisture, retention time, and steam as quality and energy utilization determinants in the pelleting process [J]. Applied Engineering in Agriculture, 18 (3): 331-340.

Han L H, Elliott J A, Bentham A C. 2008. A modified Drucker-Prager Cap model for die compaction simulation of pharmaceutical powders [J]. International Journal of Solids and Structures, 45 (10): 3088-3106.

Healy B J, Hancock J D, Kennedy G A, et al. 1994. Optimum particle size of corn and hard and soft sorghum for nursery pigs [J]. Journal of animal science, 72 (9): 2227-2236.

Holm J K, Henriksen U B, Wand K, et al. 2007. Experimental verification of novel pellet model using a single pelleter unit [J]. Energy & fuels, 21 (4): 2446-2449.

Irfan Ertugrul, Esra Aytac. 2009. Construction of quality control charts by using probability and fuzzy approaches and an application in a textile company [J]. Journal of Intelligent Manufacturing, 20 (2): 139-149.

Jerier J F, Hathong B, Richefeu V, et al. 2011. Study of cold powder compaction by using the discrete element method [J]. Powder Technology, 208 (2): 537-541.

Kaletunç G. 2007. Prediction of specific heat of cereal flours: A quantitative empirical correlation [J]. Journal of food engineering, 82 (4): 589-594.

Kayisoglu B, Kocabiyik H, Akdemir B. 2004. The effect of moisture content on the thermal conductivities of some cereal grains [J]. Journal of Cereal Science, 39 (1): 147-150.

Kempkiewicz K, Lapczynska-Kordon B, Zaremba A. 1994. Thermal characteristics of barley and oat [J]. International Agrophysics, 8 (2): 271-275.

Khoei A R, Keshavarz S, Khaloo A R. 2008. Modeling of large deformation frictional contact in powder compaction processes [J]. Applied Mathematical Modelling, 32 (5): 775-801.

Kruggel-Emden H, Simsek E, Rickelt S, et al. 2007. Review and extension of normal force models for the discrete element method [J]. Powder Technology, 171 (3): 157-173.

Larsson S H, Thyrel M, Geladi P, et al. 2008. High quality biofuel pellet production from pre-compacted low density raw materials [J]. Bioresource Technology, 99 (15): 7176-7182.

Lenaerts B, Aertsen T, Tijskens E, et al. 2014. Simulation of grain - straw separation by discrete element modeling with bendable straw particles [J]. Computers and Electronics in Agriculture, 101: 24-33.

Li G, Zheng Z L, Jia J, et al. 2013. A Supervised Linear Dimensionality Reduction Method for Face Recognition [J], JCIT, 8 (1): 189-197.

Li Z, Wang Y. 2016. A multiscale finite element model for mechanical response of tomato fruits [J]. Postharvest Biology and Technology, 121: 19-26.

Lim K W, Andrade J E. 2014. Granular element method for three-dimensional discrete element calculations [J]. International Journal for Numerical and Analytical Methods in Geomechanics, 38 (2): 167-188.

Magerramov M A, Abdulagatov A I, Abdulagatov I M, et al. 2006. Thermal conductivity of peach, raspberry, cherry and plum juices as a function of temperature and concentration [J]. Journal of Food Process Engineering, 29 (3): 304-326.

Mani S, Tabil L G, Sokhansanj S. 2006. Effects of compressive force, particle size and moisture content on mechanical properties of biomass pellets from grasses [J]. Biomass and Bioenergy, 30 (7): 648-654.

Mani S, Tabil L G, Sokhansanj S. 2006. Specific energy requirement for compacting corn stover [J]. Bioresource Technology, 97 (12): 1420-1426.

Markowski M, Żuk-Gołaszewska K, Kwiatkowski D. 2013. Influence of variety on selected physical and mechanical properties of wheat [J]. Industrial Crops and Products, 47: 113-117.

Maxwell C V, Reimann E M, Hoekstra W G, et al. 1972. Use of Tritiated Water to Assess, the Effect of Dietary Particle Size on the Mixing of Stomach Contents of Swine [J]. Journal of animal science, 34 (2): 212-216.

Mazza G, LeMaguer M. 1980. Dehydration of onion: some theoretical and practical considerations [J]. International Journal of Food Science & Technology, 15 (2): 181-194.

Mohsenin N N. 1986. Physical properties of plant and animal materials. Gordon and Breach.

Mohsenin N N. 1980. Thermal properties of foods and agricultural materials. New York. USA.

Moreyra R, Yeleg M. 1980. Compressive deformation patterns of selected food powders [J]. Journal of Food Science, 45 (4): 866-868.

Moya M, Ayuga F, Guaita M, et al. 2002. Mechanical properties of granular agricultural materials [J]. Transactions of the ASAE, 45 (5): 1569-1577.

Murakami E G, Okos M R. 1989. Measurement and prediction of thermal properties of foods//Food properties and computer-aided engineering of food processing systems. Springer Netherlands: 3-48.

Palipane K B, Driscoll R H. 1993. Moisture sorption characteristics of in-shell macadamia nuts [J]. Journal of Food Engineering, 18 (1): 63-76.

Payne J, Rattink W, Smith T, et al. 1994. The pelleting handbook. Borregaard Lignotech, Windsor.

Peleg M, Moreyra R. 1979. Effect of moisture on the stress relaxation pattern of compacted powders [J]. Powder Technology, 23 (2): 277-279.

Razavi S M A, Taghizadeh M. 2007. The specific heat of pistachio nuts as affected by moisture content, temperature, and variety [J]. Journal of Food Engineering, 79 (1): 158-167.

Rosentrater K A. 2006. Some physical properties of distillers dried grains with solubles (DDGS) [J]. Applied Engineering in Agriculture, 22 (4): 589-595.

ROSSI R, ALVES M K, AL-QURESHI H A. 2007. A model for the simulation of powder compaction processes [J]. Journal of Materials Processing Technology, 182 (1): 286-296.

Rozbroj J, Zegzulka J, Nečas J. 2015. Use of DEM in the determination of friction parameters on a physical comparative model of a vertical screw conveyor [J]. Chemical and Biochemical Engineering Quarterly, 29 (1): 25-34.

Salarikia A, Ashtiani S H M, Golzarian M R, et al. 2017. Finite element analysis of the dynamic behavior of pear under impact loading [J]. Information Processing in Agriculture, 4 (1): 64-77.

Seyedabadi E, Khojastehpour M, Sadrnia H. 2015. Predicting cantaloupe bruising using non-linear finite element method [J]. International Journal of Food Properties, 18 (9): 2015-2025.

Shimizu Y, Cundall P A. 2001. Three-dimensional DEM simulations of bulk handling by screw conveyors [J]. Journal of Engineering Mechanics, 127 (9): 864-872.

Sinha T, Bharadwaj R, Curtis J S, et al. 2010. Finite element analysis of pharmaceutical tablet compaction using a density dependent material plasticity model [J]. Powder Technology, 202 (1): 46-54.

Sinija V R, Mishra H N. 2008. Moisture sorption isotherms and heat of sorption of instant (soluble) green tea powder and green tea granules [J]. Journal of food engineering, 86 (4): 494-500.

Sorensen M. 2015. Nutritional and Physical Quality of Aqua Feeds.

Stelte W, Holm J K, Sanadi A R, et al. 2011. A study of bonding and failure mechanisms in fuel pellets from different biomass resources [J]. Biomass and bioenergy, 35 (2): 910-918.

Su O, Akcin N A. 2011. Numerical simulation of rock cutting using the discrete element method [J]. International Journal of Rock Mechanics and Mining Sciences, 48 (3): 434-442.

Svihus B, Kløvstad K H, Perez V, et al. 2004. Physical and nutritional effects of pelleting of broiler chicken diets made from wheat ground to different coarsenesses by the use of roller mill and hammer mill [J]. Animal Feed Science and Technology, 117 (3): 281-293.

Tabatabaeefar A. 2003. Moisture-dependent physical properties of wheat [J]. International Agrophysics, 17 (4): 207-212.

Tabil L G, Sokhansanj S. 1997. Bulk properties of alfalfa grind in relation to its compaction characteristics [J]. Applied Engineering in Agriculture, 13: 499-506.

Talebi S, Tabil L, Opoku A, et al. 2011. Compression and relaxation properties of timothy hay [J]. Int J Agric & Biol Eng, 4 (3): 69-78.

Tang C Y, Ng G Y F, Wang Z W, et al. 2011. Parameter optimization for the visco-hyperelastic constitutive model of tendon using FEM [J]. Bio-Medical Materials and Engineering, 21 (1): 9-24.

Thomas M, Van der Poel A F B. 1996. Physical quality of pelleted animal feed 1. Criteria for pellet quality [J]. Animal Feed Science and Technology, 61 (1-4): 89-112.

Thomas M, Van Zuilichem D J, Van der Poel A F B. 1997. Physical quality of pelleted animal feed. 2. Contribution of processes and its conditions [J]. Animal Feed Science and Technology, 64 (2-4): 173-192.

Toğrul H, Arslan N. 2007. Moisture sorption isotherms and thermodynamic properties of walnut kernels [J]. Journal of Stored Products Research, 43 (3): 252-264.

Wondra K J, Hancock J D, Behnke K C, et al. 1995. Effects of mill type and particle size uniformity on growth performance, nutrient digestibility, and stomach morphology in finishing pigs [J]. Journal of animal science, 73 (9): 2564-2573.

Wood, J. F. 1987. The functional properties of feed raw materials and their effect on the production and quality of feed pellets [J]. Anim Feed Sci Technol, 18: 1-17.

Xiong Q, Aramideh S, Passalacqua A, et al. 2015. Characterizing effects of the shape of screw conveyors in gas-solid fluidized beds using advanced numerical models [J]. Journal of Heat Transfer, 137 (6): 061008.

Yu Y, Arnold P C. 1997. Theoretical modelling of torque requirements for single screw feeders [J]. Powder Technology, 93 (2): 151-162.

Zareiforoush H, Komarizadeh M H, Alizadeh M R, et al. 2010. Screw conveyors power and throughput analysis during horizontal handling of paddy grains [J]. Journal of Agricultural Science, 2 (2): 147-157.

Zhou P, Liu D, Chen X, et al. 2014. Stability of whey protein hydrolysate powders: Effects of relative humidity and temperature [J]. Food chemistry, 150: 457-462.

Zou Y, Brusewitz G H. 2001. Angle of internal friction and cohesion of consolidated ground marigold petals [J]. Transactions of the ASAE, 44 (5): 1255-1259.